POWER OF GOOD

永續力

台灣第一本「永續發展」實戰聖經

一次掌握熱門永續新知＋關鍵字

社企流 & 願景工程基金會——著
星展銀行（台灣）——共同推動

HOW SUSTAINABILITY CAN SAVE OUR FUTURE

目次

推薦序

讓我們一起當「a good enough ancestor」

唐鳳 • 數位發展部長，曾任行政院政務委員執掌社會創新業務

社企流的相關文章，一直是行政院推動社會創新行動方案重要的訊息來源之一。社企流國際版網站上線當天，我個人也馬上先睹為快，並在隔天就與同仁分享。

過去數年，「社會企業」在台灣從一個相對陌生的名詞，到平均每三人就有一人認識，知名度與接受度的成長有目共睹。感謝社企流一路以來的辛勤耕耘，不論是串連民間資源，加強國際連結，還是與行政部門的分進合擊，都扮演了不可或缺的關鍵角色。

社會企業這個概念，是連結「關心社會公益者」與「關心企業獲利者」的新方法。當連結發揮作用時，各個公益團體都能知道怎麼去跟市場對話，每個企業也都知道要怎麼產生他們的社會影響力，如此一來，這個連結就完成了它的使命。

而從「社會企業」到「社會創新」，兩者皆強調為社會問題尋找解方，只不過「社會企業」強調具有社會使命的營運模式，「社會創新」則更著重於運用創新概念及方式，改變各利害關係人的關係，並從中找出解決社會問題的途徑。在社會創新的框架下，無論是個人倡議，或是組織推動，都能共同發揮社會影響力。

時至今日，聯合國永續發展目標（Sustainable Development Goals，簡稱SDGs）是全世界的共同目標，各地對社會、環境、經濟發展的需求，都包含在這十七項永續發展目標裡面。宣導SDGs，不僅可以喚起大家對於共同問題的關注，也可以讓大家理解，從事社會創新、解決社會問題，不但可以養活自己，更能鏈結全球志同道合的社群，進而提升我們的國際地位。

對我來講，永續就是要成爲「a good enough ancestor」（足夠好的祖先），身為政府代表，需在當下民主的價值，跟未來的福祉中間維持平衡。如同《甜甜圈經濟學》中提及的概念：若我們仍在追求短期的GDP，卻從後代子孫那邊透支資源，就是一種寅吃卯糧的展現，如此對人類的發展明顯無益。

如今，台灣的民眾對於永續的認知，展現在環保、公德心、社會責任等項目上。我建議想實踐永續者，若不知道該從何下手，可以先參考SDGs去理解各目標到底在做什麼，找出最有感的議題加以認識，並搭配《永續力》一書，從國際案例故事、台灣組織行動，獲得生活實踐靈感，就是很好的第一步。

推薦序

集結眾人之力，共創美好未來

林鑫川 ◦ 星展銀行（台灣）總經理

近年來，極端氣候與自然災害頻傳，社會資源的不平等也逐漸加劇，大家開始思考社會和環境如何共好，「永續」也成為最受關注的焦點。聯合國在二〇一五年宣布十七項永續發展的核心目標（SDGs），從此「永續」概念進入下一個里程碑。

在台灣，公私部門也合力，從制度面到執行面一同努力，星展銀行也積極參與其中，期許自己能發揮領頭羊的角色，建立生態圈並攜手客戶，一起邁向永續未來。星展銀行的三大永續方針，包含「負責任的銀行」、「負責任的企業營運」和「創造超越銀行業的影響力」，透過這三大方針，將永續的概念全方位融入我們的營運。

在金融業幾十年來，我深深感受到銀行可以在社會上所能帶來的改變。過去幾年，星展銀行將各項創新綠色金融服務和產品引進台灣市場，譬如透過永續連結貸款，鼓勵企業客戶提升永續相關表現；發行星展eco永續卡，鼓勵大眾減少日常生活的碳足跡。今年更首次在「星展基金會獎勵金計畫」中，將中小企業納入獎勵計畫對象，鼓勵中小企業永續轉型。我深信永續是需要眾志成城的，集結更多人的力量，才能做出實際改變。

另一方面，星展銀行也積極思考如何讓大眾每天都可以付諸行動，為永續盡一份心力，而食物就是一個很好的項目，正所謂民以食為天，全球糧食危機和社會資源不均問題日益嚴重，所以星展銀行開始了食物零浪費的倡議行動。除了提升大眾對此議題的認知，並發起各項食物捐贈與認購行動。二〇二一年，星展集團於亞洲拯救的食物已達六十萬公斤，其中，在台灣將八萬多公斤的醜蔬果及剩食轉送給弱勢家庭和團體，受益人次超過五萬人。

一路走來，星展銀行在「永續」的領域中，累積了許多經驗與能量，都將收錄在《永續力》中，期盼能提供更多企業與公民作為參考。此外，本書同時收錄國際趨勢，更以組織和公民的角度，探討永續的議題。期盼每一位打開《永續力》的讀者都能提供更全面的認識這個議題，在後疫情時代裡找到實踐永續的各種角度，應用在生活中，讓「永續」不再僅僅是一個遙遠的概念，而是能夠身體力行的生活模式，一起為社會和環境的善循環做出改變。

讓我們更像為永續奮戰的鬥士，星展隨行。

作者序

培養永續力不能等

羅國俊・願景工程基金會執行長

二〇二二年入夏以來，全球熱浪、洪水等天災不斷，極端氣候威脅人類的生活環境，導致經濟與糧食損失，更衍生國家、種族與階級之間的對立與社會問題。

有如末世的天災人禍，使人們不得不重新省視現代經濟生活，「永續發展」因此成為近幾年來全球性的熱門關鍵字。

這可能是最壞的時代，也是最好的時代。我們看見政府、企業、公民開始關注永續發展，「永續力」成為全球氣候危機下，人類嶄新的機會與共同目標。

願景工程基金會作為新聞倡議組織，專題報導對準聯合國永續發展目標，前往位於北極圈的格陵蘭，直擊全球暖化的最前線，並參與聯合國氣候峰會，解析國際政策，向台灣政府提出建言。

除了關心環境生態，我們也關注階級、性別、種族的不平等，引領台灣讀者思考與對話永續社會的可能。

二〇二一年，願景工程與社企流、星展銀行（台灣）攜手推出「甜甜圈星球：一〇〇個永續新生活行動」系列策展，並發起全台第一個「永續素養」大調查。這是一項為永續倡議的行動，我們希望能藉此為城市、組織、公民提供指引。

二〇二二年，社企流與願景工程合作出版《永續力》，援引國際案例說明十七項聯合國永續發展目標的內涵。接著放眼台灣，扣緊SDGs談本土教育、食農、環境議題，以及社會兼容與永續城鄉的人文脈絡。

書中收錄台灣企業一定要知道的關鍵字，如：ESG、淨零……等，並集結永續經營的經典案例。我們相信，永續專業能力不只是完成一份ESG報告，而是要承擔社會責任，串連各界展開行動，共構永續生態圈。

追求ESG的表面數字，卻不追溯污染源頭、員工剝削等結構性問題，都稱作漂綠（Greenwash）。永續力不能靠短線操作，而要見樹又見林的創新工作流程、重整組織系統。若你渴望成為永續專業人才、好奇永續職涯發展，更不能錯過這本書。

「你們以為還有多久時間可以持續輕忽氣候危機、全球公平和屢創新高的排碳量，而不被追究責任？」瑞典環保少女童貝里（Greta Thunberg）替年輕世代發聲。的確，為了我們的下一代、為了人類的華麗轉身，永續力的培養不能再等。

最後，感謝社企流持續發揮社會影響力，緊追國內外永續發展的新知與創新案例，投入資源進行調查研究，並舉辦大大小小的永續論壇與活動。

當代社會在COVID-19疫情、極端氣候的陰影籠罩下，難免不安、徬徨；然而，我們有以永續為號召、為改變發聲的同行者。我們相信，讀這本書的你，也想貢獻自己的智慧與力量，一起讓改變發生。

作者序

邁向永續，我們所期待的未來

林以涵・社企流共同創辦人暨執行長

以二〇三〇年為目標的聯合國永續發展目標（SDGs）倒數中，新冠疫情導致各項指標落後——全球極端貧困率二十多年來首次上升、全球平均氣溫較工業化前的水平高出約攝氏一．二度……等，各項危機已經到來，未來十年將是關鍵時機。

聯合國永續發展目標涵蓋了地球上每一個人的生活福祉與需求，且與我們的生活、工作息息相關，要打造更好的世界、促進更好的社會發展，需要每個人具備基本永續素養並採取行動。

在過去的十年，社企流發揮了「倡議推廣」、「創業育成」兩大平台功能，讓社會企業、社會創業這些在台灣原本相對陌生的名詞，變成如今三人中就有一人了解的概念。

除了長期協助社會創新組織（包含社會企業與非營利組織）站在第一線改善社會問題，社企流也接觸到更多利害關係人的需求——包括探索自身生活與職涯貼近永續的公民、期待開創與深化永續作為的企業、推動政策以促進社會永續的政府機構等等。

社企流二〇二一年年度策展，以溝通永續發展概念為主軸，累積近萬名永續素養調查填答者、上千位專題讀者及論壇參與者。從第一手調查數據與第二手議題研究等資料中，我們發現參與者普遍認為永續與生態相關，忽略永續發展也包含社會面向，也希望了解更多永續發展相關的實際案例。

為回應世界發展趨勢與強化台灣永續素養，社企流在十週年之際決定轉換過去以「社企力」為核心，為社會企業強化體質、倡議推廣的服務模式，擴大至「永續力」倡議的層次——為公民、企業、社會創新組織（含社會企業與非營利組織）培力永續思維與專業，促進跨域共創合作。

就如時任行政院政務委員執掌社會創新業務的唐鳳所言，所有在社會創新領域的耕耘者，就如一片片拼圖，無法自己成就自己，而是需要互相連結，才能拼出名為永續發展的共好未來。

二〇一二年社企流中文版網站上線，二〇一七年推出國際版網站，十年來累積超過五千萬網站訪客、十萬名社群追蹤者、五千篇文章與超過二十個深度專題，提供讀者國內外最新的社會創新相關趨勢、案例、評論，亦出版《社企力》、《讓改變成真》、《開路——社會企業的十堂課》等三本專書，以深入淺出的方式解構社會企業。

感謝願景工程基金會、星展銀行（台灣）在推廣社會創新、永續發展的路上始終同行、不遺餘力，也由衷感謝讀者長期支持、公司同仁與業界夥伴在這條人煙稀少的賽道上晴雨共赴、同其甘苦。衷心期盼《永續力》，能作為台灣第一本探討永續發展的實戰聖經，獻給關注永續的民眾或是實踐永續的組織，一同擴大影響力，邁向我們所期待的未來。

特別感謝：本書是基於社企流網站上各式永續議題的文章加以增修而成，感謝所有參與內容產製與推廣的夥伴（按姓氏筆畫依序排列）——金靖恩、高捷、高翠敏、張方毓、梁元齡、郭潔鈴、陳芝余、陳星穎、黃律慈、黃思敏、黃維萱、葉于甄、劉郁葶、劉俐君、鄭伃倢、簡育柔、蘇郁晴，以及內容統籌暨製作人李沂霖。

從社企力到永續力——獻給全民的永續引路指南

近年來，你或許對「永續」一詞不陌生。
從小吃店主打永續食材、大企業發布永續策略、到聯合國制定永續發展目標。
全世界都在談永續，但永續究竟是什麼意思？為什麼重要？又與你我的生活有什麼關連性？

何謂「永續」？

永續，意即當代經濟成長需要兼顧社會包容性、環境永續性，在發展的同時亦不可影響後代子孫的生存需要。

三個關鍵數字看「永續」為何重要

●全球共通趨勢：十七項聯合國永續發展目標，成全世界共通語言

聯合國自二〇一五年宣布十七項永續發展目標（Sustainable Development Goals，簡稱SDGs），引導各國共同努力，以減緩日趨惡劣的全球性議題，進而邁向永續發展的世界。這些目標預計於二〇三〇年前達成，揭示了未來將是全球性的關鍵十年。如今，約一百四十個發展中國家，都正以SDGs為途徑，確保當代發展不會對後代產生負面影響。

●企業生存關鍵：六十%的利潤將因企業無永續作為而受影響

在企業端，麥肯錫研究指出，實踐ESG（Environment環境、Social社會、Governance公司治理）對企業利潤影響高達六十%，不作為將造成更大的成本。所謂的企業社會責任（CSR），不再是法令遵循行為或有獲利才做的事，而是更加根本地與組織核心能力、甚至與未來競爭力密不可分。

●人才核心價值：九成新世代青年，欲效力於能解決環境、社會問題的雇主

在公民端，根據數個國際調查報告，更顯示在生活消費、工作選擇上，當今世代欲往永續靠攏的集體共識——從全球Google搜尋次數來看，「如何愛地球」於二〇二一年創下歷史新高；在安永聯合會計師事務所發布的《未來

消費者指數》中則提及，「愛護地球」為影響消費考量的第一位（二十五%），超過了性價比優先（二十四%）、體驗至上（二十%）等因素。

而據勤業眾信全球調查指出，四十七%青年盼能對社會產生正向影響，且多數青年普遍青睞與其價值理念一致的企業。麥肯錫研究調查亦顯示，九成青年更願意效力於能回應並解決環境、社會問題的雇主。

上述數字在在顯示，從國家、企業到公民，無不將永續作為目標，或納入生活與工作中選擇的考量，人人都是實踐永續的行動體，沒有人是局外人。

當社會創新成為實踐永續的關鍵力量

社企流與願景工程基金會，作為長期推廣社會企業精神、推動社會創新創業、以打造更美好世界為願景的組織，我們想特別談談，在永續浪潮中，「社會創新組織」如何作為促進永續發展的關鍵力量，全書希望透過趨勢剖析與案例故事，讓大家深度認識永續力內涵。

同時，也是一個很好的機會，從二〇一四年社企流出版《社企力》，到如今與願景工程基金會共同出版《永續力》，梳理多年來的經驗累積。

先來談談社企力。

所謂社企力，是指一個組織兼顧「社會價值」與「商業價值」的力量，既做對社會、環境有益的好事，也有營運獲利的能力。

二十一世紀，隨著經濟發展，社會與環境面臨的挑戰越來越多，社會創新創業（Social Innovation & Social Entrepreneurship）應運而生，並在全球蔚為風潮，形成了一場新的公民自覺與自發的運動，不但模糊了社會與企業的界限、轉化了非營利組織的思維，甚至改變了政府的公共政策。當多數的主流企業主要是追求利潤極大化，社會企業則是從社會使命出發，致力於透過創新成長思維與資源整合能力，來達成兼顧經濟、社會、環境兼容且永續的願景。

十幾年前，台灣開啟社會企業的「新航海時代」——二〇〇七年，台灣首家社會企業創投「若水國際」，將「社會企業」一詞引進台灣，在民間掀起一波討論熱潮，大眾開始認識「社企」這個新名詞。若水成立前便已存在、具有社企精神的組織——從合作社、具自營收入的非營利機構，到以改善社會問題為使命的公司等，逐漸被放到社會企業的光譜上作討論與研究。

社會企業作為近年興起的新產業，累積了豐沛的在地經濟與社會創新能量，促使公部門益發重視社會企業發展，並提出相應的政策支持。

二〇一四年，行政院宣布該年為台灣的「社企元年」，推出台灣首個以扶植社會企業為主的重大政策——《社會企業行動方案》，廣邀內政部、財政部、教育部、經濟部、勞動部等部會共同推動，致力為台灣打造有利社企成長與發展的生態環境。

當時，社會企業正值萌芽階段，為讓民間創意能自由發揮，政府並未針對社會企業定義給予過多限制；此方案並未將社會企業的範圍限縮於公司型、非營利組織型或其他特定類型的組織，而是盡可能讓民間自由發展，保留社會企業的多元型態。

時至二〇一八年，我國政府推出《社會創新行動方案》，由時任行政院政務委員唐鳳主責，以政策支持台灣社會創新創業發展。

從「社會企業」到「社會創新」，兩者皆強調為社會問題尋找解方，只不過「社會企業」強調具有社會使命的營運模式，「社會創新」則更著重於運用創新概念，強化各利害關係人間的串連。在社會創新的框架下，無論是個人倡議或是組織推動，都能共同發揮社會影響力。

社會創新組織（以下簡稱社創組織）——包含非營利組織、社會企業、影響力企業／B型企業——組織型態多元，亦揉合了第一部門（政府）、第二部門（企業）、第三部門（公民）各方元素，混合且彈性的特質也賦予社創組織獨特的影響力角色：透過商業模式結盟影響企業、透過推廣社會議題影響公民，也透過制定永續政策影響政府。

社創組織對永續發展的貢獻：三影響面向×十影響途徑

具體來說，社創組織如何成為促進永續發展的關鍵力量、發揮「永續力」，可分成三個影響面向。[1]

●影響面向一：影響主流社會，從價格到價值

全球經濟需要進行永續轉型，以克服各種社會與環境面挑戰。社創組織能夠影響企業部門、政府部門、甚至非營利部門採取行動，透過轉型商業模式、採用創新方案等做法，建立更為兼容永續的經濟。

●影響面向二：小行動大改變，永續最佳觸媒

社創組織等小微行動者，透過創造利基市場、推動系統改革等行為，在加速整體社會的永續轉型中扮演關鍵角色。社創組織也能影響主流企業接觸特定社會議題相關族群，並參與形塑更偏好永續商業營運的文化、價值觀與政策，重新定義商業世界中對於「主流」與「正常」的解讀，進而讓更多企業去思考永續作為。

●影響面向三：長尾影響力，擴大永續盟友

社創組織對於促進永續發展的企圖心，除了反映在服務人數、創造就業數、減少排碳量等「直接影響力」與組織規模化外，其所創造出的「間接影響力」——例如改變個人價值觀、促使其他組織採用新模式、推動有助於改善社會議題現況的法規等正向外部性（positive externalities），對於推動系統性變革（system change）也非常重要。

---

1 參考文獻 Social Enterprises as Influencers of the Broader Business Community, Social Enterprise NL

社會創新組織光譜圖

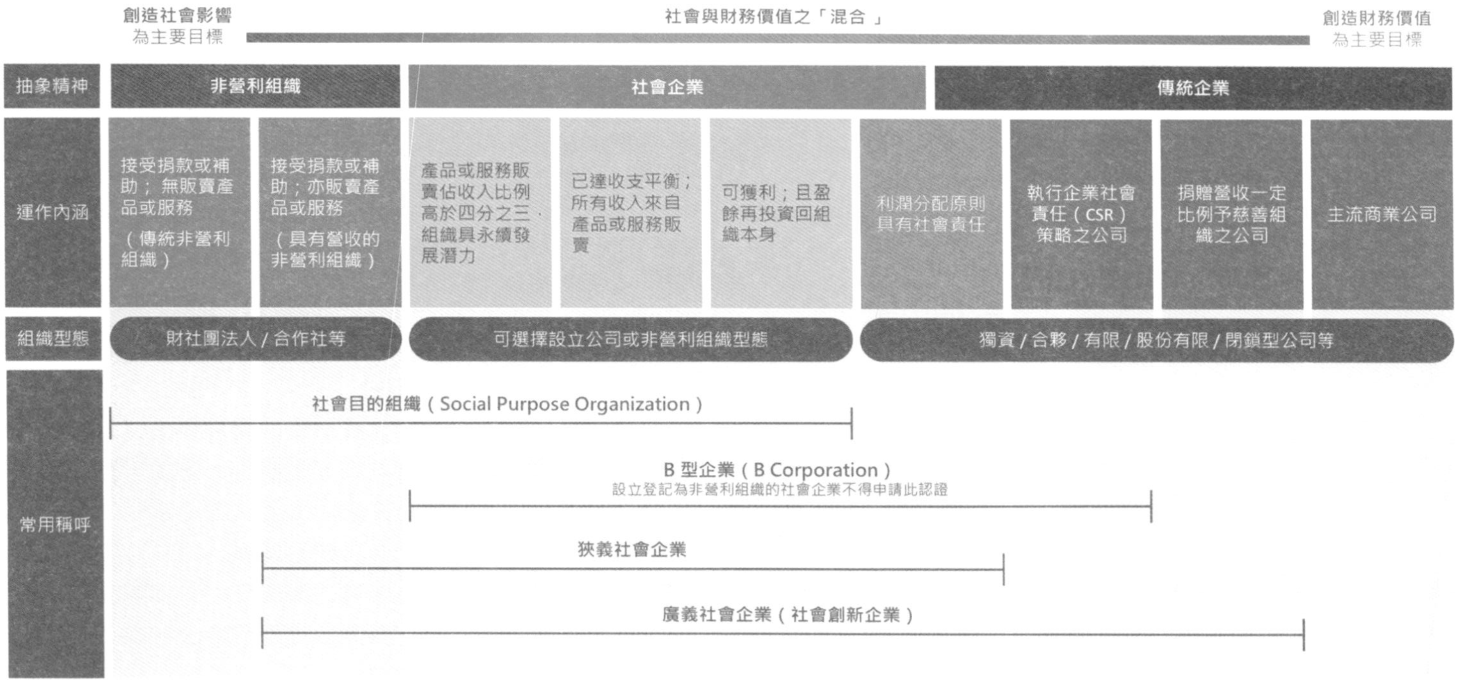
創造社會影響為主要目標
社會與財務價值之「混合」
創造財務價值為主要目標
抽象精神
非營利組織
社會企業
傳統企業
運作內涵
接受捐款或補助；無販賣產品或服務（傳統非營利組織）
接受捐款或補助；亦販賣產品或服務（具有營收的非營利組織）
產品或服務販賣佔收入比例高於四分之三，組織具永續發展潛力
已達收支平衡；所有收入來自產品或服務販賣
可獲利；且盈餘再投資回組織本身
利潤分配原則具有社會責任
執行企業社會責任（CSR）策略之公司
捐贈營收一定比例予慈善組織之公司
主流商業公司
組織型態
財社團法人 / 合作社等
可選擇設立公司或非營利組織型態
獨資 / 合夥 / 有限 / 股份有限 / 閉鎖型公司等
常用稱呼
社會目的組織（Social Purpose Organization）
B 型企業（B Corporation）
設立登記為非營利組織的社會企業不得申請此認證
狹義社會企業
廣義社會企業（社會創新企業）

要達成上述影響面向，則有以下十種影響途徑。

●影響途徑一：驗證永續的商業模式

具有商業行為的社創組織就像市場先行者，無論是導入某項技術改善社會問題、針對特定族群開發產品服務、或是建立良知消費的利基市場等，這些創新創業的實踐，如果經過測試具有財務可行性，主流企業便能加以參考、採用、甚至複製。複製的形式多元，從專業共享、合資開發、甚至組織併購，端看社創組織領導人對於所屬組織欲創造的直接影響力（指組織自身營運規模的擴大）與間接影響力（指組織營運規模不變，但透過跨組織合作關係擴大對特定社會議題的貢獻度）而定。

舉例而言，荷蘭巧克力品牌Tony's Chocolonely（東尼的寂寞巧克力），致力提升西非可可農的生活，希望達到產業完全無奴工的終極目標。他們更組成開放生產鏈聯盟（Open Chain Alliance），彙整改善奴隸制度的步驟與行動，歡迎其他同業加入，使用來源無奴工的可可豆。

（Tony's Chocolonely參見P.103-106）

●影響途徑二：增加永續的產品服務

社創組織在設計與開發產品服務上，會盡可能選擇能夠符合道德與永續規範的原物料與合作夥伴，或是進一步影響、改變供應商的營運行為，使其更永續。另一方面，社創組織也成為當代一群永續產品與服務的供應者，能夠提供市場不一樣的選擇。

例如全台唯一大動物獸醫師成立的鮮乳品牌「鮮乳坊」，致力以合理的價格收購生乳，鼓勵酪農提高生產品質，並透過獸醫在產地針對牛隻健康、疾病預防、營養調配、到飼養環境輔導等層層把關，嚴格篩選合作牧場，加上單一乳源生產的堅持，保障消費者飲用鮮乳的品質。

（鮮乳坊參見P.226-230）

●影響途徑三：推廣永續的知識內容

社創組織在願景使命、組織文化、利害關係人管理等面向，都有不同於主流價值的創新、非典型之處，除了各組織在宣傳產品服務時，一併與消費者或使用者溝通理念外，社會創新創業如何促進永續發展，也進入公共倡議的範疇。

媒體平台如社企流、願景工程基金會、聯合報系倡議家數位頻道、CSR@天下數位頻道、CSROne等，透過定期分享趨勢與案例，推廣永續相關知識。此外，B型企業協會、台灣社會影響力研究院、台灣影響力投資學會等社群，亦大力推廣Business For Good、SROI（社會投資報酬率）、影響力投資等概念。

影響途徑一～三對永續發展的貢獻——提升可行性（Raising the Possible）

具有商業行爲的社創組織，其營運通常異於主流企業的框架，從設計更永續的產品服務、建立符合道德的供應鏈、驗證創新的商業模式、到貢獻知識發展與技術創新等，他們的前瞻行爲能夠啓發其他行動者，在既有的商業規則中，找到更加兼顧社會兼容與環境永續的可能性，社創組織所累積的永續方案（sustainable practices），亦能讓其他組織參考甚至採用。

●影響途徑四：激發永續的問題意識

放眼台灣，從教育不均、環境保護、弱勢就業、高齡活化到動物保護等各項社會議題，都能找到深耕該議題已久的社創組織。社創組織除了提供直接服務特定議題對象外（如長者、身障者、孩童等），也經常透過舉辦活動、出版書籍等多元倡議管道，提升更多社會大眾對於該議題的認知度。

例如從二〇一七年開始，由台北關注無家者、都市貧困者的社創組織所發起的「貧窮人的台北」，集結一系列倡議，透過展覽、講座、實境遊戲等，邀請大眾一同理解都市貧窮議題；由台灣環境資訊協會與綠藤生機響應地球日而共同發起的環保活動「綠色生活21天」，則邀請民眾響應每天一個綠色行動，練習對環境更好。當越來越多人受到倡議所啟發，進而意識到他們作為公民之於永續發展的責任與力量，就越有可能改變自己的消費、工作、投資等生活選擇。（「綠色生活21天」參見綠藤生機P.240-245）

●影響途徑五：提供永續的生活選擇（個人端）

根據全球專業諮詢機構PwC每年發布的《消費者洞察報告》，新冠疫情強化消費者的永續意識，在購買選擇上會更聚焦於符合ESG價值的產品服務，以及認同具有永續價值主張與實際行動的企業。

具有永續素養的公民，在每天都會發生的消費行為，就有很大的翻轉可能：有機／小農／非籠飼等友善生產方式的食材或餐點、可重複使用或向店家租借的餐具與容器、避免血汗工廠製作的服飾、基於循環經濟概念設計的住宅、節能減碳的家電設備、隨租隨還的共享電動車、不打擾在地的永續旅遊等等。

除了上述列舉的社創組織產品與服務，還有更多在食、衣、住、行、育、樂各層面都能提供消費者兼顧「價格」與「價值」的選項，用鈔票為理想世界投票的「You Are What You Buy」精神，也常被稱為責任消費（responsible consumption）。

●影響途徑六：呼籲永續的採購行為（組織端）

除了個人的責任消費，近年來企業對於社創組織的合作需求益發增加，範圍也從CSR擴大到包括人資、採購、投資等多個部門，這樣的趨勢可歸納為三個原因：第一，社創組織持續不斷地測試與擴展產品服務，能夠作為企業永續專案執行困境的關鍵解方；第二，社創組織長期經營如長者、社區等特定群體，擁有相關資源及接觸管道與企業互補；第三，社創組織若能具備一定的社會影響力與管理能力，能協助企業形塑更兼容韌性的供應鏈。

經濟部中小企業處從二〇一七年開始推動「Buying Power社會創新產品及服務採購獎勵」政策，以「從企業的社會參與中找到商業價值」為核心，鼓勵中央及地方政府機關、國營事業、民營企業等優先採購社創組織的產品服務，至二〇二一年已累積超過新台幣十八億採購金額，共超過四百個組織參與，積極落實聯合國永續發展目標第十二項「負責任的生產與消費」。

●影響途徑七：培養永續的從業人才

社創組織除了在產品服務上提供新的消費選擇，也提供青壯世代具有使命感、永續性的工作機會。二〇二〇年社企流攜手聯合報系願景工程（現為願景工程基金會），針對二十二至四十歲的台灣青年推出《青年世代×未來職涯大調查》，結果顯示超過九成的新世代青年，認為企業除了應該以獲利為目標，也應創造對環境與社會的正向影響，且超過七成的青年希望透過工作去改變或回饋社會，盼開啟有別以往的「影響力職涯」（Impact Career）。

觀察到上述需求，社企流二〇二一年共同參與台灣大學名譽教授李吉仁老師所發起的「School 28社會創新人才發展學校」，希望開創更多機會讓潛力人才運用專業能力去挑戰複雜的社會議題，在這所天然修練場啟發個人改變，更促進永續發展。（School 28參見P.217-221）

●影響途徑八：支持影響力投資發展

根據全球影響力投資聯盟（Global Impact Investing Network）的定義，影響力投資（impact investment）致力於在財務利潤外，同時為社會及環境造就正面、可衡量的影響力，因此在尋找投資標的時，會直接探討該組織對社會的貢獻、可行性與做法，以及如何反映在ESG指標上。設立為公司型態的社創組織，除了擁有永續DNA，若也具備穩健商業模式與良好治理機制，對於影響力投資者來說便是潛力標的。

舉例而言，創投基金管理公司「活水影響力投資」是台灣第一家一〇〇%投資登記為公司的社創組織，特別關注地方創生、醫療照護、食農環境及教育創新領域，一來符合台灣社會發展需求，二來也有商業運作的可能。而活水作為台灣影響力投資的先驅者，也透過一次次投資行為來影響主流投資市場，股東從早年的個人出資者，推展至機構出資者，能整合更多跨領域與產業的資源。

影響途徑四～八對永續發展的貢獻——提升認同度（Raising the Desirable）

社創組織透過倡議與溝通，展示各種永續產品與服務，能夠逐步影響社會大眾的行為規範與價值觀，例如改變人們如何決定購買物品、選擇工作型態、評估投資行為、甚至考慮社群關係的標準。上述認同感提升所形成的文化壓力，也會讓政府與企業決策者更加重視永續發展。

● 影響途徑九：促進產業認證與標章

若將社會創新領域視為一個「產業」，除了上述針對個人消費者、企業經營者、金融投資者對永續的認知與覺醒外，透過參與超越單一組織的產業規範與機制，如登錄、認證、標章等，除了體現社創組織共同的核心價值與主張，更帶給其他企業對於落實永續更高一層標準的示範。

舉例而言，經濟部中小企業處建構「社會創新組織登錄平台」，社創組織可自願揭露組織資訊，使大眾與企業初步了解其相關社會使命、產品服務等資訊，平台亦促成如上述「Buying Power社會創新產品及服務採購獎勵」等潛在合作，至今已有近六百家營利事業與超過二百二十家非營利事業登錄。

B型企業（B Corporation）也是一套接軌國際、持續量化的認證標準，透過公司治理、員工照顧、友善環境、社區經營與客戶影響力等五大面向，檢核並鼓勵企業採取全面性的永續作為，並兼顧利害相關人，目前全球有四千家企業、台灣有三十五家企業取得此認證。其他常見國際認證如確保生產者得到較公平待遇的公平貿易認證標章、每年捐出銷售額一%保護地球環境資源的1% For The Planet標章等。

● 影響途徑十：形塑永續的公共政策

社創組織的發展，也直接或間接影響公共政策的永續歷程。舉例而言，社創組織展現超越股東主義（shareholderism）、貫徹利害關係人主義（stakeholderism）的治理精神，不完全符合公司法的股東利潤最大化原則，因此歷年來社會創新領域曾推動《共／兼益公司法》、《社會創新事業組織專法》等產業相關法規，雖然《共／兼益公司法》曾擬納入公司法專章未成功，但也促成二〇一八年經濟部增修《公司法》第一條，重新定義企業的營業責任，指出公司經營業務，應遵守法令及商業倫理規範，得採行增進公共利益之行為，以善盡其社會責任。

朝野各界近年來亦透過各項政策資源，推動整體社會的永續發展，包括行政院金管會「公司治理3.0——永續發展藍圖」、「綠色金融行動方案2.0」等政策，引導企業重視ESG議題與永續價值；立法院除成立「立法院聯合國永續發展目標策進會」，亦著手修正《溫室氣體管理法》

為《氣候變遷因應法》，呼應台灣二〇五〇年淨零碳排目標。

> **影響途徑九～十對永續發展的貢獻——提升接受度（Raising the Acceptable）**
>
> 多數組織對於永續的實現，都是從遵循、合乎政府規範的法令規章開始，社創組織若能影響產業標準、公共政策等制度與系統做調整，讓永續發展從自律變成他律、從選修變成必修，便能提升整體社會對於落實永續的門檻。

永續力就是你的超能力

除了社創組織扮演實踐永續的關鍵角色外，如今我們來到人人談永續的時代，要建立一個資源生生不息、人人皆享平權生活的未來，有賴每個人意識到當今經濟發展對社會、環境帶來的破壞，並掌握相關的知識、態度與技能，展開更好的行動——這樣的永續素養，我們稱之為「永續力」，是身為二十一世紀的公民、企業，用以回應環境社會危機、驅動產業轉型發展、形塑未來生活樣態的必備超能力。

而這本書的構想，便是要更系統性地彙整並傳遞永續新知，我們希望能打造台灣第一本探討永續發展的實戰聖經，作為大家認識永續、實踐永續的行動指引。

希望正在閱讀此書的你，無論是關注社會發展的民眾、投入永續領域工作的從業者、實踐永續策略的企業組織，都能在這本書中，獲得啟發、產生行動。讓我們一起，創造一個資源生生不息、人人皆享平權生活的美好世界。

> 自二〇二一年起，社企流、願景工程基金會及星展銀行（台灣）便攜手，連兩年以永續爲主題，推出大調查、專題文章與實體活動，欲從調查認知、提升認識、促進行動著手，拉近民眾與永續的距離。
>
> 線上追蹤最新消息：

永續力小辭典

- **ESG**（**Environment環境、Social社會、Governance公司治理**）

  此名詞源自聯合國二〇〇四年發布的《Who Cares Wins》報告，提及基於經營者、投資者的社會責任與風險管理，企業經營應重視環境、社會和治理面對長期財務表現的影響。

- **聯合國永續發展目標**（**Sustainable Development Goals，簡稱SDGs**）

  聯合國自二〇一五年宣布十七項永續發展目標（SDGs）涵蓋環境、經濟與社會三面向，以二〇三〇年爲目標，引導各國共同努力，以減緩日趨惡劣的全球性議題，進而邁向永續發展的世界。

- **企業社會責任**（**Corporate Social Responsibility，簡稱CSR**）

  意指企業不只追求獲利，也應負起對社會、環境永續發展的責任。

- **責任消費**（**Responsible Consumption**）

  又稱爲良知消費（Conscious Consumption）、道德消費（Ethical Consumption）。是指在購物時選擇符合道德良知、負起消費責任的選擇，通常是指沒有損害環境生態、社會人權的商品或服務。

- **社會投資報酬率**（**Social Returns on Investment，簡稱SROI**）

  由傳統僅衡量財務的「投資報酬率」所衍生出的新概念，意指衡量在投入資源後，所得到「非財務面」的回饋與報酬，例如社會影響力、環境永續性等。一般而言，在計算一組織的社會投資報酬率時，會衡量其所達到的經濟價值、社會價值與環境價值。投資者也可採用其他指標來評估，例如文化價值、社區價值等。

- **影響力投資（Impact Investment）**

致力於在財務利潤外，同時爲社會及環境造就正面、可衡量的影響力，因此在尋找投資標的時，會直接探討該組織對社會的貢獻、可行性與做法，以及如何反映在 ESG 指標上。

- **影響力職涯（Impact Career）**

意指投入社會創新領域（包含非營利事業、社會企業、影響力企業／B型企業）工作，進而改變或回饋社會，產生正向影響力，促進環境、社會得以永續發展的職涯。

- **B型企業（B Corporation）**

由美國非營利組織B型實驗室（B Lab）所發起的一套接軌國際、持續量化的認證標準，透過公司治理、員工照顧、友善環境、社區經營與客戶影響力等五大面向，檢核並鼓勵企業採取全面性的永續作爲，並兼顧利害相關人。

- **利害關係人主義（Stakeholderism）**

不以股東利潤最大化爲原則，而是兼顧員工、客戶、社區、供應鏈等多元利害關係人之權益與期待。

- **淨零（Net-zero）**

意指讓所有的溫室氣體（二氧化碳、甲烷等）排放趨近於零——讓人爲造成的溫室氣體排放極小化，並利用負碳技術、森林碳匯等方法抵消。

第一部——SDGs：認識聯合國永續發展目標

聯合國發布的「2030永續發展目標」，
涵蓋了經濟成長、社會進步、環境保護等面向，
指引全球行動的方向。
在此將分享17項核心目標的個別內涵與細項目，
並介紹呼應其精神的國際案例，
幫助我們思考如何貢獻心力，共同邁向永續。

SDG 1 消除貧窮

從社會實驗到商業創新，全球齊力解決貧窮問題

受到COVID-19大流行、國際衝突、氣候變化等影響，二〇二〇年全球極端貧困率二十多年來首次上升。聯合國永續發展目標第一項為「消除貧窮」（SDG 1 No Poverty），呼籲全球採取行動，消除各地一切形式的貧窮。

SDG 1.1 消除各地的赤貧問題

世界銀行（World Bank）對於「赤貧」的定義為，每人每日生活費不到一．二五美元（約台幣三十六元）。

據聯合國報告指出，近二十年來，全球赤貧人口逐年下降，然而，因為新冠肺炎疫情的影響，二〇二〇年全球新增了一．一九億至一．二四億的赤貧人口，多數位處中等收入國家。而聯合國也預測，十年後全世界仍有高達六億名赤貧人口。該如何在二〇三〇年前改善此情形，是各國重要的課題。

在巴西，東北部的農村是該國最貧窮的地區，有三分

聯合國SDG 1力求消除各地一切形式的貧窮。
來源：MART PRODUCTION on Pexels

之二的居民以農業維生，最大宗的農作物為木薯。雖然木薯在巴西各地被廣泛食用，卻因為利潤低，導致農夫難以依賴木薯取得穩定收入。一間巴西顧問公司Questtonó攜手啤酒公司AmBev，向農民購買木薯、製成啤酒，以提高農民收入。此模式不僅順利在當地運作，更成功複製到巴西其他地區，協助更多貧窮者改善生活。

SDG 1.2 降低至少一半的貧窮人口

面對各國的貧窮人口，聯合國目標在二〇三〇年前依據國家人口統計數字，減少各年齡與性別至少一半的貧窮人口。

如何回應此目標，使多數人能過上不貧窮的生活，不僅攸關一個人收入的多寡，亦包含能否獲得良好的教育、足夠的糧食、便於取得的醫療資源等面向。

二〇一九年諾貝爾經濟學獎得主美籍印裔經濟學家巴納吉（Abhijit Banerjee）、法國經濟學家杜芙若（Esther Duflo）及美國發展經濟學家克雷默（Michael Kremer），提出「隨機對照試驗」，將醫學界常做的實驗——將病人

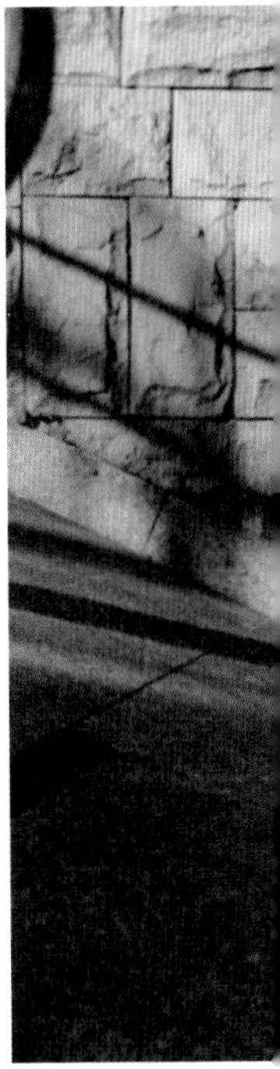

分為對照組與實驗組，進行不同治療後對比成效——套進經濟學之中，不著眼於研究貧窮的因果關係，而是觀察一些理論未觸碰的地方，反思問題的核心。例如，運用「隨機對照試驗」，人員在進行社經地位如何影響升學率的研究時，會拋出一些介入，看哪些方法能最有效地協助貧困學生成功取得大學入學資格。此方法的優勢，在於可集中分析介入手法是否能真正帶來有效反應，改善問題狀況，並發掘隱性問題，有助於做出相關措施。過去十多年間，他們以此方式，在數個發展中國家展開上百個貧窮介入的社區實驗，達成「精準扶窮」效益。

SDG 1.3 實施社會保障制度，確保貧窮、弱勢等社會底層者權益

每個國家幾乎都有自己的社會保障制度，幫助公民在面臨失業、疾病、事故、死亡等風險時，可以獲得政府的支持與協助。但截至目前，全球卻仍有四十億人無法獲得

任何社會保護，其中多數為貧窮與弱勢族群。讓人人都能獲得適合該國的社會保護制度，是聯合國制定的指標之一。

美國非營利組織One Degree打造一款線上搜尋引擎，彙整各單位的社會福利資源，讓無家者、新移民、單親家庭等有需求者，能夠如找餐廳資訊一般便利地取得社會福利、救助等資訊，找到最適合自己的社福資源管道，進而解決生活上的困境。

SDG 1.4 確保貧窮與弱勢族群享有平等獲得經濟資源的權利

在SDG 1.4中，目標在二〇三〇年前，讓所有人無論貧窮與否，皆能平等地享有運用經濟資源、科技與金融服務的權利（如微型貸款、土地與其他形式財產的所有權、繼承權、控制權等）。

據金融新創Taqanu調查指出，全球有超過十億人因無法證明自己身分而難以進入金融體系，享有開戶、儲蓄等基本服務。為了解決問題，Taqanu透過區塊鏈技術，以手機裝置及數位足跡（Digital Footprint）來協助有需求者重新建立身分識別，使他們得以使用金融服務。在台灣，則有許多金融新創投入「互利金融」的發展，致力解決經濟弱勢者難以借貸的困境。

SDG 1.5 為貧窮與弱勢族群加強災害復原力

在社會變遷快速、極端氣候影響加劇的背景下，如何降低經濟、社會和環境衝擊對貧窮與弱勢者帶來的傷害，使其具備良好的災害復原力，是SDG 1.5強調的關鍵。

此項目標，在全球面臨疫情所帶來的巨大衝擊之際格外令人有感。台灣在二〇二一年五月初時，疫情升至三級警戒，公共場所關閉了座椅、飲水機、充電器與部分公共廁所，八大行業停業，雙北與部分縣市的餐飲店也暫停內用。當居家防疫成為全民運動，無家者卻頓失所有生存資源，更被附上防疫破口的污名。

「人生百味」身為第一線的服務單位，呼籲大眾應看見並同理無家者的處境，並與其他關注貧窮議題之組織組成的「向貧窮者學習行動聯盟」，於同年發起「一．五公尺的裂縫」線上展覽，以貧窮經驗者、社工、NGO的第一視角敘述，盼讓更多人從認識、理解開始，消弭對貧窮者的偏見，降低他們於社會中生存的難處。

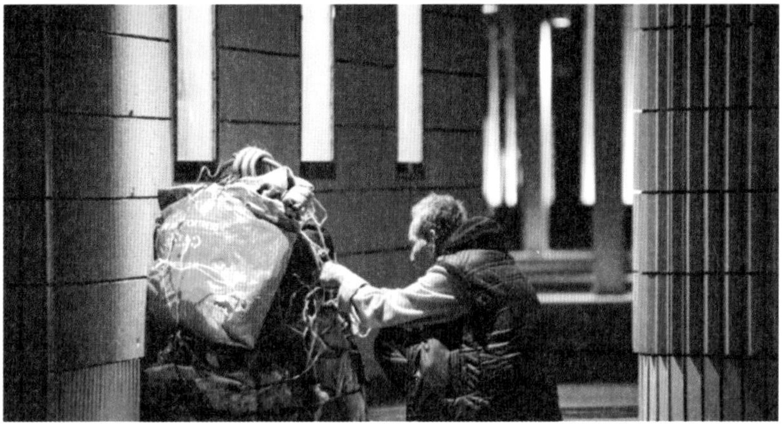

（上）SDG 1.4要確保貧窮與弱勢族群享有平等獲得經濟資源的權利。來源：rawpixel.com on Pxhere（下）SDG 1.5強調為貧窮與弱勢族群加強災害復原力。來源：Jimmy Chan on Pexels

你可以這樣做——

從認識到行動，直面貧窮議題

貧窮的成因複雜，欲達成消除貧窮的目標並非易事。讓我們參考聯合國「美好生活目標」（Good Life Goals）中的建議，透過以下方式為貧窮議題盡一份心力：

- 認識國內外的貧窮問題，了解造成貧窮的成因。
- 捐款或擔任致力改善貧窮問題組織的志工，支持消除貧窮的行動。
- 優先選購秉持公平貿易精神的商品，支持善待員工的企業。
- 培養自身的財務素養，以進行負責任的儲蓄、借貸與投資。
- 主動爭取合理的薪資待遇，保障自己與他人應有的權益。

●巴西|Questtonó×AmBev

從一款啤酒開始的扶貧計畫

以在地作物製造限定飲品，為小農創造破千萬收入

欲改善巴西東北部農村貧困的問題，一間巴西顧問公司Questtonó推動一場社會影響力實踐，為在地作物找到新價值。他們與啤酒公司AmBev合作，推出在地限定啤酒，協助該地農民創造收入、改善貧窮。

巴西東北部農村，是該國最貧困的地區，貧窮人口比例超過六成。該地有三分之二居民以務農為生，主要種植作物是木薯——吃起來有堅果味、長得像番薯的根莖類植物，在巴西各地被當作主食食用。然而，這個深入巴西文化根基的作物，卻沒有為耕種者帶來優渥的生活，因為木薯產量高、利潤低，導致農夫難以依賴木薯取得穩定收入。

巴西顧問公司Questtonó試圖改變此情形，「我們如何能賦予這些原料新價值，創造出一個所有人都感到驕傲的文化象徵，使處於價值鏈上的農民及其家庭受益？」Questtonó自問，試圖找出一個能夠永續進行、且符合在地文化的模式，進而協助該地農民脫貧。

經過評估與研究後，Questtonó決定與啤酒公司AmBev合作，向農民收購木薯作為原料，並於當地生產啤酒。二〇一八年，他們推出第一款啤酒，名為「Nossa」，意思是「我們的」。

在工廠裡，木薯澱粉煮至濃稠，接著轉移到釀酒大桶，搗碎並跟大麥混和。最終成品是實驗數月的結果，一種清淡、清澈、金色的啤酒，帶有淡淡的麥芽香氣，略帶甜味，尾韻清爽。

之後，他們又以相同的模式，到其他州向農民收購在地特有農作物，產製出該地獨有的啤酒，且僅在當地獨家販售。例如，Magnífica和Legítima分別只能在馬拉尼昂州和塞阿拉州購得。

這些以在地農作物製成的特色啤酒，以平易近人的價格販售，Questtonó與啤酒公司AmBev拉高量產以盈利。AmBev指出，在短短四個月內，Nossa在該州低價啤酒市場就佔去二十二．七%，而Magnífica的利潤率比同類產品的平均高上六十八%。

案例小檔案

組織：Questtonó

網站：https://questtono.com/

問題與使命：賦予巴西在地作物新價值，為當地農民改善貧困。

可持續模式：以在地特有農作物為原料，生產在地啤酒。

具體影響力：

- 2021年替小農創造300萬雷亞爾（巴西貨幣），相當於1500萬台幣的收入，近1萬名居民受惠，包括農民、其家人以及負責運輸作物者。
- 計畫獲美國商業雜誌《Fast Company》改變世界點子獎肯定。

#SDG 1

Questtonó與AmBev合作的在地特色啤酒商業模式幫助農民脫貧。來源：Questtonó官網

Roots計畫：在地作物加值成品牌啤酒

時至二〇二〇年，Questtonó和AmBev將這項商業模式發展為「Roots計畫」，複製到巴西各州。新的啤酒品牌一一誕生，在巴西中部的戈亞斯州，出現Esmera；在皮奧伊州，則出現Berrió，不過並非用木薯製成，而是當地原生作物腰果。這些品牌的出現，印證在地作物可應用於其他需求高且獲利高的產品上。

而近期受疫情影響，巴西的貧窮加劇，這個模式的助益更加明顯，啤酒產製在疫情中依然貢獻穩定的利潤。除此之外，AmBev也使用製造過程的副產品木薯澱粉，製作木薯粉和肥皂，將上萬份產品捐給需要的社區，二〇二一年此計畫更獲美國商業雜誌《Fast Company》改變世界點子獎（2021 World Changing Ideas Awards）肯定。

目前，Roots計畫在巴西各州收穫十二噸作物，替小農創造三百萬雷亞爾（巴西貨幣），相當於一千五百萬台幣的收入，近一萬名居民受惠，包括農民、其家人以及負責運輸作物的人。該模式相當有彈性，證明在巴西各地可行，也有望拓展到世界各地，協助更多貧窮者改善生活。

巴西大宗作物木薯因創意而增添了新價值。來源：CropLife International官網

●南韓｜Yolk

一隻會生產「電力」的乳牛！

年度最佳發明「太陽能牛」，助孩子重返校園、家庭不再缺電

在肯亞一所偏僻的學校，竟有一隻乳牛能夠「擠出電力」，促使當地家長把小孩送去學校上課兼取電？這個猶如科幻小說的情節確實存在，只不過，這頭乳牛並不是真正的牛，而是一頭「太陽能牛」。

「太陽能牛」（The Solar Cow）的真面目，是由南韓新創Yolk所設立的太陽能充電站，以鋼架做成牛的形狀，其設計背後想呈現的是當地普遍現象：許多孩童為了要飼養牛隻而無法就學。

Yolk盼以有趣的方式改善非洲孩童的就學問題。首先，在學校裝設此充電站。接著，發給學齡孩童形似一瓶牛奶、名為「牛奶電源」的行動電源，只要如乳牛取奶般，接在太陽能牛的下方就能充電。

孩童到校後，將行動電源接上太陽能牛，上課的時候，充電站會捕捉太陽能充電一整天，孩童放學時，就能取回充飽電的行動電源帶回家，電力足以滿足一家大小手機、手電筒、收音機和其他電器的所有需求。

Yolk的設計被《時代》雜誌評選為二〇一九年最佳發明之一，美國消費性電子展（Consumer Electronics Show，CES）也把「全球科技創新大獎」（2019 Innovation Award）頒給它。

以簡單概念解決貧窮衍生問題

太陽能牛之所以備受肯定，是因為它用一個簡單的概念解決環環相扣的問題。首先，非洲家庭能用簡單且便宜

的方式取得電力；其次，因為太陽能牛只裝設在學校裡，所以家長更願意送小孩去上學——也就是用免費的太陽電力，交換孩子基本的受教權。如此，可進一步減緩童工問題，提高接受教育機會，進而促進階級流動。

在非洲一些鄉下地區，許多家庭每天需要花費四到六小時往返充電站。Yolk團隊表示，有了太陽能牛，家庭便可避免這段耗時耗力的路程，平均每個月還能省下二十%的開支。

Yolk官網指出，全球共有一億五千萬名孩童被迫成為童工，根據國際勞工組織（International Labour Organization）二〇〇八年的報告，貧窮是童工問題的最主要原因，Yolk據此訂定：行動能源替家庭省下的開銷，至少要等同或是超過童工薪水，就能有效促使爸媽送小孩去上學。

除此之外，太陽能牛甚至比「有條件式現金補助」（Conditional Cash Transfer，CCT）更省成本，能用同樣的金額幫助到更多人。要解決因貧窮衍生的社會問題，CCT直接提供現金，是公認最有效的方法，然而，用這個方法助孩童就學，隨孩童長大，所需資金也呈線性增長。舉例來說，供應一位孩童的初等教育，CCT需要支付一千零

Yolk在非洲的太陽能充電站「太陽能牛」刻意設在校園內。來源：YOLK官網

充飽一天電的行動電源足以滿足一家大小各種電器的需求。來源：YOLK官網

八十美元，相比之下，每一位孩童受益於太陽能牛的成本只需這個金額的五%。

接下來，Yolk預計要將太陽能牛帶到南亞，盼能幫助該地貧窮社區中，超過一千六百萬名孩童，重新獲得受教育的權利。

案例小檔案

組織：Yolk

網站：http://yolkstation.com/

問題與使命：讓非洲孩童用簡單且便宜的方式取得電力，改善家庭狀況並提升受教育機會，減緩童工問題，進而促進階級流動。

可持續模式：在非洲校園打造便利低成本的太陽能充電站「太陽能牛」，供學童取電。

具體影響力：

- 為家庭減少往返充電站耗時耗力的路程，平均每個月還能省下20%的開支。
- 《時代》雜誌2019年最佳發明。
- 美國消費性電子展「全球科技創新大獎」。

#SDG 1

SDG 2 消除飢餓

五件日常行動，讓全世界年年有飯吃

食物在我們生活中扮演著重要角色，果腹之餘也拉近人與人的距離。然而，在世界上不同角落，仍有許多人正處於飢餓、營養不良的狀態。聯合國永續發展目標第二項「消除飢餓」(SDG 2 Zero Hunger)，便聚焦於改善營養問題，確保糧食安全並促進永續農業。

SDG 2.1 確保所有人獲得安全、營養且足夠的糧食

為了達到消除飢餓的目標，首要之務是讓所有人，尤其是貧窮與弱勢族群，都能取得安全、營養且足夠的糧食。

致力消除飢餓、培力弱勢的美國非營利組織Food Shift，每年都會收集近五十五公噸將被丟掉的食物，重新料理給超過一萬名弱勢族群享用，讓生活困苦者得以溫飽，同時也減少食物浪費。

SDG 2致力消除飢餓，確保糧食安全並促進永續農業。來源：Buenosia Carol on Pexels

SDG 2.2

解決所有營養不良的問題

在較貧窮的地區，有許多人正因營養不良而引發健康問題，尤其要確保孩童、青少年、孕婦、哺乳婦女及銀髮族的營養需求。

在台灣，透過收集組織或個人捐贈物資以提供給飢餓者的台灣全民食物銀行協會，於二〇一七年展開「偏鄉教室營養補充包」專案，募集牛奶、堅果、綜合全穀物等，送往資源相對缺乏的偏鄉學校，以提供兒童於發育階段中最需要的營養，並攜手營養科系師生，傳授健康飲食知識，促進孩子健康成長。

SDG 2.3

讓糧食生產者的生產力與收入加倍

全球小規模糧食生產者的生產力與收入普遍較低，尤其是婦女、原住民、家庭農民（family farmers）、畜牧者與漁夫的處境最為嚴重。為解決此問題，聯合國訂下目標，要讓他們有安全及公平的土地、生產資源、相關知識、財務服務、市場、增值機會及非農業就業機會的管道。

致力改善水蜜桃果農低收入困境的社會企業「卡維蘭」，利用網路協助拉拉山水蜜桃果農自產自銷，使合作的果農收入比往年增加二到三倍；此外，也收購次級水蜜桃製成高附加價值的副產品，一方面增加農民收入，同時也減少作物浪費。

SDG 2.4

維護生態系統，打造可永續發展的糧食生產系統

面對自然資源持續消耗、人口持續成長的未來，到二〇五〇年時，全世界農業產量必須達到現在的兩倍，才足以應付需求。因此農業必須找到強化土地、水源等資源利用效益的方式，而非無止境地消耗自然資源。

聯合國呼籲應維護生態系統，提升土地適應氣候變遷、極端氣候、乾旱、洪水等災害的能力，提高產能與生產力，打造可永續發展的糧食生產系統。

墨西哥B型企業Sistema.bio打造生物分解器（bio-digester），將動物排泄物轉化為有機肥和沼氣，作為農具器械的生物燃料，協助肯亞、印度等地的小農降低耕種成本，更達到零碳循環的正向效益。

SDG 2.5 維持糧食生產中，種子、植物、家畜及相關野生品種之基因多樣性

農業生物多樣性豐富的基因和物種，為人類健康生活的基礎。不同物種能適應不同的氣候變化，例如有些稻米品種特別能適應水患，有些牲畜種類更能抗旱；此外，多樣化的糧食種類，可提供更充足多元的營養。

然而，據聯合國統計，有超過九十%的糧食作物品種已經消失，且半數的家畜品種已不存在，影響糧食系統。

在屏東德文部落，居民積極復育消失多年的作物「台灣油芒」，該作物具抗旱抗澇抗鹽化的特性，且營養含量十分可觀，有望成為回應氣候變遷與糧食危機的「超級未來食物」。

根據二〇二〇年聯合國永續發展目標報告指出，新冠肺炎疫情成了糧食系統的新興威脅。面對疫情對食品供應鏈的重擊，新加坡食品科學家與研究人員創立食品科技公司Float Foods，以豆類製品研發首款植物性蛋白質產品，解決原先仰賴進口的雞蛋因疫情中斷的問題。「我們的研究成果和製造原料都在新加坡境內，使得我們能為國內的食品供應做出穩定貢獻。」Float Foods共同創辦人兼執行長Vinita Choolani說道。

你可以這樣做——

從飯桌上開始，一起成為消除飢餓的Change Maker

回應SDG 2消除飢餓的目標，我們可以從日常生活中落實以下5個行動：

- 購買自己所需的食物，並全部吃光，避免造成食物浪費。
- 購買品質仍良好的醜蔬果，不讓它們因為外觀不佳而被遺棄。
- 盡量選購當季盛產、在地種植、符合公平交易的蔬果，以維持糧食生產者的生計。
- 將品質良好，但自己不需要的食物送至食物銀行等食物共享機構，讓貧窮者與弱勢族群不再飢餓。
- 捐款支持致力解決飢餓問題的組織，或投入相關志工活動，以自身行動為議題盡一份心力。例如參與非營利組織人生百味的志工計畫「石頭湯」，為無家者烹煮一頓熱騰騰的晚餐。

● 美國｜Food Shift

讓醜蔬果在廚藝教室重生！

走入貧窮社區，以烹飪課程培育居民一技之長

美國加州非營利組織Food Shift每年收集近五十五噸剩食，重新料理餵飽一萬二千人，同時也發起「廚藝訓練計畫」，培力當地弱勢住戶，既能降低食物浪費，也同步為解決貧窮問題尋找解方。

每年，位於美國加州的非營利組織Food Shift，收集將近五十五噸本來會被丟掉的食物，用來餵飽一萬二千人，同時，亦發起「廚藝訓練計畫」，培力當地的低收入戶，將剩食烹煮成健康的餐點。

Food Shift創辦人兼執行總監Dana Frasz表示，組織的目標是，創造一個結合公共健康、經濟平等和環境永續的模式，而且可擴張、可複製到其他地方施行。

在美國，有四十%的食物被浪費，卻有五千萬名美國人過著吃不飽的日子。Frasz表示，社會中有一些人資源豐富，卻也有許多人掙扎過活，Food Shift想要做的就是解決這種不平衡現象。

在Food Shift所在的加州舊金山灣區，收入不平等的狀況特別明顯。雖然加州繁榮的科技產業加速經濟成長，但也大幅提升生活成本，當地仍有一百五十萬居民生活在貧窮之中。原因在於，許多「窮忙族」需要花更多收入在付房租等成本上，剩下的錢不夠他們吃飽，但他們的薪水又往往太「高」，不符合申請加州糧食券計畫的資格。

為了解決問題，Food Shift和在地農產品市場合作，收取賣剩、或是因外觀不佳不被販售的農產品。收集來的食物中，八十%捐贈給社區慈善團體，分發給需要的人，另

外二十%則用於Food Shift自己開設的廚藝訓練計畫。

要餵飽更要引領自力更生

Food Shift也經營外燴生意，收費標準依客戶規模而定，例如Google這種大公司付全額，而資源較少的公司付較少，讓整個社區都能受惠於外燴服務。

Food Shift的廚藝訓練導師是Suzy Medios，在她的教導下，十六名學徒學習如何用手頭容易取得的食物準備健康的餐點。許多學徒參加Food Shift廚藝訓練前，完全沒有工作過，全部學徒都來自Alameda Point Collaborative——一個為無家者提供住處的社區，其中九十九%的居民生活在貧困線以下。

Medios表示：「我們不只是餵飽他們，更提供他們工具，讓他們在未來可以自力更生，不須依賴我們就可以自己前進。」

在訓練中學到顧客服務和團隊合作等技能後，許多學徒找到了在長照機構工作的機會，或是回到學校就學，甚至有一人進入電動車製造商特斯拉工作。

Food Shift也協助在地政府研究如何減緩糧食不安全。二〇一五年，聖塔克拉拉郡委託該組織撰寫相關報

廚藝訓練導師Medios（中）帶領的廚房是學習與連結住民的空間。來源：Food Shift IG

告，Food Shift在報告中指出，「食物本身不能解決飢餓問題」，並具體建議，市政府、郡政府、食物銀行和非營利組織需要相互合作，開發並改善食物援助以及食物獲取計畫。除此之外，也需要制度化的改變，包括「阻止全國食物過度生產、簡化申請食物援助福利的流程、提供全民營養教育，以及提供民眾負擔得起的住房和合理工資。」

讓「食物回收」成為市政服務，而不只是慈善事業，是Food Shift設定的目標之一。二〇一六年，加州用具體措施打擊食物浪費問題，州長Jerry Brown簽署了SB 1383法案，目標是在二〇二五年之前減少二十%可食用食物的廢棄，這意味著剩餘的可食用食物將可利用來援助有需要的人，而不是丟到垃圾堆腐爛分解，排放有害的溫室氣體。得益於該法案，Food Shift也能朝目標更邁進一步。

雖然改變公共政策是Food Shift很重要的一環，但Medios在小小的廚房中看見更深層、意義非凡的改變正在發生：「我們的廚房非常獨特，不只是一個人們前來學習的空間，更是我們連結、治癒彼此的所在。」

案例小檔案

組織：Food Shift

網站：https://foodshift.net/

問題與使命：減少因食物外觀不佳而造成的浪費，並改善弱勢者的營養問題。

可持續模式：回收醜蔬果作為「廚藝訓練計畫」的食材，提供社區就業機會，經營外燴生意。

具體影響力：

- 每年收集近55噸剩食，重新料理餵飽1萬2千人。
- 發起「廚藝訓練計畫」，協助弱勢者培養一技之長，得以自力更生。

#SDG 2

Food Shift的外燴生意讓整個社區都受惠。來源：Food Shift IG

● 墨西哥｜Sistema.bio

老技術帶來新價值

「生物分解器」提升小農耕種效益，還給婦女乾淨烹飪

在墨西哥成立的B型企業Sistema.bio，為了協助農民提升農業產量、降低環境破壞，因而開發了生物分解器，將動物排泄物轉化為有機肥和沼氣，讓農民在減少成本的同時，也能達到零碳循環。

「到二〇五〇年時，全世界農業產量必須達到現在的兩倍，如果現有農耕技法無法有效增加產量，農夫將會侵入自然保育地區、國家公園尋找可耕種的土地。」美國大自然保護協會（The Nature Conservancy）執行長Mark Tercek說道。

這並非只是工業化農場經營者與大型農業公司需要面對的挑戰，事實上，全球有八十%的食物產量來自小農。這就是為什麼Sistema.bio盼能以科技，提高小農的生產力，並兼顧環境永續。

Sistema.bio是一間B型企業，最初在墨西哥成立，而後開展到肯亞與拉丁美洲等地區，在二〇一八年二月時拓展至印度。主要以生物分解器（biodigester）套裝模組，將動物排泄物轉化為有機肥和沼氣，可作為農具器械的生物燃料。

Sistema.bio幫助小農以永續方式增加農產量。來源：Sistema.bio官網

Koushik Yanamandram是世界知名社企創投「聰明人」（Acumen）研究員，也是Sistema.bio於印度的主要合作夥伴，他解釋說：「生物分解技術基本上取之於自然，屬於一種厭氧消化過程。」這項技術可以幫助小農節省成本並達成自給自足的目標，「我們也在拯救環境，因為這項科技可達成零碳循環（zero-carbon cycle）」。

Koushik也觀察到，家族的女性每天必須花大筆時間搜集木材、生火烹煮，長期下來造成吸入廢氣的呼吸道相關疾病。這些問題，伴隨偏鄉農村多數豢養家畜的現況，使生物燃料科技成為有前景的解決方案，有助於達成乾淨烹飪（clean cooking）以及永續農業的目標。

老技術新設計支持永續

其實生物分解科技在印度已存在四十年之久，但從未被大規模採用。為此，他與團隊成員花時間待在農地，深入了解農夫的生活與需求，花費三年時間測試，製作出許多原型，以求解決這項科技於設計與費用上的困境，提升實際運用的可行性。同時，他們努力提升大眾對於生物分解器的認識，把改良過的設計和正確的教育訓練結合，而早期使用者的使用成效和口碑，更成為推廣的助力。

在印度，目前Sistema.bio服務兩種截然不同的客群。第一類是小規模自給型農家，依靠農業支持家庭生活，如有額外的農作物才會於市場出售；第二類是企業化農夫，生產商業農作物。「生物分解器」可針對不同客群做出客製化調整，對於前者，他們提供來自外部的資金協助（例如政府補助），至於企業型農家則可以用現金資助生物分解科技，或是透過Sistema.bio借貸。採用生物分解科技的農家可以同時獲得源源不絕的肥料、農產量上升，以及使用生物燃料爐進行乾淨烹飪的好處，無形中也守護了環境。

案例小檔案

組織：Sistema.bio

網站：https://sistema.bio/

問題與使命：以科技提高小農的生產力，並兼顧環境永續。

可持續模式：開發生物分解器（biodigester），將動物排泄物轉化為有機肥和沼氣作為生物燃料。

具體影響力：

- 於全球累積安裝超過3萬組生物分解器，處理1700萬噸家畜排泄物，每年產生7200萬立方的生物燃氣。
- 改善超過18萬人的生活。

#SDG 2

SDG 3 良好健康與福祉

大疫時代的真切願望，促進世人健康與福祉

身處於COVID-19大疫時代，健康與平安成了全球每個人最真切的願望。聯合國永續發展目標第三項「良好健康與福祉」(SDG 3 Good Health and Well-being)，觸及身體、心理、醫療、交通、環境等多個層面，願人人都能享有健康生活、日日平安。

SDG 3.1 降低孕產婦死亡率

隨著科技日新月異，越來越多孕產婦能夠平安生產。根據聯合國二〇一四至二〇二〇年的數據顯示，全球超過八成的生產都獲得專業的醫護照顧，相較二〇〇七至二〇一三年成長一成。

然而，懷孕及分娩並非一件人人平等的事。例如，在美國，印地安人、阿拉斯加原住民以及黑人在分娩期間或分娩後死亡的機率，是白人的二到三倍，而這個問題在疫情中變得更加嚴重。為了防疫，孕婦減少到醫院做產檢，親朋好友或助產士親自會面孕婦的機會也變少，都讓有色人種的懷孕處境更加艱困。所幸，疫情下也誕生不少創新服務，有助提升取得懷孕照護服務的平等權利。

例如，密西根大學醫學院制定新的產檢流程，讓孕婦可以透過遠距產檢，減少出門的機會。而為了補足可能缺少的檢查，該醫學院創建一個線上計畫。孕婦可以自由選擇參加每個月一次的小組聚會跟與自己妊娠期相似的孕婦交流，也可以透過私人線上聊天室交談，以及參加由社工和精神科醫生主持的課程，學習孕期健康知識及處理問題的技能。

SDG 3.2 降低五歲以下兒童及新生兒的死亡率

儘管全球在降低五歲以下兒童及新生兒死亡率上有所進展，但在二〇一九年時，全世界仍有約五百二十萬名孩童在五歲生日前死亡，其中近一半發生在出生後的第一個月。

聯合國呼籲各國在二〇三〇年前，應降低可預防的五歲以下新生兒及兒童的死亡率，目標是降低至每一千名新生兒中，只有十二名以下死亡；每一千名五歲以下的兒童中，只有二十五名以下死亡。

在印度、尼泊爾等偏鄉地區，有些剛出生的嬰兒會因為當地電力不穩、醫療資源不足而死亡。陳姿諭與團隊成員在做完田野調查、了解在地婦女需求後，成立了Embrace組織，開發可攜帶、易操作、不需電力的保溫睡袋，拯救超過三十五萬名新生兒的生命。

SDG 3.3 對抗傳染疾病

愛滋病、結核病、瘧疾、肝炎、水媒傳播疾病等，是

從生活型態和各種預防措施著手有助於促進每個人的健康與福祉。來源：Kampus Production on Pexels

全球常見的傳染病。根據世界衛生組織估計，二〇二〇年全球有近三千八百萬人感染愛滋病、約一千萬人患有結核病、逾二億人感染瘧疾、超過三億人感染肝炎。該如何降低傳染疾病對人們造成的影響，是各國都需面對的課題。

自二〇二〇年起席捲全球的新冠肺炎，是嚴重的傳染疾病之一。面對來勢洶洶的疫情，國內外善用網路工具，推出一個個協助人們立即掌握疫情最新資訊的平台，包括Line@疾管家、約翰霍普金斯全球疫情地圖等，攜手民眾一同對抗傳染疾病。

SDG 3.4 降低非傳染性疾病造成的死亡率

非傳染性的身體與心理疾病，同樣會大幅影響人們的健康狀態，甚至導致死亡。

在身體疾病方面，二〇一九年，全球有七十四%的人因非傳染性疾病而死亡，其中三十至四十歲的人主要因心血管疾病、癌症、糖尿病或慢性呼吸道疾病而離世。

在台灣，心血管疾病正是人們的第二大主要死因，它有可能在十分鐘內奪走人類性命。雖然台灣有醫療資源協助醫生比對病患血管阻塞的位置，但通常需耗費二十分鐘才能確認具體狀況。因此科技部推動台灣首座「醫療影像專案計畫」，結合AI技術與醫療影像，只要兩秒就能完成比對，協助醫師加速判讀病症、提高準確度，讓病人能儘早接受治療，搶救生命，並降低醫療費用支出。

在心理健康上，世界衛生組織指出，憂鬱症是二〇二〇年造成人類失能疾病的主因。在台灣，根據衛福部統計，二〇一九年因情緒障礙就醫的人數達二百零九萬人，約佔台灣人口的十分之一。

設計師白琳與林妤恒以「小鬱亂入」為畢業製作專案，將憂鬱症相關知識透過輕鬆的圖文呈現，並設計互動式的線上憂鬱症量表，讓使用者能測試自己是屬於「憂鬱情緒」或是有「憂鬱症」的前兆，希望能帶大眾進一步認識憂鬱症。

SDG 3.5 預防和治療藥物濫用

聯合國呼籲，在二〇三〇年前，全球應強化藥物濫用的預防與治療，包括麻醉藥品濫用與酗酒問題。

在台灣，同樣的問題也不容忽視。在藥物濫用上，據統計，二〇二〇年各機關通報藥物濫用個案共超過三萬人次，其中男性佔了約八成。至於酗酒問題，每年有四千五百人死於酒害，相當於每天就有十一人因此死亡，此外，被通報的家暴施虐者也有超過一萬人有酗酒情形。

為了改善上述問題，衛生福利部自二〇一四年起發起「矯正機關整合性藥癮治療服務暨品質提升計畫」，逐年提高設有精神科的醫院可提供藥、酒癮治療服務的涵蓋率。二〇二一年，進一步於十四所矯正機關開設戒癮門診。同時，也積極向民眾宣導藥物濫用的危害。

SDG 3.6 降低交通事故的傷亡人數

交通事故為導致傷亡的常見因素之一，根據聯合國統計，二〇一九年全球十五至二十九歲死亡的青年，多是因為交通事故離世。

在台灣，據交通部統計，二〇二〇年全台有近三千人因交通事故死亡，相當於平均每天有八人因交通因素而喪命。為了提升道路安全，工研院自主研發「iRoadSafe智慧道路安全警示系統」，透過防碰撞演算法，可以事先預測人、車、物件的運行軌跡，提前發出警訊提醒。這項系統目前已應用於高雄輕軌，能在旁邊車輛違規右轉前二十公尺就發出警示，且預測正確率高達九成，替駕駛爭取二至三秒的應變時間。

SDG 3.7 增進生殖健康

在發展中國家以及貧困地區，許多婦女因爲難以取得性和生殖醫療保健服務，面臨意外懷孕、不安全墮胎、感染性傳染病等問題，不但影響她們的生活，甚至可能有生命危險。若人人都能有管道取得相關的醫療保健服務，包括家庭規畫、資訊與教育，並將生殖醫療保健納入國家策略與規畫，將能有效改善問題。

在美國，並非人人都能享有健保。這使得需要優質婦科醫療的弱勢婦女，因為種族、經濟條件等原因，難以獲得適當的生殖醫療保健服務。於是，社會企業Twentyeight Health成立，提供有需求的婦女線上問診、取得避孕藥等服務。

SDG 3.8

實現全民醫療保健覆蓋的目標

全民醫療保健覆蓋是指每個人都能獲得能應對重大疾病或死亡的服務，包括財務風險保護、取得高品質基本醫療保健服務的管道，以及取得安全、高品質且可負擔的基本藥物與疫苗，並確保這些服務的質量能帶給人們健康，且不會因此陷入經濟困境。

世界衛生組織表示，儘管自二〇〇〇年至今，全球全民醫療保健覆蓋逐漸提升，但最貧窮及受衝突影響的國家仍遠遠落後，到二〇三〇年，全球可能仍有五十億人無法獲得醫療服務。

在南非，長期存在醫師人數不足的問題，每位醫生的平均服務人口數超過五千位，對居住在偏鄉、交通不便的弱勢族群來說，欲取得醫療服務更是難上加難。為了分配醫療資源，掌握南非大部分鐵路網路的Transnet，透過火車給予住在偏鄉的弱勢族群即時、高品質的醫療照護，至今改變超過兩千萬名南非人民的人生。

SDG 3.9

減少空氣污染、水污染、以及其他污染對健康的危害

污染對人類的健康造成嚴重的威脅。世界衛生組織估計，每年有七百萬人的死亡與空氣污染有關，人類吸入有毒的空氣，可能增加罹患中風、心臟病、肺癌等風險，甚至影響身體裡的每一個器官。此外，每年也有約五十萬人因使用受污染的水而腹瀉死亡。

塞爾維亞有超過一半的居民住在空氣品質極差的大城貝爾格勒（Belgrade），雖然植樹有助改善空氣品質，但城市布滿密集的建築物、道路與交通工具，難有多餘的土地打造綠意盎然的公園。為解決空污問題，當地科學家設計出一種「液態樹」，它不需佔據太多空間，且吸收二氧化碳、生成氧氣的效率可達樹木的十到五十倍。

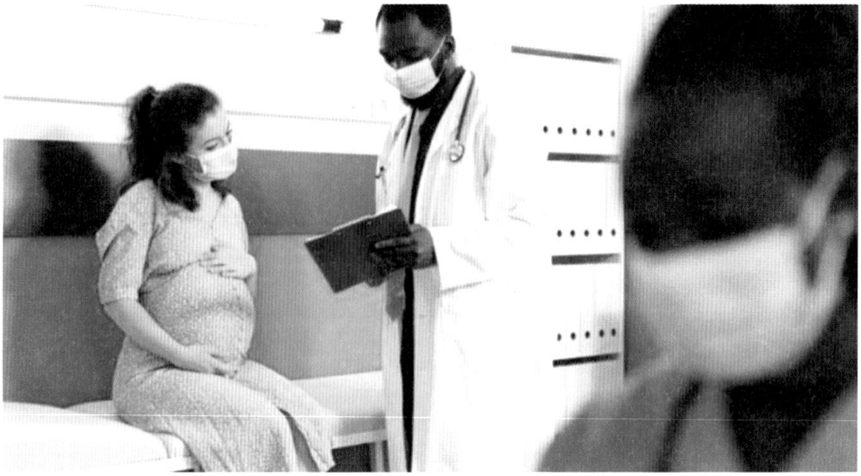

（上）讓孕產婦都能取得懷孕照護服務的平等權利仍是待努力的目標。來源：DCStudio on Freepik

（下）在「降低非傳染性疾病造成的死亡率」目標上包括了心理疾病，圖為小鬱亂入平台設計頁面。來源：小鬱亂入FB

你可以這樣做——
許一個健康的世界，從照顧自己開始

該如何實踐SDG 3良好健康與福祉？讓我們從照顧自己開始，從日常點滴做起：

- 注重心理健康：若是碰到困難，或處於低潮時期，可以尋求專業協助。
- 維持身體健康：規律運動、均衡飲食，並定期做健康檢查。
- 預防疾病發生：善用全民醫療保健服務，接種流感疫苗，避免感染疾病。
- 注意交通安全：身為行人，過馬路時不低頭滑手機，注意左右來車；身為駕駛，喝酒不開車，遵守交通規範。
- 分享健康資訊：接收到任何與維持健康有關的資訊，不吝與他人分享，讓人人都能健康平安。

● 美國｜Embrace

「買一捐一」串起全球性互助

嬰兒保溫睡袋，拯救超過三十五萬新生兒

在印度、尼泊爾等偏鄉地區，剛出生的嬰兒常因為當地電力不穩、醫療資源不足而失溫死亡。名為Embrace的組織因而誕生，他們開發可攜帶、易操作、不需電力的保溫睡袋，拯救新生兒的生命。

Embrace創辦人之一陳姿諭（Jane Chen）和團隊所開發的嬰兒保溫睡袋，是設計思考的經典案例之一。產品概念誕生於二〇〇七年，在史丹佛一堂「為極端需求設計」的課堂中，當時的教授出了作業，要學生們設計出一個只需要傳統一%成本的嬰兒保溫箱。

陳姿諭和團隊成員走訪印度和尼泊爾的偏鄉做田野調查後，發現成本其實並非問題的核心，「在這些村落，電力不穩才是更難解的問題。」團隊在當地看到許多外界捐贈的保溫箱，躺在醫院的角落裡無人問津，只因為缺乏電力，或沒人知道該如何使用。

當他們拜訪村落的婦女，又發現另一個根本上的問題。從偏鄉跋涉到城市裡的醫院，需要花上好幾個小時，「有一位母親生了一個早產兩個月的孩子，卻因為無法即時將他送進大醫院的保溫箱裡，這個小生命因此流逝。」類似的故事反覆發生，這讓團隊調整原先的成本焦點，最終開發出可攜帶、容易操作、完全不需要電力的嬰兒保溫睡袋。

以使用者為核心測試原型

談起這個產品的概念，陳姿諭表示：「其實本質就是

了解使用者是誰，還有持續製作原型。」團隊在此下了很大的功夫，也在田野投入大把時間，以確認自己是否走在正確的方向。「直到今日，甚至是我們的新產品上市，我們永遠都在做這兩件事。」

談到使用者回饋，陳姿諭總會分享的例子，就是產品的溫度顯示器。Embrace產品上的溫度顯示，一開始其實是以數字為單位，但當團隊走進村子裡、詢問當地婦女的意見時，她們卻表示：「我們並不信任西方醫療。」

當地婦女說，她們往往會自行將西藥的劑量減半，以免孩子攝取過量。「如果你們告訴我Embrace的溫度要維持在三十八度，我可能會再減個幾度，因為我擔心對孩子而言會太熱了。」這個意外的發現，促使團隊將原本的數字單位改為笑臉、哭臉的二元圖示。

正是這樣堅持以使用者為核心，讓他們的產品從未被放到醫院的角落，而是深入每個偏鄉帶給新生兒溫暖。二〇一四年，Embrace更獲得歌手碧昂絲的捐款支持，走進漠南非洲的國家裡。這個當初的課堂作業，如今已深入全球數個國家，拯救超過三十五萬名早產兒的生命。

陳姿諭（左）在白宮向當時的歐巴馬總統介紹Embrace。來源：Embrace官網

找到對的商業模式

團隊在史丹佛課堂上做出第一代原型之後，便因突破性的設計一炮而紅，但MBA畢業後，整個團隊於二〇〇八年搬到印度，花了足足三年時間，才終於做出可以上市的產品。此時卻碰到更大的難題：該怎麼賣？要賣給誰？

如何找到對的商業模式、能夠規模化，成為創業以來的最大挑戰。即使每個保溫睡袋的成本已壓到傳統保溫箱的千分之一，但對於每天收入只有一美元的村民還是負擔不起。賣給當地診所？「謝謝，但我們先訂一個就好。」長途跋涉深入偏鄉各個診所中，一次卻只能賣出一、兩個產品，似乎不符合經濟效益。

「我們體認到創新不應只體現在產品上，也要發生在商業模式中。」在印度的那幾年，從賣給私人診所、大醫院、到印度政府，全都試了一輪。最近一次的商業模式軸轉，則是轉向美國市場，二〇一六年，Little Lotus嬰兒睡袋正式在美國上市，採用受NASA太空衣啟發的專利布料，讓寶寶隨時處於恆溫狀態，不會因為急遽的溫度變化而導致嬰兒猝死症。

團隊採用「買一捐一」模式，將在美國販售產品的收

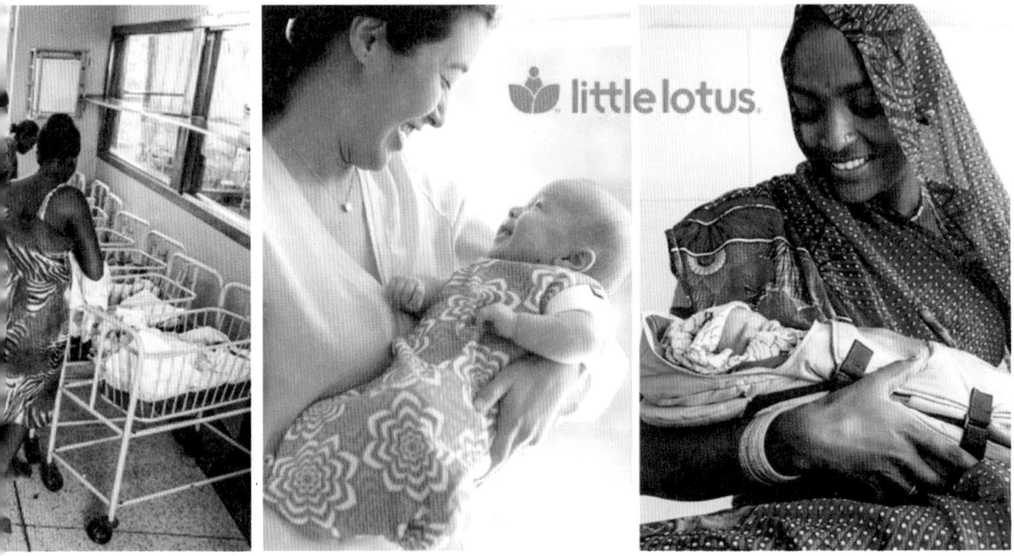

（右）Little Lotus嬰兒睡袋「買一捐一」模式讓商業營運和社會責任意識都能穩健落實。來源：Little Lotus Twitter
（左）嬰兒保溫睡袋可攜帶、易操作、不需電力的特色能滿足偏鄉的使用需求。來源：Embrace官網

入，用來支持要捐贈給發展中國家的產品。陳姿諭認為，隨著消費者越來越具社會意識，在這個時間點推出「買一捐一」的模式其實正合適，「我們發現，當一個女性做了母親，她會盡自己一切的力量去幫助其他有需要的孩子。」這種為人母的「共感」，讓Little Lotus在美國獲得廣大迴響。

Embrace目前的穩定，是歷經至少十次公司存亡危機堅持下來的。除了初心，任何事情都有可能改變——合作對象可以在一週前突然被撤職、即將到手的合約說停就停。陳姿諭提醒創業家，「創業永遠不是從A點到B點，大部分時間你的方向會一直變，所以一定要保持彈性。」在設計思考的世界裡，失敗也不是負面，她甚至認為，失敗要越早越好，因為前期的失敗成本往往比較低。

回顧整個創業歷程，陳姿諭認為最重要的，是要找到自己的WHY。「我的WHY是幫助人，並透過創新科技賦權金字塔底層的人。」當創業者非常確定自己的WHY，這將成為創業路上最重要的導航星。

案例小檔案

組織：Embrace

網站：https://www.embraceglobal.org/

問題與使命：打造嬰兒保溫睡袋，拯救位於醫療資源缺乏、因失溫而可能喪命的早產兒。

可持續模式：打造Little Lotus嬰兒睡袋，透過「買一捐一」模式，將在美國販售產品的收入用來支持要捐贈給發展中國家的產品。

具體影響力：

- 救援全球超過35萬名新生兒。

#SDG 3

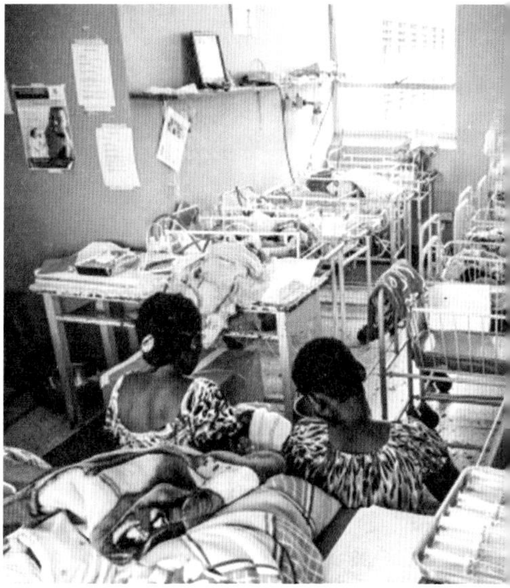

● 泰國｜Ooca

用科技支持心理健康

口袋裡的諮商心理師，讓諮詢服務更平易近人

由泰國團隊打造的心理健康行動應用程式Ooca，讓用戶用簡便私密的方式與醫生視訊諮詢，至今已服務超過六萬三千名用戶，並拓展至企業端，協助人資部門支持員工心理健康。

根據美國健康指標和評估研究所（Institute of Health Metrics and Evaluation）的調查，世界上每十人就有一人因心理疾病受苦。泰國是東協裡情況最嚴重的國家，每年有一萬人自殺、八十萬通自殺求援電話。然而，其中僅有不到十%的人認為自己應該尋求心理醫生的協助，主因大多是難以取得相關資源，或是害怕遭受他人異樣的眼光。

Kanpassorn Suriyasangpetch（暱稱Eix）就是過來人之一。她分享：「我還在讀書的時候，被診斷出適應障礙症。那時候，我怕如果在我就讀大學的醫學院尋求治療，我的教授會對我留下壞印象，所以我選擇去校外看醫生。」

畢業後，獲取適當心理治療的鴻溝更大了，「那時我在泰國軍隊當牙醫，因為心理疾病的污名還是很嚴重，我每次都搭六小時的車去曼谷看醫生。」

「無法公開向任何人坦承心理疾病」，成了Eix創辦Ooca的起心動念。她在二〇一七年打造在地第一個心理健康行動應用程式，至今已經讓六萬三千名用戶輕輕一點螢幕，就可以和在地心理醫生視訊通話，用科技解決資源難以取得、心理疾病污名化的困境。

諮商平台方便又安心

Ooca提供線上視訊諮商服務，用戶能夠透過自行選

擇或平台媒合，直接和心理學家或心理醫生進行一對一晤談。每次諮商為三十或六十分鐘，價格為一千泰銖（約台幣九百一十五元）起跳。為使用戶感到安心，使用者可以使用代稱，也可以隨時換醫生。Eix強調：「他們可以在自己所在的地方尋求幫助，非常方便，而且在平台上能夠感到安心。」

Eix指出：「我不會把來到平台的人稱為『病人』，因為我希望那些不需要醫藥治療、但需要專業建議的人也能夠來。我希望平台讓人值得信賴，所有人上來晤談的時候都感到放鬆。」

案例小檔案

組織：Ooca

網站：https://www.ooca.co/

問題與使命：打造線上心理諮詢app，讓心理健康支持服務更平易近人。

可持續模式：提供線上視訊諮商服務，由使用者付費。

具體影響力：

- 服務超過6萬3千名個人用戶，並與企業人資部門合作，協助關懷員工心理健康。
- 獲得2017年聯合國世界資訊峰會大獎（World Summit Award）、2018年DTAC最佳加速器肯定。

#SDG 3

Ooca也和企業的人資部門合作，例如泰國銀行和跨國能源公司雪佛龍（Chevron Corporation），提供企業員工心理健康支持服務。針對青少年，Ooca則成立名為Wall of Sharing的計畫，和數間大學、泰國衛生部和心理健康部簽訂備忘錄，致力於讓五萬名以上的年輕人免費取得優質服務。

提及創業挑戰，Eix表示，發展健康科技最難的地方是，如何說服投資人和大眾了解心理治療議題的急迫性，「對我來說，經營一間企業，並且活過募資階段，很不容易，要從醫學專業者變成企業家真的相當具挑戰性。」

二〇一七年創辦平台後，Eix就辭去牙醫工作，全職經營Ooca。二〇二〇年，Eix獲選為表彰未來亞洲青年領袖的Generation T傑出青年。這段期間，她發現泰國社會對心理疾病議題的態度漸漸發生轉變：「我們開始看見許多電視節目、Podcast、網路新聞文章在談論心理健康。」

Eix重申心理疾病是需要解決的問題：「一個人最先可以做到的是跟信任的人談談，如果你真的需要專業幫助，去看醫生吧，你不會後悔的。」

SDG 4 優質教育

確保公平且高品質的教育，提倡終身學習

聯合國永續發展目標第四項為「優質教育」（SDG 4 Quality Education），邀請全球各單位重視公平及良好教育，讓人人都能透過知識獲得更好的生活。二〇二〇年在新冠疫情衝擊下，全球有三分之二的學生被迫停課，閱讀能力未達及格水準的兒童更增長超過二十%，這個目標也成為當今世代更急迫的課題。

SDG 4.1

提供免費中小學教育

聯合國希望在二〇三〇年前，不分性別，確保所有兒童與青少年都能完成免費、公平及高品質的中小學教育，且都能獲得有效的學習成果。

但自二〇二〇年以來，因為新冠肺炎疫情的衝擊，全球都有學生被迫停課，甚至在二〇二〇年，低閱讀能力的兒童與青少年又增加約一億名。

在台灣，雖然政府已推行十二年國民基本教育，但每一名老師平均需要面對約三十名學生，每個學生可能因為

如何確保教育的公平性、穩定性與良好品質是全世界都不容忽視的課題。來源：Julia M Cameron on Pexels

學習進度不一，而無法達到高品質的教學效果。為此，免費線上教育平台「均一」，擔任智慧助教的角色，提供超過一萬部涵蓋國小到高中課程的教學影片，盼讓學生得以自主學習。老師也可透過後台數據，掌握學生學習狀況，針對不同的個體，因材施教。截至二〇二一年底，累積近四百萬註冊人數。

SDG 4.2 讓孩童接受平等且優質的學前教育

根據經濟合作暨發展組織（OECD）研究發現，幼兒在五歲前的生活與學習狀況，將會影響未來的發展。聯合國呼籲，在二〇三〇年前，應確保所有孩童都能接受平等且高品質的早期幼兒教育與照護，以及入學前教育，讓每一位孩子都能做好上小學的準備。

近十年來，全球接受完善學前教育的幼童增加了八%，然而，近期因為疫情的影響，有許多孩子僅能留在家中由看護者照顧，在不合適的學習及生活下，恐怕影響孩童未來的發展潛力。所幸，拜科技發達所賜，不少線上學習平台讓孩子在家打開app就能接受優質的學前教育，以引人入勝的教學內容取代傳統的教育模式，讓孩子能不受地點限制有效地學習。

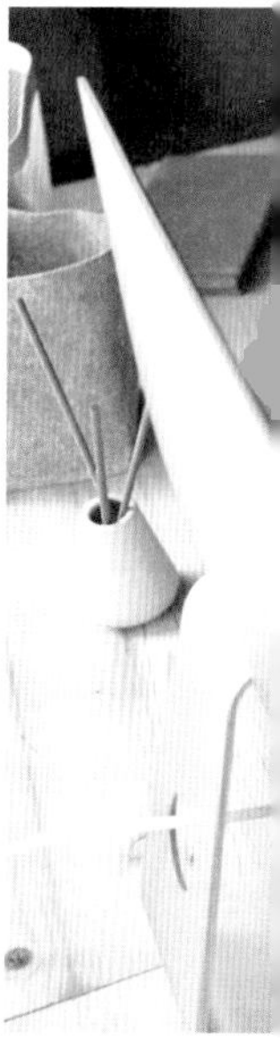

SDG 4.3 確保人人獲得公平且可負擔的高等教育受教機會

致力報導全球高等教育現況的線上媒體《大學世界新聞》（University World News）指出，近二十年來，雖然全球接受高等教育的女性增加了二十%，但仍有部分國家的女性難以獲得平等受教機會，如阿富汗與巴基斯坦皆只有不到一成的女性接受過高等教育。而SDG 4.3的落實，更因新冠疫情遭受重挫。根據聯合國報告指出，這場世紀大疫將會更拉大教育不平等的差距，有許多貧窮者可能會因此永久或長期輟學。

為了讓弱勢青年能接受高品質的高等教育受教機會，西雅圖自二〇一八年發起「西雅圖承諾」（Seattle

Promise）計畫，供應當地弱勢年輕學子免費就讀社區大學，並給予實習機會。現在更進一步提供額外的補助，包括夏季課程、擴大經濟援助、協助青年轉入四年制的大學等。以二〇二二年公布的最新數據顯示，該學年共有逾三千人符合資格、過半數完成申請。

SDG 4.4 增加具備就業技能的人數

具備良好的工作技能，將有益求職者找到合適的工作。聯合國永續目標希望在二〇三〇年前，大幅增加擁有相關就業、創業技能的青年與成年人之人數。

近兩年因疫情攪局，失業率大幅增加，尤其對青年的打擊最為嚴重。根據聯合國國際勞工組織最新發布的報告顯示，在二十九歲以下的青年中，有六分之一遭到解僱，或是工作時間大幅減少二十三%，眾多青年也因此無法順利進行職業培訓計畫。而台灣在二〇二一年的失業率也創下十年來新高，二十至二十四歲青年的失業率高達十三%。

位在台北市萬華區的忠勤里，是中低收入戶人口比例相對高的區域，不少這處社區的青年，因缺乏家庭照顧，導致輟學、誤入歧途、在求職路上不順遂等狀況。里長方荷生深知教育的重要，便成立咖啡班培養青年沖泡咖啡的一技之長，更開辦咖啡廳「書屋花甲」，讓青年能在此工作，磨練就業技能。

SDG 4.5 消除教育中所有不平等問題

教育之前，人人平等。這個細項目標指出，應消除教育中的任何歧視，確保所有人無論性別、族群都能接受平等的教育與職業訓練。

在台灣，根據深耕教育領域的非營利組織「為台灣而教」（Teach for Taiwan，簡稱TFT）指出，台灣鄉村地區學習落後的人數比例是都市地區的二到三倍，從位在宜蘭的三星國中就能看見這樣的狀況。

該校學生有近七成來自單親或失去家庭功能的弱勢家庭，很多孩子因種種因素中斷學習。校長張輝志為翻轉弱勢孩子學習情況，便創辦「未來假日學校」，邀請社區各行各業的居民，開設不同職業類別的相關課程吸引青少年們參與，幫助他們找到未來志向。

SDG 4.6 確保青年具備識字與算術能力

根據聯合國教科文組織（UNESCO）指出，儘管過去五十年來，全球人口識字率持續提升，但仍有超過七．五億名成年人不識字，且多半為女性。

UNESCO對於「識字」（literacy）的定義為：十五歲以上的人口中，能夠閱讀和書寫並理解日常生活的簡短陳述。一般來說，識字也包括進行簡單計算的算術能力。

在英國，有約六分之一的成年人、相當於七百一十萬人幾乎不識字，且有約一成的人口有閱讀障礙。《大誌》創辦人John Bird為改善此問題，於二〇一九年推出新雜誌《Chapter Catcher》，內容收錄五大類文章，包括當代文學、好文回顧、經典著作、非虛構文學，以及「未完成專欄」，希望透過多元主題幫助民眾提升閱讀能力。

SDG 4.7 確保所有人獲得能促進永續發展的知識與技能

隨著氣候變遷加劇、新冠肺炎重創經濟，這幾年間，大環境的變動對身處台灣的我們而言，越來越有實感。「永續發展」已不只是一種趨勢或思維，更是全球應刻不容緩關注並採取相關行動的議題。

要建立一個資源生生不息、人人皆享平權生活的未來，有賴每個人意識到當今經濟發展對社會、環境帶來的破壞，並掌握相關的知識、態度與技能，展開更好的行動。這樣的永續素養（Sustainability Literacy），是身為二十一世紀的地球公民，打造更美好未來的必備關鍵。

二〇二一年，社企流攜手聯合報系願景工程與星展銀行（台灣），推出「甜甜圈星球：一〇〇個永續新生活行動」系列策展，發起全台第一個永續素養大調查，並推出專題、論壇等內容，開啟個人、組織、城市皆可共同參與的永續行動。

（上）SDG 4呼籲人人都應獲得公平且可負擔的高等教育受教機會。來源：Seattle Colleges FB（下）富兼容性的教育強調人人皆可平等受教、終身學習。來源：未來假日學校FB

你可以這樣做——

改變自己、協助他人，用行動促進優質教育

邀請大家透過以下5項行動，從改變自己做起，擴而協助他人，一起成為促進優質教育的一員：

- 落實終身學習，秉持「活到老，學到老」的精神，讓自己的學習不間斷。
- 捐出自己不需要的舊書給缺乏學習資源者，讓每個人都有書本可以閱讀。
- 在社群媒體上倡議教育平等議題，讓人人都能獲得平等受教的機會。
- 主動教導身邊有需求的孩童讀書與學習，讓每個孩子都能有基本認字及算術能力。
- 持續支持關注教育議題的組織，讓他們有足夠的資源，推進優質教育在全世界遍地開花。

● 美國｜Minerva

一所沒有校園的大學

不教應付考試的課程，將學習場域推向全世界

美國有一座「無校園大學」Minerva，以線上學習平台進行課程，教授與學生都可以選擇自己喜歡的地點上課。不僅如此，學生每學期還會前往不同的國家與當地人交流、學習，可謂全世界都是他們的學習場所！

這座沒有校園的大學Minerva Schools at KGI（簡稱Minerva），所有課程都以線上進行，學生只需在課堂時間選擇有網路的地點，就能即刻開始上課。為了確保學生與教授的互動品質，每一堂課最多僅收二十位學生，甚至更少；系統也配備評分機制，能向教授顯示每一位學生的課堂參與度。

「我們設計的平台能讓老師看到每一位學生，甚至還能記錄每位學生的發言時間。」Minerva創辦人Ben Nelson說。線上學習平台的教學模式，讓每一位學生彷彿都坐在教室的第一排，與教授近距離互動。

Minerva吸引超過50個國家的學生申請就讀。來源：Minerva Schools FB

全球都是Minerva的教室

Minerva的創新之處不僅是開創了線上學習模式，更設計讓學生週期性地搬往不同國家的不同城市居住、上課，與當地組織交流，以開展國際視野，培養解決問題能力與跨國生活的適應能力等。

例如，前兩學期，Kanter和其他約一百位同學在Minerva於美國舊金山的簡易管理部門上課，接著每學期會輪流前往德國柏林、阿根廷布宜諾斯艾利斯、韓國首爾、印度、英國倫敦等，最後再回到舊金山。許多城市都有Minerva學生的上課足跡，包括台灣台北。

Minerva不以考試、成績來評量學生，而是鼓勵學生將課堂所學應用於生活之中。舉例來說，要求學生根據自己所在的城市，製作相關的作業內容。如果教授訂定的作業主題為「博物館」，不論身在韓國首爾或是德國柏林的學生，便需融合課堂所學，依照自己的地點完成作業。

Nelson認為，學生若是想要表演、玩音樂、踢足球或做任何事情，都可以在自己身處的城市尋找資源，比起待在校園裡的學生中心，透過獨立思考，自己在多元又繁華的城市中探索，能有更多成長、獲得更豐富的體驗。

二〇二〇年畢業的Sanchez，目前正於哈佛大學心理學系工作。就讀Minerva期間，Sanchez在前往布宜諾斯艾利斯時學習跳探戈，在柏林時了解嘻哈音樂，且每天都在顛覆自己對於一般友誼關係的認知。

省下經營實體校園的經費，Minerva每年的學雜費、前往各個城市交流的住宿費等相加，比美國一般私校的費用便宜一半。但想要進入Minerva就讀並非易事，招募第一年錄取率低於三%，比哈佛大學的錄取率還低。「我們沒有限制錄取總人數，但我們尋找的學生要擁有極高水準的智識能力與天賦，且肯努力學習。」Nelson說：「我們希望學生可以在Minerva得到智慧，也認為這應該是所有教育機構的核心。」

案例小檔案

組織：Minerva

網站：https://www.minerva.edu/

問題與使命：推廣創新教育，建立一所打破圍牆的學校，讓學生在世界各地探索，獨立思考，創造獨一無二的大學生活。

可持續模式：向學生收取學費，亦接受捐款。

具體影響力：

- 根據最新公開資料顯示，目前已累積超過500名畢業生。
- 92%的企業經理人認為Minerva的實習生表現優異。

#SDG 4

●荷蘭｜Good Hotel

是旅館也是社企！

「美好旅館」培訓失業者重返職場，成就更美好的生活

荷蘭創業家Marten Dresen打造了美好旅館旅宿集團，僱用當地失業者與二度就業的女性，並提供在職訓練。而旅館盈利也捐獻給自家的兩個基金會，支持兒童教育事業。

在倫敦皇家維多利亞碼頭（Royal Victoria Dock），停泊在岸邊的美好旅館（Good Hotel）相當引人矚目。這間漂浮旅館有著黑色的船身，以及鋪著人工草皮的屋頂，在這工業化的港口中顯得格外突出。

這可不是一般的旅館，美好旅館在荷蘭阿姆斯特丹北海岸停泊了十二個月後，於二〇一六年十月被運載至倫敦，為倫敦的旅客提供獨特的住宿體驗。

美好旅館的內部有充滿設計感的家具及木製的地板，流暢、舒適的設計強調著公共空間以及社群。作為社會企業，這間旅館的願景是幫助當地長期失業的人們就業。

在美好旅館停泊於荷蘭的一年當中，僱用了約一百位長期失業的在地居民，並且提供他們友善的職業訓練。旅館給予受僱者三個月的聘約，並在過程中協助他們向其他組織求職。至今仍有七十位受僱者持續以全職身分在旅館工作。

旅館提供的職業訓練相當廣泛，除了讓受僱者了解旅館內所有面向的工作，也提供基本能力的訓練，如外語能力、開瓶技巧、沖泡咖啡等。

「我們相當重視自我發展，有些人來自經濟貧困的家庭，因為經歷太多次求職遭拒的狀況，而徹底喪失所有信心。我們即是要幫助他們建立自信，這帶來的改變是非常顯著的。」美好旅館的行銷執行長Marie Julie Craeymeersch表示。

社會事業與極致旅宿服務結合

停泊在倫敦的期間，美好旅館與紐漢（Newham）倫敦自治市議會合作，計畫每三個月就招募十五位新人，並給予相同的訓練。

「我們不會像一般旅館，只看個人的履歷和經驗。我們關注的是『人們』，不問你會做什麼。舉例來說，我們會問人們對特定狀況的反應與想法。」Craeymeersch表示。

在旅館的餐廳內，展示著一張又一張充滿笑臉的照片，而照片裡的人都是從這裡「畢業」的員工，其中有生過孩子後想返回職場的年輕媽媽，以及因為照顧年邁母親而找不到工作的兒子等，美好旅館給了這些人們「再試一次」的機會。

除了在倫敦駐點，打造美好旅館的荷蘭創業家Marten Dresen，在給他創建美好旅館靈感的瓜地馬拉，開了一間二十房的旅館。

這間旅館作為一家社會企業，也意味著所有利潤將回饋給計畫本身。美好旅館在阿姆斯特丹經營得相當成功，因此團隊正在尋找一個固定的家園來持續職訓計畫，而他

倫敦的美好旅館是一座海上漂浮旅館。來源：Good Hotel London官網

們也樂見其他組織追隨這個模式。

「我們嘗試為其他旅館樹立典範，證明社會事業能與極致的服務經驗結合。至於我們訓練的人們在別處找到工作，就是對我們最大的肯定。」Craeymeersch表示。

案例小檔案

組織：Good Hotel

網站：https://goodhotel.co/

問題與使命：訓練並僱用弱勢失業者以降低失業率；營業利潤全數投入支持當地兒童教育發展，提升教育水平。

可持續模式：向使用者收費，盈利再全數捐出予基金會，投入兒童教育。

具體影響力：

- 在職訓練計畫培育出300人，有7成順利就業。
- 盈利全數捐給旗下2個基金會：Niños de Guatemala和Good Global Foundation。前者支持瓜地馬拉2所小學及1所中學的運作，學生數約600名；後者支持世界其他地區的教育議題。

#SDG 4

美好旅館提供受僱者完整的職業訓練。來源：Good Hotel London官網

SDG 5 性別平等

六大實踐面向，終結當女生的那些鳥事！

聯合國永續發展目標第五項「性別平等」(SDG 5 Gender Equality)，呼籲實現性別平等，賦予婦女權力，並消除對所有女性的暴力、剝削和有害習俗。

SDG 5.1 消除所有對女性的歧視

對婦女和女童至今仍存在各種形式的歧視。例如，月經是女性正常的生理現象，但在尼泊爾、印度等國家的偏遠地區，許多女性逢生理期時，常會被認為羞恥，遭受歧視，甚至因此輟學。為了改善此問題，新加坡公司Freedom Cups除了送出月經杯給無力負擔衛生用品的女性外，還前往相關區域宣導月經生理知識。

SDG 5.2 消除所有對女性的暴力和剝削

根據世界衛生組織的報告顯示，全球有超過七億名女性，曾遭受過他人的暴力，而且受暴年齡正不斷下降，十五至二十四歲的女性當中，有四分之一曾受到親密伴侶的暴力行為。為協助受暴女性脫離暴力，美國的FreeFrom組織，提供免費法律諮詢服務及完整創業訓練，支援她們自力更生。

SDG 5.3 消除一切對女性有害的習俗

在某些地區因習俗、傳統等因素，令女性面臨著不同形式的傷害，諸如被迫在未成年時步入婚姻、執行割禮等。根據聯合國統計，全球二十至二十四歲的年輕女性中，每五人就有一人在未成年時結婚；有超過兩億名女性，因當地習俗被迫割除生殖器官。

不少國際組織紛紛進入這樣的地區，如非營利組織國際培幼會（Plan International），透過教育以改善當地風氣，讓更多女孩能夠決定自己的未來。

SDG 5呼籲實現性別平等，並賦予女性權力。
來源：Becca Tapert on Unsplash

SDG 5.4 重視女性無償照護工作，並提倡家務分工

根據聯合國婦女署於二〇二〇年發布的報告表示，全球每天共一百六十億小時的無償工作中，女性約需承擔四分之三的時間。各國應更重視女性從事無償工作、家務的操勞，透過公共服務、社會保護措施等資源，保障女性福利，並提倡家務平等分工。

在台灣，媽媽互助社群平台「小村子」發展了三項

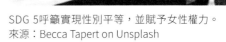

服務——共玩、共食及共學，讓每一位媽媽能享有喘息空間。國際上，有些歐洲國家則以政策切入，鼓勵每個家庭落實育兒的平等分工。如冰島、瑞典及丹麥，皆讓雙親各享有至少三個月不能互相轉讓的育嬰假，使夫妻都能分擔育兒的重擔。

SDG 5.5 確保女性擁有公平的機會參與經濟、政治、公共事務等決策權與領導權

若是觀察國內外政治及大型企業的領導者可發現，這些高階位置通常由男性擔任。根據世界經濟論壇（World Economic Forum）發布的《二〇二〇全球性別差距報告》顯示，在政治面，消除男女間的性別差距還需近一百年的時間，在職場面則需二百五十七年。

為了促進兩性平權能落實於企業，美國商業雜誌《富比世》收錄超過十位維護性別平等的企業領導者之建議，其中包括從高層開始改變、僱用認同性別平等的員工等。

SDG 5.6 確保女性皆能享有性與生殖的健康與權利

每個女性應當都有權利決定生產的意願、時間、次數等，並且都能擁有適當的性和生殖醫療服務管道，其中包括懂得選擇避孕用具、了解生育保健相關資訊等。例如，美國社會企業Twentyeight Health結合遠距醫療公司及生殖健康公司，簡化看診、開藥的流程，全部濃縮到線上進行，幫助弱勢女性也能享有性與生殖的醫療照護服務。

（上）消除例如童婚等對女性有害的習俗也是性別平權訴求目標。來源：Plan International Australia官網（下）女性從事無償工作、家務的操勞有必要透過社會資源來維護個人福祉。來源：小村子FB

你可以這樣做——

落實4項行動，展望性別平權願景

我們可以一起採取以下行動，讓全天下的女性都能迎向平權的未來：

- 讓更多人認識性別平等議題，例如與親友分享女權相關的新聞與資訊。
- 減輕女性於無償照護工作與家務上的操勞，例如主動提倡家務應由男女平等分工。
- 支持推廣性別平等的組織，例如擔任組織的志工，或捐款給相關團隊。
- 倡導男女應同工同酬，例如主動為女性在薪資上的不平等發聲。

● 新加坡｜Freedom Cups

一只助己又助人的月經杯

環保且經濟，改變偏遠地區女性就學求職命運

新加坡公司Freedom Cups前往印度、尼泊爾等國的偏遠地區，提供月經杯給較貧窮的婦女在生理期使用，並傳播相關衛教知識，希望能改變月經污名化，讓女性不再因此受歧視而影響生活。

身在尼泊爾偏遠地區的女孩們非常害怕長大。這些地區有一個傳統——女性每逢生理期，就被視作「不潔」，必須關入位於村莊邊緣的「月經小屋」中。而那些留在社區中的女性，往往因不好意思將清洗後的布衛生棉拿出來晾乾，而面臨感染的風險。

據致力消除貧窮的世界銀行指出，在印度由於月經污名化嚴重，有超過一億一千三百萬名女學生正處於輟學的狀況。

處理月經在某些地區是一個龐大難解的議題。研究顯示，每天有超過八億名十五至四十九歲的女性正逢生理期，但仍有許多女性難以取得適當的衛生用品，甚至備受歧視而影響生活。

為此，來自新加坡的三姐妹Vanessa、Joanne和Rebecca，共同創立女性衛生用品公司Freedom Cups，只要消費者購買一個月經杯，公司就會送出一個給無力負擔衛生用品的女性。此外，Freedom Cups也會定期前往月經知識不足的地區進行衛教宣導。

小巧月經杯讓生活更便利

Freedom Cups設計的月經杯，外觀像是一個鈴鐺，能

夠如衛生棉條般置放於女性的子宮頸外處，每次可以盛接至多十二小時的經血，用畢後能清洗再重複使用。其材質為醫用級矽膠，最長可使用十年。「這十年間，每位女性平均會使用約五千個一次性衛生用品。因此，月經杯已然成為更經濟又環保的選擇。」Vanessa說。

每次可長達十二小時的使用時間，對生活在沒有馬桶、電或自來水地區的女性來說是一大福音。而新加坡鷹閣醫院（Gleneagles Hospital）婦產科醫生Chris Chong則提醒，長時間使用棉條或月經杯，必須記得定時取出清潔更換，以避免感染風險。

「Freedom Cups讓有能力負擔衛生用品的女性減少不必要的垃圾浪費，同時也提供衛生用品給那些無力負擔的女性。」Vanessa表示：「月經在很多面向都是一大問題，包括破壞環境、女學生無法上學、女性收入減少等，所以我們希望能夠改善月經問題。」

Vanessa分享，有次前往菲律賓的一座村莊時，原先只照村長的指示，將月經杯發給已婚的女性，「而後來使用過月經杯的婦女，紛紛跑來向我們要更多的月經杯給她們的女兒。」

自二〇一五年以來，Freedom Cups已為全球的貧困婦女提供三千個月經杯，並於新加坡、馬來西亞、柬埔寨、菲律賓、印度、尼泊爾和奈及利亞等國家展開多達十六項計畫，為有需求者提供月經杯，並傳播相關衛教知識。

很快地，Freedom Cups引起全球的關注。二〇一七年，三姐妹入選美國《富比世》雜誌「三十歲以下傑出青年」亞洲名單（30 under 30 Asia）；隔年四月，Vanessa獲得由五十四個獨立且平等的國家所建立的協會The Commonwealth頒發的亞洲青年獎（The Commonwealth Youth Award for Asia）；二〇二〇年，Vanessa獲選Generation T社會企業領域的傑出青年。

她們說：「我們最大的滿足就是看見那些地區因為我們的幫助，而有了些微的改變。」

傳播月經相關知識也是Freedom Cups的重點工作。
來源：Freedom Cups FB

案例小檔案

組織：Freedom Cups

網站：https://www.freedomcups.org/

問題與使命：為月經污名化地區，且經濟無法負擔衛生用品的女性提供月經杯，並教導月經相關知識。

可持續模式：買一捐一模式——每購買1個月經杯，Freedom Cups便送出1個月經杯給無力負擔衛生用品的女性。

具體影響力：

- 自2015年以來，已為全球的貧困婦女提供3千個月經杯，並於新加坡、馬來西亞、柬埔寨、菲律賓、印度、尼泊爾和奈及利亞等國展開多達16項的月經知識宣導計畫。
- 2017年三姐妹入選《富比世》雜誌「30 under 30」亞洲名單。
- 2018年Vanessa獲選「The Commonwealth Youth Award for Asia」。
- 2020年Vanessa獲選Generation T社會企業領域的傑出青年。

#SDG 5

小巧的Freedom Cups月經杯環保又經濟。來源：Freedom Cups FB

● 美國｜FreeFrom

打破受虐循環

助受家暴婦女自立創業，奪回生存自主權

在美國，經濟無法獨立，是家暴受害者無法離開施暴者的主因，非營利組織FreeFrom特別開設全方位微型創業課程，協助受家暴婦女自立更生，並提供免費法律諮詢服務，助她們脫離困境。

Erica（化名）現在是位自有品牌的裁縫師，每個月的收入約二千美金（約六萬台幣）。短短兩個月前，她才剛逃離對她施暴的丈夫，依靠社會福利與糧食券過活，而扭轉她命運的關鍵角色，是一個幫助美國受家暴婦女自力創業的非營利組織FreeFrom。

根據美國疾病管制署二〇一〇年的調查，每四位美國女性就有一位遭受親密伴侶施行身體暴力。為什麼她們不離開施暴者呢？原因非常多，其中最主要是因為經濟無法獨立。施暴者有可能禁止另一半工作，或是掌控伴侶的薪水、銀行帳戶與信用卡，因此若受虐婦女欲離開暴力環

FreeFrom的工作團隊為受暴婦女串聯起自立的資源和工具。
來源：freefromdotorg IG

境，將付上很高的經濟成本。

FreeFrom的創辦人Sonya Passi指出：「許多人有錯誤的迷思，認為受害者很脆弱，或覺得她們是因為愛情或是情況沒那麼糟而留下，但根據當事人描述，她們無法脫離施暴環境的首要原因，其實是因為無法負擔離開的經濟成本。」

再者，受害者若有心尋找正規工作，也是困難重重。「你可能因為受傷而連請好多天病假，或者你的伴侶跑到工作現場製造紛爭，」Passi補充道：「這使得受害者的履歷上通常少有工作經驗，即使有，也是零散的。」

受虐婦女需重建經濟獨立性，才能降低離開施暴者的壓力。若她們一無所有地離開，則須冒著無家可歸、喪失孩子監護權和不得不重新回到伴侶身邊等風險。

微型創業課助攻財務獨立

為了幫助這群婦女打破重複受虐的循環，FreeFrom自二〇一七年五月開始，為她們開設微型創業課程，第一批學員共計有三十位女性。該課程包括商業規畫、客戶開發、人事訓練、商標與網頁設計、財務規畫、自信心建立等全方位的內容，幫助學員將創業的點子從概念轉變為可

協助受暴婦女經濟獨立、重啟人生是FreeFrom的使命。來源：FreeFrom官網

案例小檔案

組織：FreeFrom

網站：https://www.freefrom.org/

問題與使命：協助美國受暴婦女經濟獨立，脫離家暴生活。

可持續模式：FreeFrom依靠捐款收入營運；姊妹企業Gifted依靠販售商品獲得收入，再將收入用以支持受暴婦女。

具體影響力：

- 截至2021年10月，全美共有1萬3千名受暴婦女使用FreeFrom推出的線上賠償金指南。
- 姊妹企業Gifted共捐出140萬美元營收予受暴婦女。

#SDG 5

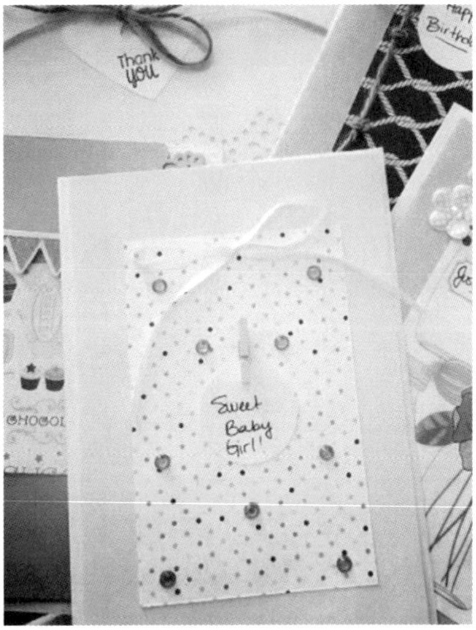

受暴婦女透過FreeFrom的幫助成功開創手作賀卡事業。來源：freefromdotorg IG

營利的商業模式。

其中一位創業計畫學員，在家暴受害者居住的庇護中心裡，開創了手作賀卡的事業，她接受輔導的事項包括挑選產品名稱、寄送商業信件、商標設計等基本要項，以及設立目標、財務規劃等營運技巧。「FreeFrom幫助我一步步地解決創業會遇上的問題。」不願具名的她表示。

至今參加創業計畫的學員已有四分之三成功創業，或是邁入籌備階段，而且所有創業者皆在第一個月就能賺取利潤。這些事業幾乎皆是B2C（企業對消費者）的形式，依據創業者原本熟習的技術建立，像是清掃、美髮、外燴、珠寶設計等技能。最重要的是，沒有任何一人回到施暴者身邊。「即使社會往往將家暴受害者視為恥辱，但是我看到她們想要奪回自己生存的權利。」Passi表示。

目前FreeFrom提供多項服務，協助受暴婦女獲得財務能力。例如，推出線上的賠償金指南，協助受暴婦女尋找合適的賠償金資源；經營名為Gifted的手工品社會企業，由數千名受暴婦女參與製作，商品營收再回頭用以支持受暴婦女；提供儲蓄計畫，協助受暴婦女建立長期穩定的財務管理模式。

SDG 6 潔淨水與衛生

許一個不缺水的未來，讓人人享有乾淨、可負擔的水資源

在第三世界國家，仍常面臨無潔淨水可用的困境。聯合國永續發展目標第六項「潔淨水與衛生」（SDG 6 Clean Water and Sanitation），呼籲全球公民進一步認識水的價值，確保人人都能便利地使用安全、可負擔的水資源。

SDG 6.1 讓每個人都能取得乾淨且可負擔的飲用水

乾淨衛生的飲用水是維持生命的最基本需求。SDG 6的第一個細項目標，便是確保所有人皆能夠取得乾淨、且價格可負擔的飲用水。

據聯合國統計，全球仍有大約二十億人沒有乾淨的水可以飲用，大多發生在開發中國家。為解決此問題，由專家學者與長期關注水資源議題的非營利組織Water is Life合作推出「淨水書」（Drinkable Book），這本書由數頁濾紙組成，每一張可過濾一百公升的水，能隔除九十九%的細菌，一本淨水書可提供一個人將近四年的飲用水。

在取水便利的台灣，有團隊推出「奉茶行動」app，為大眾整合公共飲水機和提供免費飲用水的友善店家資訊，讓外出時盛裝飲用水成為便利的日常，也鼓勵大眾自備容器，減少一次性塑膠使用。

SDG 6.2 讓每個人都享有完善的衛生設備，包括用肥皂和用水洗手的設施

在全球對抗新冠肺炎的時代，勤洗手成了眾人的日常。不過，據聯合國統計指出，全球仍有將近四十億人缺

乏安全的衛生設備，無法便利地洗手、使用乾淨的廁所，因而導致疾病發生。

在印度，約有近半數學校沒有完善的廁所設施。對此，地方議員P. Rajeev發起「公共衛生永續」計畫，推出「Delight數位廁所」，推廣至校園，改善學校廁所的衛生問題。

SDG 6.3 減少化學物質及垃圾傾倒所造成的水污染，透過妥善處理廢棄物改善水質

水資源珍貴而脆弱，若將未經妥善處理的有毒物化學物質與危險材料排放至河流，將造成嚴重的環境污染。例如，在中國、孟加拉、印尼等地的成衣工廠，服飾生產過程會產生五顏六色的廢水，未經處理就直接排放到當地河川中，不僅影響生態，亦造成下游居民取用河水、抓魚來吃的健康隱憂。

許多時尚品牌正與工廠協商更永續的處置方式；同一時間，一群科學家跳脫傳統的思維，嘗試用新方法解決舊問題——以微生物製染料取代化學染劑。此款微生物染料可生物分解，降低排放至河川後的影響，不過仍應避免未經處理就排放廢水。

確保人人都能便利地使用安全、可負擔的水資源仍是全球尚待努力的目標。來源：Noelle Otto on Pexels

SDG 6.4 更有效率地使用水資源並降低缺水問題

隨著人口增長與工業日益發展，聯合國評估若持續保持目前的生產與使用模式，至二〇二五年時，全世界有三分之二人口可能生活上會面臨缺水問題。因此，如何提升用水效率，確保永續的淡水供應與回收，改善缺水問題，是各國皆須面對的課題。

在墨西哥的首都墨西哥城，數十萬人面臨缺水危機，而且情況逐年加劇。Isla Urbana這家社會企業，打造了「雨水收集系統」，以低成本且有效率的方式收集雨水、過濾水質，改善當地的缺水困境。

SDG 6.5 實施水資源綜合管理，不同單位能跨界合作，順暢地管理水資源

為了讓水能順利地從水源取得、經過過濾、運送到我們手上，各項水資源的管理作業牽涉到不同的單位，若是管理的效率與品質不佳，將增加時間成本和金錢成本，也可能造成水資源的浪費。

桃園市水務局以科技提升水資源管理效率，打造「智慧水資源回收中心雲端統合管理平台」，獲「二〇二一智慧城市創新應用獎」。桃園擁有八座污水處理廠，過去這些處理廠在管理上各自為政，而今則可透過智慧平台，建立本土的水質、污泥等數據資料庫，降低維運成本。

在歐洲，一項名為InspireWater的計畫，串聯化學產業界與學術界，合作推動提升產業用水效率，獲得歐盟的支持。

另外，部分河岸國共同取用同一條河川的水源，在未充分溝通以及資源不足的情形下造成衝突，也考驗著跨界流域共同管理的智慧。

SDG 6.6 保護和恢復與水相關的生態系統

水對於動植物和生態系中的生命維繫同樣至關重要。地球上總量約有十四億立方公里的水，其中約有四萬立方公里的水會在水文循環（包含山脈、沼澤、河流、濕地等等）中轉換，有著使動植物維生、平衡大氣、洪氾平原、補給地下水等功能。一同保護及恢復跟水有關的生態系統，是人類應共同肩負的責任。

在美國紐奧良，歷經卡崔娜颶風重創，該城市重新學

習如何「與水共存」，預計將一處原先建置修道院之地，設計為全美最大的城市濕地，恢復土地原本就具有的蓄洪能力。

（上）「奉茶行動」app方便大眾取得乾淨且免費的飲用水。來源：奉茶行動官網（下）跨界合作以提升產業用水效率是水資源綜合管理的一環。來源：INSPIREWATER官網

你可以這樣做——

從小處著手，在日常中維護潔淨水與衛生

回應SDG 6乾淨水與衛生的目標，我們從生活中的小地方著手就可以盡一份心力：

- 淋浴取代泡澡，減少水資源的使用量。
- 洗菜、洗米水二度利用，提升水資源使用效能。
- 見到管線或馬桶漏水立即報修，減少水資源浪費。
- 燈泡、電池、藥物等特殊物品確實回收，減少水資源污染。
- 響應及參與菸蒂清潔活動，以免透過下水道污染河川。

永續時尚當道

● 英國／荷蘭｜Faber Futures／Living Colour

研發「微生物染料」取代化學物質，改善環境污染

服飾產業用在染料的化工原料、溶劑、大量用水等會造成環境負荷，一些設計師與科學家因此積極尋求替代方案——英國的Faber Futures研發出微藻類染料，荷蘭的Living Colour利用菌類植株製造天然色素，希望減少時尚業對水資源的污染。

「在中國有個玩笑，你能夠從當地河流的顏色得知這一季服飾的流行色。」時尚設計師Orsola de Castro，在二〇一七年紀錄片《藍色河》(RiverBlue) 中表示。

在中國、孟加拉、印尼以及其他國家的成衣工廠，排水管餵飽了快時尚文化五顏六色的廢水，流進當地的溪流河川，而居民接著在下游飲用河水、抓魚來吃。

一些服飾品牌正與工廠致力於限制每日流進排水管的染料量，並控制三千五百種化學染劑中的部分原料不要進入下水道。也有人試圖往更上游端解決問題，嘗試以微生物製成的染料替代化學染劑。

「解構生物學如何幫助我們重新思考材料的產製以及運用，對我來說這非常有趣。」生物設計研究工作室Faber Futures創辦人Natsai Audrey Chieza表示。她在實驗室中使用「天藍色鏈黴菌」，一種能在一週的生命中產生色素的細菌。「到了第三天，我們就能夠在細菌培養皿上得到很多色素。」Chieza說：「身為設計師，當我看見這個培養皿時，我就想到，如果這個培養皿變成紡織原料呢？」

天然的微生物染劑更環保

這種微生物能依照介質的酸鹼度，天然地改變顏色，

Faber Futures使用天藍色鏈黴菌製造染劑。
來源：Faber Features官網

所以透過調整微生物的生長環境，就能創造出各式顏色，如海軍藍或螢光粉，更能有系統地建立完整的色彩盤。比起傳統的工業染色，整個過程可有效降低用水量。而與天然染劑相比，培養此種微生物不需要耗費農業用地及農藥來種植染劑植物，也不需要重金屬物質來將顏色染至布料上。

另一個主攻生物設計的荷蘭研究專案Living Colour，則專注在菌類植株培植，天然地製造色素。他們不打算使用基因工程，而是把焦點放在如何運用有機體來創造出新穎的顏色。這種細菌色素可生物分解，但設計師仍盡力避

案例小檔案

組織：Faber Futures

網站：https://faberfutures.com

問題與使命：透過生物設計技術，研發友善生態的替代材料，如研發以微生物製成的染料替代化學染劑，降低時尚產業帶來的水污染。

可持續模式：以生物設計研發技術為企業提供解決方案。

具體影響力：獲得2019年國際設計大獎Index Award肯定。

#SDG 6

Living Colour將與小品牌及獨立設計師合作初步的研發成果。來源：Living Colour官網

免大量傾倒至水裡。該專案發起人Laura Luchtman以及Ilfa Siebenhaar表示：「我們期待創造一種可循環的製程，不讓整個染色製程的終點是流向下水道。」

這項技術仍然在初始階段，Living Colour將與小品牌以及獨立設計師合作，但要大規模拓展仍需要更多努力。「這項研究需要有耐心的投資者，不只是想得到短期快速的投資報酬。」

不過，基於產業的架構，尤其是快時尚，讓改變工業製程更加困難。Chieza表示：「總體來說，時尚受生產週期限制，設計師不傾向以長期的角度來設計新產品。」多數品牌著重於找出最便宜的方法製造衣服，而不是發展新技術。

Chieza認為，時尚企業應投身改變，創造出對人體、對環境更友善的服飾。目前，Faber Futures正積極與一些具前瞻性的品牌合作，實驗微生物該如何被整合進供應鏈中。Chieza強調：「如今人們擁有更多的機會及無限可能，去重新思考工業製造的過程，邁向更永續的發展。」

Faber Futures創辦人及設計師Chieza致力於研發生物材料以改善時尚業的污染問題。來源：Natsai Audrey Chieza Twitter

案例小檔案

專案：Living Colour

網站：https://livingcolour.eu

問題與使命：以菌類植株製造色素，探索更永續的染製方案。

可持續模式：此為2個設計師的合作專案，以申請獎金作為研發經費（如2021年9月申請歐盟輕工業科技與創新計畫ELIIT）。

具體影響力：

- 2019年獲得荷蘭Wageningen大學暨研究中心「Groenpact Impact Award」肯定。
- 2019年獲得荷蘭《Tegenlicht》電視節目觀眾票選「未來時尚先鋒」第15名肯定。

#SDG 6

● 墨西哥｜Isla Urbana

雨水收集系統解救缺水！

改善居民用水不便困境，推進水資源管理觀念

在墨西哥城，數十萬人過著缺乏水資源的生活，社會企業Isla Urbana著手打造一款雨水收集系統，能收集雨水、過濾水質，自二〇〇九年創立至今造福約二十萬人，更促使政府將水資源管理列為重點施政項目。

墨西哥的首都墨西哥城是世界上最缺水、供水機制也最不穩定的城市之一。供水基礎設施的缺乏，使得該城郊區以及都市邊緣地區經常嚴重缺水，生活極為不便。工業設計出身的Enrique Lomnitz與Renata Fenton觀察到這個現象，著手成立社會企業Isla Urbana，設計出雨水收集系統來解決缺水問題，並持續推動水資源的永續利用。

Lomnitz與Fenton是在美國攻讀工業設計期間認識的，兩人都來自墨西哥城，一心盼望能在畢業後回到家鄉從事關於環境永續的計畫，也希望能改善當地經濟弱勢家庭的處境。他們先在墨西哥城南部地區進行田野調查，在訪談

過程中，許多家戶都提到用水的不便。進一步研究後發現，在墨西哥有超過一千萬人無法獲得供水服務，光是在墨西哥城就有二十五萬人過著缺乏水資源的生活。

裝置設計與社會設計流程同步進行

經過評估之後，兩人決定設計一款「雨水收集系統」來改善缺水問題。在畢業後不久，他們挑選了其中一個深入訪問過的家庭，安裝第一個試驗型的雨水收集裝置，該裝置不僅能快速收集雨水，更能將水質過濾乾淨，試驗結果給了他們往下一步前進的信心。

Lomnitz與Fenton緊接著在其他街區安裝了十五個裝置，並找到志同道合的夥伴，一同成立了社會企業Isla Urbana。公司秉持開放的精神，讓工程師、設計師以及都市工作者等不同背景的人，都能夠由各個角度貢獻自己的專業，調整組織內部的運作，並持續修正整個營運模式和裝置設計上的不足。

Isla Urbana也致力於傳授當地居民關於水資源的知識，希望居民能夠在無人協助的狀況下獨立處理雨水儲存上遇到的問題，並深化他們對於水資源永續的觀念。「這是一個裝置設計與社會設計流程必須要一起進行的專案，

在墨西哥有超過1千萬人無法獲得供水服務。來源：Isla Urbana官網

（上）雨水收集系統的裝設造福苦於缺水的墨西哥城居民。（下）Isla Urbana也致力於傳授居民關於水資源永續利用的知識。來源：Isla Urbana官網

我們期望不同領域的人能夠持續帶來不同的想法與刺激，讓整個流程可以更順暢。」

成立至今，Isla Urbana為了保有組織的獨立性，不接受單獨投資者或企業的巨額投資，而是利用自身的影響力，與其他理念相近的組織合作，並進行議題與商業合作上的串聯，呼籲政府與民間單位重視墨西哥水資源的問題，同時持續推動雨水收集系統的裝設。

Isla Urbana已於城市中累積裝設約兩萬五千個雨水收集系統，約二十萬人受益。「如今水資源議題成了政府的重要政策。」Lomnitz表示，在墨西哥城市長選舉時，水資源管理成了各候選人的重要政見；而在新建築的建造法規中，亦規定需包含裝設雨水收集系統的配套措施。能走到這一步，Isla Urbana在實作與觀念推廣上，都扮演著相當重要的角色。

案例小檔案

組織：Isla Urbana

網站：https://islaurbana.org/english/

問題與使命：打造雨水收集器，改善墨西哥城郊區缺水問題。

可持續模式：與相關組織進行議題與商業合作，另接受民眾小額捐款。

具體影響力：2009年至今共裝設約2萬5千個雨水收集系統，造福約20萬名使用者。

#SDG 6

SDG 7 可負擔的潔淨能源

能源發展知多少？確保人人享有可負擔的潔淨能源

在我們享受各式現代能源帶來的便利之際，全球仍有七·五億人無電可用。聯合國永續發展目標第七項為「可負擔的潔淨能源」(SDG 7 Affordable and Clean Energy)，邀請人們一同採取減碳行動，讓未來的每一天都能更加低碳永續。

SDG 7.1 人人皆可使用現代能源服務

根據聯合國統計，全球有超過七·五億人口無法使用電力，且其中四分之三集中在撒哈拉以南的非洲。因此，聯合國呼籲二〇三〇年前，確保人人都能獲得可負擔的、可靠的現代能源服務。

哥倫比亞的能源新創公司E-Dina和WPP集團的Wunderman Thompson Colombia合作推出了便於攜帶的WaterLight。WaterLight使用海水發電，只要將五百毫升的

SDG 7呼籲確保人人享有可負擔的潔淨能源。
來源：HASAN ZAHRA on Pexels

海水放入裝置中，海水的電解質與裝置內的鎂和銅進行反應，就可以產生持續四十五天的電能。

WaterLight的靈感來自哥倫比亞和委內瑞拉邊界的原住民社區Wayúu。WaterLight問世後，村民能夜間捕魚、工作、讀書，點亮了生活，目前約有五十個家庭使用，也使WaterLight獲得二〇二二年《Fast Company》的新創獎World-Changing Ideas Awards肯定。

SDG 7.2 提高可再生能源於全球能源結構中的比例

可再生能源（renewable energy）如太陽能、風力發電、生物燃氣等等，因其取於自然，用之不竭，可減少環境污染以及碳排放量，被各國視為重要的能源發展項目，聯合國也呼籲在二〇三〇年前提高可再生能源的使用比例。根據國際能源署（IEA）的研究，全球可再生能源佔總消耗能源的比例，從二〇〇〇年的七．四%，至二〇一九年成長為十一．五%，前景樂觀。

美國的GAF能源公司，開發出名為Timberline Solar的太陽能瓦片，有別於傳統的家用太陽能板為在屋頂上另行裝設，他們將太陽能發電板直接設計成屋頂建材，降低安裝的門檻與成本，有利推廣於家戶中。用戶可透過選擇住家建材，創造一個更環保的生活環境，並減少四十%至七十%的電費。這項設計也讓GAF獲得美國住宅建設業者協會（National Association of Home Builders，NAHB）最創新建材工具獎的肯定。

SDG 7.3 使全球能源效率提高一倍

聯合國呼籲在二〇三〇年前，使全球的能源效率提高

（上）家戶採用太陽能屋頂有助於提高可再生能源使用佔比。來源：Timberline Solar官網（下）聯合國呼籲應使全球能源效率提高一倍。來源：Pixabay on Pexels

一倍，而其評定指標為「每單位GDP，全球總能源供應量之下降百分比」，此數值越高，則能源使用越有效率。根據國際能源署的資料顯示，近年此數值約為二．二%，若要達成二〇三〇年淨零，則此數值需要進步至四%，顯然仍有改善的空間。

BlocPower是一家二〇一四年成立於紐約布魯克林的氣候科技公司。創辦人Donnel Baird觀察到，因為城市中老舊建築的能源使用效率太低，屋主經常要多支付水電費。BlocPower為公寓更新溫度調節設備，安裝功能與冷氣機類似的「熱幫浦」（heat pump），促進冷暖空氣對流，一年下來客戶可節省二十%至四時%的能源費用。此創新使BlocPower獲得二〇二二年《Fast Company》的十大能源新創公司、《時代》雜誌二〇二二年百大最有影響力公司的肯定。

你可以這樣做——

開源節流，在生活中支持潔淨能源

在生活中，你我都可以透過「開源」、「節流」兩大方向，以行動回應潔淨能源的呼籲：

開源

- 認識自己使用的能源從何而來，有意識地選擇潔淨能源。
- 優先選擇使用可再生能源的企業，以消費鼓勵企業使用綠能。
- 參與公民電廠，投資再生能源發展。

節流

- 隨手關燈、關電器，避免浪費能源。
- 運用工具（如智慧電表、節電定時器），在生活中聰明用電。
- 選用節能標章的電器，提升能源效率。

● 美國｜BlocPower

年度十大能源新創

深入貧窮社區改善能源效率，為居民省下一年近四成費用

美國能源新創公司BlocPower，深入低、中收入社區，為居民提供改善能源效益的方法，以回應氣候變遷挑戰，期盼在二〇三〇年前達到碳中和的目標。

十二月的清冷早晨，BlocPower創辦人兼執行長Donnel Baird正風塵僕僕趕往美國紐約伊薩卡（Ithaca）市政廳，準備面對他生涯中最大的考驗之一——社區脫碳。

Baird多年來在社區中相當活躍，近年更不斷遊說風險投資者支持他以熱泵或太陽能電池板等科技將建築電力化。他創立的潔淨能源公司BlocPower，在社區脫碳複雜的利害關係鏈中扮演著兩個重要角色——既是地方政府與計畫出資者的執行夥伴，也是願意透過電力化減少碳排放問題的房東或屋主的貸款人與專案負責人。

雖然Baird向Andreessen Horowitz與Kapor Capital等風險投資公司募資超過二千萬美金，但這個已經被買單的企業模式仍然受到不少質疑，比如，BlocPower要怎麼將中低收入家庭的設備盡可能電力化以達到減碳目的？畢竟電力化改造需要資金，要讓中低收入戶淘汰慣手又易得的油氣設備，錢該從哪裡來？

社區脫碳，挨家挨戶的真實考驗

靠著改造八百多座多戶公寓、二百五十座單戶住宅，以及一百多座教堂與小型企業的成功經驗，Baird在紐約證明了他所講的並非天方夜譚。

二〇二二年初，伊薩卡市政團隊批准了一項重要計畫，希望在二〇三〇年以前讓伊薩卡市達到碳中和，市府

看中了BlocPower以熱泵取代現有供暖與冷卻系統來改善城市能源效益的方式，BlocPower因此成為執行團隊，迎來實踐理想的絕佳機會。

在計畫的第一階段，BlocPower必須讓一千六百座建築物實現脫碳與電力化，這其中包含了一千戶的家庭。為了達成目標，必須獲得當地居民的支持，並讓他們負擔得起改造費用，比如讓居民透過BlocPower以低利貸款的方式採購這些對氣候相對友善的家用科技產品等等。這不是件容易的事情，除了需要溝通的家戶數繁多以外，伊薩卡市，有將近四十%的人口生活在貧窮線。

從Baird過往的募資經驗中，不難看出他面對質疑的能耐，只是這一次要面對的是伊薩卡當地黑人與棕色人種社區領袖，包含Latino Civic Association、Southside Community Center，以及Black Hands Universal這個專為黑人青年提供培訓與就業機會的當地非營利組織等，他得說服他們鼓勵居民支持這個社區脫碳計畫。

長年以來，社區領袖們早已對政府之於社區發展上曾有的種種承諾感到失望，對Baird的態度顯得格外謹慎，卻又渴望透過氣候投資議題改善生活的出路。他們對來訪的Baird團隊問：「BlocPower可以解決我們所有的問題

BlocPower深入低、中收入社區，
為住戶提供改善能源效益的方法。
來源：Clay LeConey on Unsplash

嗎？」Baird則毫不猶豫答道：「當然不可以。」

對Baird而言，氣候問題危急到無法容許有絲毫的時間浪費在無法實現的保證上。「我不打算用話術來解決問題。」他說：「你要相信這些人。你有小孩，我也有小孩，我們是為了下一代做這些事，而這些事，就是我們現在可以做的事。」

這種幾近激烈的坦白正是人們需要的，伊薩卡永續發展業務的主理人Luis Aguirre-Torres說：「那一刻你可以看到，有人願意摘下面具的時候，事情就開始真一點了。」

當Baird在伊薩卡衝鋒陷陣時，超過三十座城市也陸續找上了他。儘管好消息不斷，但他始終保持清醒。對Baird來說，贏得矽谷、華爾街、乃至政府的信任是遠遠不夠的，他需要當地社區相信他擘畫的藍圖，願意對自己的家園「動手」。「我打從心底相信我們可以讓更多人一起面對氣候危機。會不會實現，我不知道，但我知道我們可以。」

改善美國住宅高碳排，從募資到安裝全包辦

每年，美國住宅建築消耗的化石燃料會產生高達九億噸的二氧化碳，僅次於交通與工業，是第三大碳排放來源。太陽能電池板與能源科技的發展減緩了住宅建築造成

BlocPower的培訓計畫聘用超過800名當地居民。
來源：BlocPower官網

的部分碳足跡，但長久以來，卻沒有人嘗試揪出這個躲藏在每個家庭裡的關鍵問題——我們該怎麼拿掉這些仰賴石油與天然氣的熔爐、鍋爐、火爐等大量消耗化石燃料的「過時」產品？

這些產品，正是BlocPower想要解決的問題。Baird在二〇一四年就讀哥倫比亞大學商學院時創立了BlocPower，但早在杜克大學攻讀學士時，就因美國前副總統高爾發行的《不願面對的真相》啟蒙，積極關注氣候變遷議題。

他後來成為了社區組織者，為當時的歐巴馬競選並擔任顧問，負責綠色建築實踐與綠色就業政策。因為這個機緣，Baird見識到住宅建築行業在電力化上有多麼龜步，於是他決定：「從募資到落地安裝，我自己來。」

為了證明BlocPower的模式可行，他在紐約布魯克林設立了辦公室，開始遊說低收入家庭。除了說服屋主與建築業主採用綠色科技並提供低利貸款讓對方有足夠的資源改善設備以外，BlocPower甚至為潛在用戶設計一項培訓計畫，聘用超過八百位當地居民投入計畫——這些居民，全都來自BlocPower的目標社區。

進度緩慢卻穩健扎實的工作文化，奠定了BlocPower的重要基礎，讓它成為伊薩卡這類亟欲改善能源效益的城市的首選合作對象。

川普執政時期，由於聯邦政府否認氣候變遷的存在，城市因此成為了氣候議題的主要活動重心。根據美國智庫布魯金斯學會（Brookings Institution）的分析，自一九九一年起，美國超過六百個地方政府都承諾會減少污染排放，可謂遍地開花。透過伊薩卡經驗，BlocPower趁勢而上，準備與加州、喬治亞州、威斯康辛州展開合作。

以不迷人的方式，實現迷人願景

雖然許多地方政府都樂於對氣候政策做出承諾，但因此募集大量資金的氣候新創公司，卻多半選擇將錢花在吸睛的新興科技上，而非社會與政治問題的改善。Kapor Capital創辦人Mitch Kapor認為，「矽谷太關注『魅力』了，許多讓世界變得更美好、能夠建設經濟的事情，往往並不迷人。」他在二〇一四年挹注了BlocPower第一筆種子基金後又再投資，原因顯而易見，Baird對政治與社區組織的深入了解，讓BlocPower成為極少數願意從底層著手、改善問題的新創公司。

在美國郊區，電動汽車通常是家庭在考慮升級成潔淨能源時的催化劑。而第一波推動家庭脫碳的公司多專注於太陽能板的安裝；正在形成的第二波，則瞄準像是科羅拉多州這類早期發展市場的郊區家庭，這些家庭正方方面面地尋找生活中可能的脫碳方法，包含從電池到電爐等所有東西的汰換與改造。

相較之下，如同伊薩卡經驗，BlocPower在低收入社區工作時，通常必須先讓社區認識綠色家庭科技的好處。來自紐約布魯克林的軟體工程師Toni Robinson說，她第一次遇到BlocPower是在社區委員會的資訊會議上。當時她家裡的石油供暖系統需要維修，因此在想是否要改用電動熱泵，「太方便了，這樣一來我完全不用再考慮石油運輸的問題。」

改造設備後，不必再擔心油價變動可能會導致供暖費用增加的狀況，讓Robinson省下不少錢。根據BlocPower官網，一年下來可為客戶節省二十%至四十%的能源費用。而且房子升值的速度也比平均來得快，因為綠色住宅的市場價格更漂亮。節約成本的優勢吸引了公寓家庭，BlocPower正瞄準了這一點。加上紐約市政府於二〇一九年通過的第九十七條地方法規定，超過二十五萬平方英尺（約七千坪）的建築物，直至二〇二四年止，都必須遵守更嚴格的能源節約與碳排放限制，歸功於此，這些大型建築因此成為綠色能源的友善改造場。

資金、政策、與對的人

當然，綠色改造需要資金，這對中低收入家庭而言是個難題。為此，BlocPower在二〇二〇年跟高盛資產管理公司（Goldman Sachs Asset Management）達成革命性的協議，高盛提供五千萬美金的債務融資，讓BolcPower有充足的銀彈對居民低利貸款。

二〇二二年一月，BlocPower同樣向微軟爭取到高達三千萬美金的貸款。市政層面，手持胡蘿蔔與大棒的政府，一手激勵屋主，一手以第九十七條地方法等使建築業主不得不順應的措施，讓銀行更願意支持這類貸款，促成改變的整體正循環。

而找到對的合作夥伴，則是另一個挑戰，「這些時間我們學到了一件事，一個專案能夠成功，是來自於有了解客戶的人。」高盛城市投資集團董事總經理Michael Lohr說：「BlocPower與業主互動和它在社區工作的能力是關鍵。」

Baird對他工作社區的了解十分深入。他幼年成長的地方離Robinson的社區不遠，父親曾在霍華德大學就讀機械工程，過去在家鄉蓋亞那（Guyana）擔任礦業主管，晚上會到紐約的大都會交通管理局（Metropolitan Transit Authority）清理鍋爐。在家的時候，他們通常靠爐子取暖，因為公共鍋爐經常故障。成為布魯克林的社區組織者後，Baird會特意在寒冬中拜訪住在公共住宅的家庭，觀察他們有沒有打開窗戶。他發現供暖品質出乎意料地不穩定，有的人冷到發抖，有的人汗流浹背，這是多大的資源浪費！

而這些問題至今依然存在，紐約布朗克斯一棟公寓大樓因加熱器故障引發火災，造成十七人喪生，其中包括八名孩童。布朗克斯悲劇凸顯了Baird渴望傳達的訊息：改造建築不只是對地球的友善，也是對生命的友善。

當Baird將BlocPower轉移到其他城市準備開始更多專案時，他迫不及待，相當樂觀。就像他從未想過自己會成為美國第一位民選黑人總統競選團隊的一員，「你看到事情在發生，只是你從不相信這可能會發生在自己身上。」他說：「對我來說，氣候這件事，可能就是這樣。」

案例小檔案

組織：BlocPower

網站：https://www.blocpower.io

問題與使命：為家戶提供更有效率的能源方案。深入低、中收入社區，為居民替換火爐、鍋爐等高度需要化石燃料的產品。

可持續模式：提供潔淨能源服務，獲得世界投資者的支持，包括高盛、Kapor Capital、微軟氣候創新基金（Microsoft's Climate Innovation Fund）等。

具體影響力：

- 完成超過1200項潔淨能源專案。
- 為客戶節省20%至40%的能源費用。
- 2022年獲美國商業雜誌《Fast Company》選為「全球最具創新力公司」（The World's Most Innovative Companies）第4名。

#SDG 7

DECENT WORK AND ECONOMIC GROWTH

SDG 8 尊嚴就業與經濟發展

確保尊嚴就業與經濟健全發展，讓人人有一份好工作

聯合國永續發展目標第八項「尊嚴就業與經濟發展」（SDG 8 Decent Work and Economic Growth），呼籲全球公民正視就業問題與創新解方，進而思考如何讓人人都能有一份穩定、安全的工作，獲得收入及社會身分。

SDG 8.1 確保永續的經濟成長

聯合國希望各國能根據國情維持經濟成長，尤其是開發度最低的國家，每年的國內生產毛額（GDP）成長率至少能達七%。

但新冠肺炎疫情的衝擊，使各國離這項目標越來越遠。根據聯合國報告顯示，二〇二〇年爆發的疫情，導致了一九二九年經濟大蕭條以來，最嚴重的全球經濟衰退。二〇二〇年，全球工作時間減少了八．八%，相當於二．五五億個全職工作，這個數字是二〇〇九年全球金融危機的四倍。

該如何化危機為轉機？新氣候經濟（The New Climate Economy）計畫的數據顯示，自現在起至二〇三〇年，大膽的氣候行動可以帶來至少二十六萬億美元的全球經濟利益，包含可創造超過六千五百萬個新的低碳就業機會，意即各行各業若能逐步邁向低碳、永續，便有機會獲得優勢。

SDG 8.2 經濟生產力的多樣化與升級

聯合國呼籲各國，應透過多元化、技術升級與創新，

以提高經濟生產力，包括聚焦於高附加價值與勞動力密集的產業。

為了回應此目標，台灣提高產業的附加價值，積極推動物聯網、數位經濟等產業，預計在二〇二五年數位經濟的規模達六．五兆元，佔GDP的比率成長至二十九．九%。

SDG 8.3 推動政策支持創業精神、企業成長、並創造就業機會

欲帶動經濟發展，政府扮演重要的角色。SDG 8.3鼓勵各國推動以發展為導向的政策，支持生產性活動、創造就業機會、促進創新創業精神，並透過提供財務服務等方式，鼓勵中小企業與微型企業正式化，邁向穩定成長。

為了支持中小企業與微型企業投入綠色經濟與創新發展，台灣透過信用保證機制，協助企業取得融資，也推出微型創業貸款，如青年創業及啟動金貸款、微型創業鳳凰貸款等，有助創業者開創事業、穩健營運。

SDG 8.4 提高消費與生產中的資源使用效率

二〇三〇年前，各國需逐步提高全球能源的使用與生產效率，在已開發國家的帶領下，依照十年永續使用與生產架構，盡可能降低經濟成長與環境惡化之間的關係。

如何兼顧經濟效益與環境友善？以舉辦一場演唱會為例——全球知名的酷玩樂團（Coldplay）在規劃世界巡迴演出時，以各種巧思達到能源有效運用，像是鋪設特殊設計的動力地板，接收觀眾隨音樂跳動的能量轉換成演出的用電；亦積極使用太陽能、在地餐廳回收油等再生能源來發電。樂團承諾，二〇二二年巡迴演唱會的碳排量，要比二〇一六至二〇一七年減少一半。

SDG 8.5 確保充分就業和同工同酬的工作

根據資誠會計師事務所（PwC）發布的最新報告《二〇二二全球女性工作指數》顯示，在全職就業率上，女性得花六十七年才能達到目前男性全職就業率；在薪酬差距方面，則需超過一甲子的時間才能縮小差距。

不只女性正面臨就業不平等的問題，年齡、身體健康、種族等，都可能是造成不平等的因素。因此聯合國希望在二〇三〇年前，人人都能有一份好工作，並達成同工

同酬的待遇。

為了協助企業改善薪酬不平等的問題，英國公司Gapsquare開發一款軟體，可為人資和企業主管提供該公司薪酬差距的分析，包括統計不同性別、種族、身體狀況的員工的薪酬差距，分析背後的原因，並提出補救措施，讓企業能平等對待每一位勞工。

SDG 8.6 促進青年就業、教育和培訓

根據聯合國統計，二〇一九年，全球仍有超過五分之一的青年沒有工作，也沒有接受教育和培訓，這樣的情況從二〇〇五年開始就沒有明顯的改善。該如何大幅減少失業、失學或未受任何培訓的青年比例，是各國正面臨的課題。

在美國舊金山灣區，食品公司The Town Kitchen提供職前培訓給在地沒有受教育、難以找工作的弱勢青年，為他們培養一技之長，並提供有薪工作機會，協助青年得以自力更生。二〇一八年，青年的留任率為八十一%，在二〇二〇年有六位獲得升等。

SDG 8.7 終結現代奴役、販賣和僱用童工

聯合國呼籲，各國應採取立即且有效的措施，禁止最惡劣形式的童工僱用，並根除強迫勞動，目標在二〇二五年前，終結各種形式的童工僱用，包括童兵的招募與使用。

但全球童工僱用問題每況愈下。國際勞工組織發布的最新報告顯示，全球童工人數已達一．六億人，過去四年，共增加了八百四十萬人。其中，從事童工工作的五至十一歲兒童數大幅增加，超過全球總數的一半。此報告更警告，由於新冠肺炎疫情的影響，二〇二二年有另外九百萬名兒童將面臨成為童工的風險。

所幸，各國政府與企業越來越重視供應鏈中的人權議題。聯合國將二〇二一年訂定為「國際消除兒童勞動元年」，呼籲各國需在二〇二五年前消除童工僱用；全球各地監管機關也開始立法，要求企業對其供應鏈侵犯人權的作為負責。如德國在二〇二一年通過《供應鏈企業責任法》，要求公司需注意並報告其供應鏈有害環境與人權的行為，若情況嚴重，需終止與供應商的合作，此法案將於二〇二三年生效。而全球知名投資管理公司貝萊德

(BlackRock)，也要求自己投資的公司要追蹤並報告他們的企業社會責任。

在可可供應鏈中，時常能看見童工的身影，全球六十%的可可皆由非洲迦納與象牙海岸的二百五十萬位可可農所種植，其中就有二百三十萬位為六至九歲的兒童，相當於九成的工人皆是童工，他們長期在不人道的環境下工作，卻只能獲取微薄的收入。為了改善供應鏈中的童工問題與奴隸制度，「東尼的寂寞巧克力」(Tony's Chocolonely)以百分百零奴隸為目標發起產業革命，不僅從自身做起，給予可可農更高的薪資，讓他們能有良好的生活品質，更積極向同業、零售商與消費者倡議，盼透過產銷共同的力量，翻轉巧克力產業血汗的情形。品牌創立至今，已有超過八千戶農民及其家庭受益。

SDG 8.8 保護勞工權益、促進安全的工作環境

根據聯合國統計，在新冠肺炎疫情爆發前，非正規就業者佔全球就業者的六成，意即約二十億人正從事缺乏基本保護（包括缺乏社會保障）的工作。尤其在最低度開發國家，二〇一九年仍有近九成的非正規就業者。

對此，聯合國希望各國均能保護勞工權益，並為人人促進工作環境的安全，包括移工、進行高風險工作的勞工等。

紐西蘭的一間戶外運動品牌加德滿都(Kathmandu)，公司不但照顧自己的兩千名員工，也為供應鏈中的五萬名作業員與其社區提供保障。加德滿都提供所有員工「身心靈安全方案」，照顧他們的的身心健康與財務健全；同時也為供應鏈中的作業員建立溝通機制，以確保他們的權益沒有被剝奪。

SDG 8.9 推動能永續發展的觀光業

二〇三〇年前，各國應制定及實施相關政策，以促進邁向永續發展的觀光業，包括創造就業機會、推廣當地文化與產品等。

但二〇二〇年新冠肺炎疫情爆發，重創各國觀光旅遊業。聯合國報告顯示，與二〇一九年相比，二〇二〇年國際入境人數減少超過七成，意即入境觀光支出減少一・三萬億美元，是二〇〇九年全球金融危機的十一倍。在這樣的情況下，估計有一億個觀光旅遊工作機會受到影響，對

女性的影響尤其嚴重。

雖然受到疫情影響，但有一間觀光類B型企業逆勢成長。它是澳洲的無畏旅遊（Intrepid Travel），在疫情年的旅遊淡季，他們努力進行數位轉型、推動創新服務、擴展市場及企業使命，其行動包括落實減碳、賦予弱勢婦女經濟獨立的能力等，讓他們迎來投資者的大力支持，更宣布將在二〇二五年成為十億美元的旅遊集團。

SDG 8.10 使人人都能獲得銀行、保險與金融服務

聯合國希望全球皆能強化國家的金融機構能力，讓人人皆能享有銀行、保險與金融服務。

全球金融服務在十年間變得越來越普及，聯合國統計，每十萬名成年人能使用的自動提款機增加了五十％以上，從二〇一〇年的四十五台成長至二〇一九年的六十九台，意味成年人能更便利取得金融服務。

你可以這樣做——

5項個人行動，為人人都能有好工作盡心力

根據聯合國「美好生活目標」，即便是個人，也可以從以下行動貢獻一份力量，促成SDG 8的實踐：

- 學習理財技能，讓自己能夠自力更生，維繫良好生活品質。
- 要求安全的工作環境，保障自己與他人的勞工權益。
- 購買秉持公平交易精神的產品，抵制僱用童工、強迫勞動的企業。
- 支持本地企業的產品與服務，讓企業能夠創造在地的就業機會。
- 提倡同工同酬、人人都能擁有良好工作，以捍衛每個人的工作權利。

● 荷蘭｜Tony's Chocolonely

一片巧克力掀起零奴隸革命！由下至上倡議，為世界帶來巨大的影響力

「巧克力是開心的事物，背後卻有殘忍的故事」——Tony's Chocolonely致力從巧克力產業內部改善血汗生產現況，倡議零奴工和永續概念，在二〇二〇年至二〇二一年間與近九千位農夫合作，產品銷售至全球，為終結現代奴役發揮國際影響力。

商品貨架上一片片價格低廉的巧克力，是能讓我們放鬆心情、又可輕易獲得的食物，然而，這項令人心情愉悅的甜食背後，可能隱藏著苦不堪言的奴隸制度。

以「改善奴隸問題」為宗旨的巧克力公司

可可是製造巧克力的主要原料。全球六十%的可可皆由非洲迦納與象牙海岸的二百五十萬位可可農所種植，其中有二百三十萬位為六至九歲的兒童，他們多在不人道的環境下工作，每天可能會用到不同的化學用品、尖銳的開山刀，甚至還需要扛著一袋袋約六十四公斤的可可豆。

然而，荷蘭的巧克力商通常只支付五至六%的巧克力費用給可可農，辛苦終日，農人每日生活費卻不到一美元，處於極度赤貧的狀態。

為此，美國議員Tom Harkin和Eliot Engel於二〇〇一年發起簽署可可協議「The Harkin-Engel Protocol」，盼在五年內解決違法勞動的問題，許多巧克力商也接二連三加入，一切看似充滿希望。

但二〇〇五年，一位荷蘭新聞工作者Teun van de Keuken調查可可背後的非法勞動，赫然發現可可協議訂定的四年後，仍沒有一項目標被達成。為了讓更多人正視

問題，Teun刻意吃了非法勞動生產的巧克力，並向自己提告，卻只換來法官向他說：「道德上你是對的，但法律上我沒辦法逮捕你。因為我無法證明你吃的巧克力與這些非法的關聯性。」

於是，Teun決定從內部改變這個產業，他成立巧克力公司Tony's Chocolonely（東尼的寂寞巧克力），代表他在這個產業獨自奮戰的精神。「一開始，我們只是很小的公司，但我們有很大的目標，不僅要讓我們自己的巧克力百分百零奴隸，更要把全球的巧克力都變為零奴隸。」擔任該公司「巧克力傳教士」（Choco Evangelist）的Ynzo van Zanten說。

「現在，我們要很驕傲地說，我們只花了六至七年的時間就成為荷蘭第一大巧克力公司，且在很多國家都可以買到我們的產品，可以說我們是一間國際企業。」Ynzo分享，「但我們在意的不是國際企業，而是我們希望造成的國際影響力。」

（上）Tony's Chocolonely的巧克力不均勻的裂痕傳遞不公平勞動的事實。來源：Tony's Chocolonely FB
（下）Tony's Chocolonely盼攜手巧克力產業的所有人推動全球巧克力100%零奴隸。來源：Tony's Chocolonely官網

由下至上發起的零奴隸巧克力革命

Tony's Chocolonely如何做到從一間於荷蘭落地生根、一人堅守零奴隸的小公司，轉變為一間享有盛譽、發揮影響力的國際企業？

其採取的第一步就是向大眾倡議，希望消費者與零售商可以一同思考巧克力背後的奴隸制度問題。「他們知道這件事，就會開始有壓力，有壓力就會有所改變。」Ynzo表示。Tony's Chocolonely想做的，是發起由下至上的巧克力革命，一旦越來越多人開始正視問題，就可能影響政府或是各國際組織的行動。

Tony’s Chocolonely不只是改變消費者、零售商的行為，也竭力帶動巧克力商製造百分百零奴隸制度的巧克力。他們向業界同仁宣導及溝通，巧克力不僅美味，還能友善環境、尊重人權，更呼籲身在此業的夥伴需要為自己使用的原料負起責任。

目前，Tony’s Chocolonely已影響逾八千位可可農，給予可可農更高的費用，讓他們都能擁有基本薪資。「我們認為農夫應該有更好的生活品質，同時也能提升農場的生產效率。」Ynzo說。

「我們將Tony’s Chocolonely改善奴隸制度的步驟與行動整理成『東尼公開鏈』（Tony’s Open Chain）模型，並放置網路上，這是一個有效的策略，若是看到任何產業有勞動剝削的情形，大家都可以自由複製使用，希望可以激勵每一個組織。」Ynzo表示。

讓消費者成為自主傳播媒體擴散理念

二〇一九年底，Tony’s Chocolonely正式進軍台灣，打開一片巧克力的包裝，就能看見該公司的理念，以及他們欲解決的問題，底下更以紅色粗體字寫上他們的核心價值「Crazy about chocolate, serious about people」（對巧克力瘋狂，但對人嚴正以待）。

「我們非常重視我們的生產者與消費者。」Ynzo不只一次說道。「我們深信若要達成百分百零奴隸，就需要設法影響很多人。」Tony’s Chocolonely秉著每天都可以發揮影響力的精神，推出各種創意的行銷手法，讓更多人知道巧克力背後的血淚故事。

其中最淺顯易見的就是其所製造的巧克力，不像其他巧克力一樣，擁有工整平分的裂痕，取而代之的是不均勻的龜裂樣貌。「當時我們在思考，大家吃巧克力的時候真的會平分嗎？」Ynzo從中獲得行銷靈感，既然巧克力不會被平分食用，為何需要工整的切分？

「Tony’s Chocolonely的巧克力上有很多奇怪的裂痕，我們希望透過這些不均勻的裂痕，提醒消費者這個世界是很不公平的，讓他們一面享用巧克力的同時，也能一面思考我們想傳達的意涵。」Ynzo說。

不僅如此，Tony’s Chocolonely更將可可豆的產地地圖，藏在被不均勻切分的巧克力中。

「很多人原本不知道我們的品牌故事，但透過巧克力的設計，消費者自然地成為我們的傳播媒體，為我們宣導理念。」Ynzo分享。有了消費者最有效的傳播，Tony’s

Chocolonely幾乎不刊登廣告行銷，他們將費用省下來，回饋給消費者，再讓他們透過巧克力傳遞故事給更多人。

舉例來說，Tony's Chocolonely設置一筆經費給成為新手父母的消費者。若是消費者生小孩，想要購買巧克力作為與親友分享喜訊的伴手禮，Tony's Chocolonely會提供專屬優惠；若消費者為低收入戶，Tony's Chocolonely則會全額贊助。

透過消費者的傳遞，Ynzo相信，只要大家肯攜手合作，就可以摒除巧克力產業的奴隸現象。

「一旦知道或意識到一件事，我們就要對我們的行動和無所作為負起責任。」Ynzo呼籲每一位知道巧克力背後奴隸問題的人，每一次的選擇與每一次的購物，都要為自己與世界負責。

「有一句話是這樣說的，『如果覺得自己的影響力很小，那就想像蚊子在空氣中的感受，因為蚊子雖然體型小，卻可以帶來很大的影響。』因此，即使是滄海一粟的我們仍可為世界帶來巨大的影響力，沒有人是小到無法帶來改變的。」

「對巧克力瘋狂，但對人嚴正以待」是Tony's Chocolonely的核心價值。來源：Tony's Chocolonely FB

案例小檔案

組織：Tony's Chocolonely

網站：https://tonyschocolonely.com/int/en

問題與使命：支持巧克力產業零奴工並推廣永續概念，讓世界更美好！

可持續模式：將100%無奴隸及童工的巧克力推廣給消費者。

具體影響力：

- 2020年至2021年間合作超過8921位農夫。
- 獲得B型企業認證與公平貿易認證。

#SDG 8

●美國｜Able

拒絕再為不平等買單！

時尚公司於衣物標籤揭示「企業良心」，盼扭轉成衣工低薪困境

時尚品牌Able和永續供應鏈顧問公司GoodOps共同合作，用「計分卡」的形式公開成衣工廠工人的薪資，使商品的勞動成本透明化，讓消費者來監督時尚品牌如何保障員工的權益。

每當買到一件便宜的衣服，很多人都會高興得手舞足蹈。但你可曾想過，衣服為什麼能這麼便宜？快時尚衣料的價格越來越低，對消費者而言或許是個好消息，但對製衣者來說，可就不是如此了。

全球大部分成衣工人的薪資其實都不足以維生。在柬埔寨，替各大快時尚品牌縫製上衣的成衣工，時薪僅約新台幣二十六元；某些印度的成衣工時薪可能只有新台幣十七元；在孟加拉，成衣工的平均時薪甚至低達新台幣十元，即便他們每週工作六十小時，要支付日常生活所需依然捉襟見肘。

這些隱藏的低薪事實，如果可以出現在衣服的掛牌上，標註這家公司如何對待勞工、公司支付的最低工資，而你拿起了某家「慣老闆」企業的產品，這件衣服再怎麼便宜好看，你買得下去嗎？

生產衣著、包款、鞋品和珠寶的美國時尚品牌Able，是一家致力協助女性終止世代貧窮的社會企業。他們正在努力說服整個成衣產業，公開底下員工的薪資。Able已經著手公布自家資料，把美國納什維爾（Nashville）工廠工人的最低薪資攤在陽光下，供大眾檢視。全球其他Able的工廠將比照辦理，他們也期待業內其他公司能跟進。

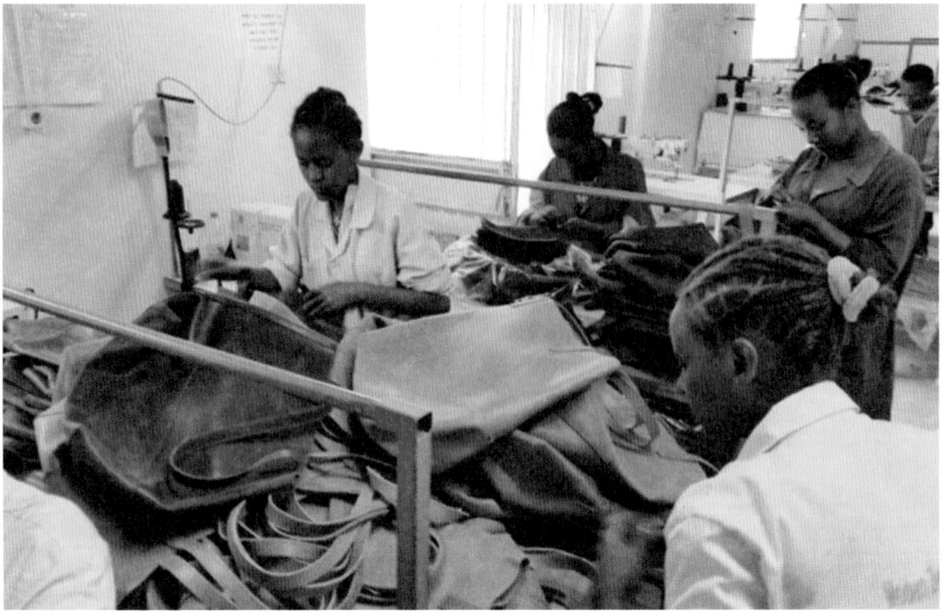

全球大部分成衣工人的薪資其實都不足以維生。
來源：Able FB

「我想，這波行動得透過消費者的選擇來實踐。」Able執行長Barrett Ward表示：「我們希望自己能既可信又透明，讓消費者握有所需資訊，做出良好的消費選擇。」

「我們想藉由『計分卡』的形式，簡便快速地做到這件事。」這張計分卡長得很像營養標示，標有製作這件衣服的工廠所支付的最低工資。

「這很重要，不能是平均工資、不能是某件衣物普遍花費的勞工成本。」Ward說：「我們得標註最低工資，以確實保障最低階層的那群人。」

計分卡上也會顯示，這筆薪資在「生活工資」（living wages）——也就是維持基本生活所需的金額中——佔了多少百分比。

案例小檔案

組織：Able

網站：https://www.ableclothing.com/

問題與使命：在時尚產業內，培力女性擁有技能，終止世代貧窮；同時推廣負責任的消費。

可持續模式：與女性工作者合作，推出衣著、包款、鞋品和珠寶等時尚商品。

具體影響力：員工90%為女性，並持續生產具有負責任意識的產品。

#SDG 8

資訊透明化助推廣負責任的時尚消費

除此之外，這張標籤還會為企業的職場平等、安全、工資及福利政策打分數，包括產假和理財知識培訓等。這些評分都會由第三方團隊GoodOps審核、調查而來。

GoodOps是個專門審核永續供應鏈管理狀況的公司，以公正的方式，持續提供業內各企業的評價資訊。

「每當人們造訪我們的網站，看到這筆資訊，就可以點進去觀看詳細的製程審核資料，優缺點一覽無遺。」Ward表示：「我們所做的這些努力，不是為了表彰自己有多完美。」

他說，這項做法的目的幾乎恰恰相反，是為了達到完全透明化，讓消費者有效監督公司。Ward分享，這項審核機制幫公司發現了納什維爾的職安問題，促使他們做出改善。

他期待這張標籤就如食品上的營養標示般成為常態，影響消費者的行為，進而成為改變人們挑選產品的依據。

Ward表示：「對我來說，一想到我們身上每天穿的、享用的，可能出自某個難以維生者之手，實在無法接受。」

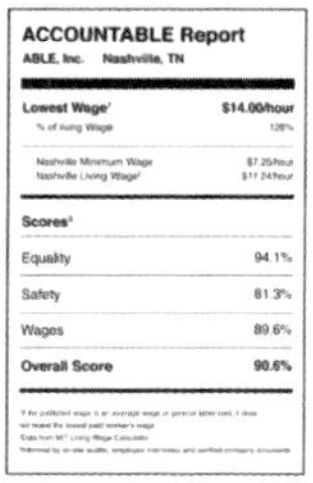

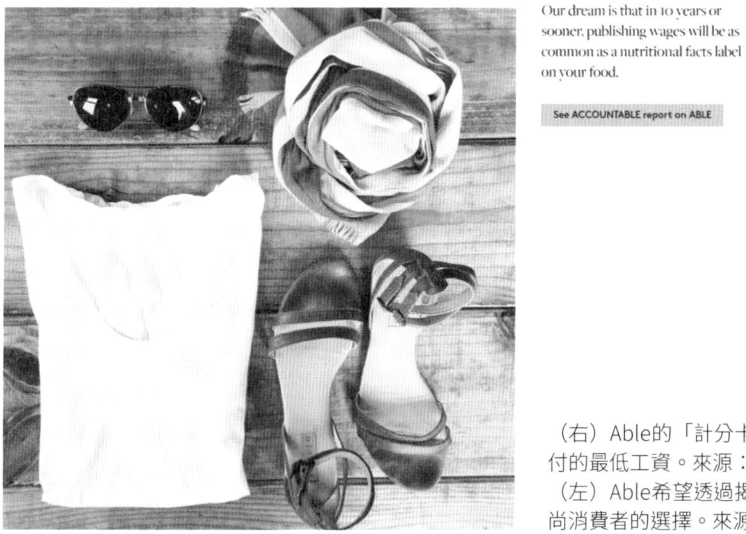

（右）Able的「計分卡」標有這間工廠所支付的最低工資。來源：Able官網
（左）Able希望透過揭示企業良心，影響時尚消費者的選擇。來源：Able FB

SDG 9 產業創新與基礎設施

發展基礎設施與產業創新，讓人人皆能擁有便利生活

聯合國永續發展目標第九項為「產業創新與基礎設施」（SDG 9 Industry, Innovation and Infrastructure），若一個國家能為人民提供永續且具包容性的建設、不同產業能為城市問題提出創新解方，將有助經濟成長，創造就業機會，也意味生活水平的提升。

SDG 9.1

發展具永續、韌性、包容性的基礎設施

發展高品質、具韌性，且人人可負擔並公平利用的基礎設施，其中包括發展區域與跨界的基礎設施，以支持經濟發展與人類福祉。

SDG 9.2

促進兼具包容和永續的工業化

促進包容及永續的工業化也是重點項目，希望在二〇三〇年前，依據各國情況，大幅提高工業的就業率與國內生產毛額（GDP），且在開發中國家需至少提升兩倍。

SDG 9.3

增加小規模工商業取得金融服務的管道

增加小規模工商業取得金融服務的管道，尤其是在開發中國家。金融服務管道包括可負擔的貸款等，並將它們併入價值鏈與市場之中。

SDG 9.4 升級與改造基礎設施和工業，以邁向永續發展

在二〇三〇年前，所有國家都應依自身能力，升級基礎設施、改造工業，包括提高能源使用效率、大幅採用乾淨又環保的科技與工業製程，使其邁向永續。

SDG 9.5 加強科學研究，提升工業技術

改善科學研究，並提高所有國家在工業上的技能，尤其是開發中國家。其中包括在二〇三〇年前鼓勵創新、大幅增加每一百萬人的研發人員數比例，以及公共和私人的研發支出。

台灣版SDG9：建構可永續發展的交通運輸

回應SDG9，我國行政院永續發展委員會以台灣現況出發，評估台灣的人口結構、經濟樣貌、世界定位等條件，於二〇一九年制定屬於台灣的第九項永續發展核心目標：「建構民眾可負擔、安全、對環境友善、且具韌性及可永續發展的運輸」，細項目標分別為：

SDG 9呼籲建立具有韌性、包容性、永續性的基礎建設。來源：Connor Wang on Unsplash

9.1 提高公路公共運輸、台鐵與高鐵運量。
9.2 提高偏鄉地區住戶可於步行五百公尺範圍內使用公路公共運輸的比例。
9.3 提高無障礙的大眾運輸工具、設備與設施設置的比例。
9.4 降低道路上的交通事故死亡人數。
9.5 降低十八歲至二十四歲的年輕騎士的死亡人數。

（上）台灣版的SDG 9聚焦於建構可永續發展的交通運輸。來源：Moralis Tsai on Unsplash（下）能為產業提供創新解方、為城市帶來永續建設，將有助於提升生活水平。來源：Sam Deng on Unsplash

你可以這樣做——

從最易上手的個人行動出發，進而影響他人

SDG 9目標看似遙遠，但仍有個人可以著力之處。根據聯合國「美好生活目標」，不妨從最易上手的行動出發，一步步改變自己的生活習慣，並影響他人：

- 了解台灣的發展規畫。
- 做一名明智且友善的網路使用者。
- 支持造福人民、愛護地球的基礎建設。
- 支持讓世界更美好的創新產業。
- 促進與支持推動友善基礎建設的法規。

美國｜Robomart

「無人車」新應用

買菜就像叫Uber，新鮮蔬果直送家門讓你挑！

美國新創公司Robomart推出「商店招呼服務」，只要點選app，即可呼叫無人雜貨車至家門口，挑選需要的商品。除了為使用者營造更方便的消費體驗，也預估可為商家帶來五倍的銷售量。

全球有越來越多人在網路上購買食品雜貨，預計到二〇二五年，全球食品雜貨市場的線上銷售額將倍數成長近十%；此外，根據國際數據統計資料庫Statista顯示，全球約六十%的消費者願意嘗試線上訂購雜貨。

然而，線上購買生鮮農產品常常像是一場賭注，因為消費者其實並未真的「挑選」那些蔬菜或水果。為此，加州新創公司Robomart想出了解方——運用無人車，將線上欲買的蔬果送到你面前讓你挑。

Robomart推出的這款「移動型雜貨店」，為一台無人駕駛的迷你廂型車，消費者可以輕易地透過app點選與

Robomart的無人車「商店招呼服務」期待創造消費者與商店都滿意的購物革新。來源：Robomart官網

自己最接近的Robomart，如同使用Uber或自行車共享服務一般。當Robomart到達家門口時，消費者便可運用app打開車門，挑選欲買的蔬果，購物完成後，只要關上門，Robomart就會自動偵測消費者所買的品項進行結帳並寄送明細，接著再度上路。

無人車內設置數層架子，放置各式各樣的蔬果，搭配冷藏系統以確保蔬果的新鮮度；同時，Robomart也設有螢幕顯示車內現有的蔬果庫存量以及價格等資訊。

切中消費者心理的網購變革

對消費者而言，目前線上購買蔬果的方式雖然方便，但缺點在於消費者無法「親自挑選」蔬果，僅能在宅配到府時，才能真正看到所買的食材品質。根據Robomart公司的研究調查指出，多數消費者對於自己親自挑選的蔬果會感到比較安心，而Robomart便提供了這樣的機會。

而對零售商來說，Robomart提供了降低運送成本的機會。該公司聲稱，這項運用無人車載送蔬果的方式，比目前的運送機制「便宜了五倍」，主要原因在於零售商不須再聘雇額外的人力運送線上訂購的商品，如此一來，零售商將能用較低的成本拓展他們的商店足跡。

Robomart於二〇一八年創立，並於二〇二一年正式營運，目前已開發出六種車型供商家選擇，亦於二〇二二年一月取得專利，成為世界上第一個提供「商店招呼服務」(store-hailing service) 的企業，為線上食品雜貨市場帶來新變革。

案例小檔案

組織：Robomart
網站：https://robomart.co/
問題與使命：打造可呼叫至使用者指定地點的無人車雜貨店，為使用者提供更方便的購物服務。
可持續模式：由使用者付費。
具體影響力：Robomart的無人車「商店招呼服務」於2022年1月取得專利，是全球第一個提供此服務的企業。
#SDG 9

● 美國｜Google Map環保路線

Google地圖新功能

優先指引節能的「環保路線」，上路更低碳！

為了朝零碳的方向邁進，受到眾多使用者依賴的路徑指南工具Google Map，從二〇二一年十月起，優先指引使用者可產生較少碳排的建議路線，此計畫每年預估可減少排放一百萬噸的二氧化碳。

二〇二一年科技巨頭Google宣布，Google地圖將運用人工智慧科技和整合資訊，針對不同國家陸續推出三項新功能，讓使用者能選擇更低碳的方式通勤或旅行。這些新功能包括：

一、在美國，預設最節能、環保的路線為導航路徑。

二、在歐洲國家，車輛將行駛低排放區時，提出警示。

三、推出方便使用者比較不同運輸方式的新介面。

二〇二一年十月，Google地圖於美國推出新功能，優先指引駕駛人最環保的行車路徑。他們計劃將這項新功能

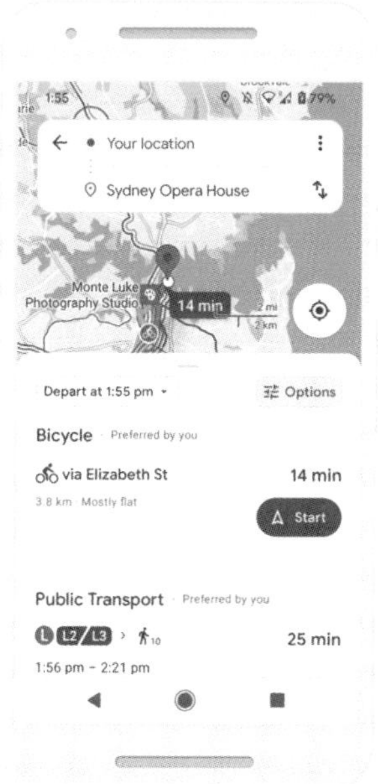

新的應用程式介面操作更直觀也更貼近使用者的交通喜好。來源：Google

擴大實施於全世界，以協助對抗氣候變遷。

這項技術運用了多筆數據資料，如交通數據、地景資料，計算出碳足跡最低的環保路線。功能推出之後，當其他路線的預計到達時間與環保路線相近，Google地圖預設將優先建議環保路線。當替代路線比環保路線快很多，Google會給予使用者預估的碳排放數據作為參考。如果使用者想以顯示最快路線為優先，還是可以從設定中調整偏好。

時任Google產品總監的Russell Dicker表示，近半數的路線，能在不犧牲使用者時間的情況下，找到更友善環境的選擇。

成功結合數據、永續性及消費者選擇

這項新功能是如何找到對環境最友善的路徑呢？他們利用不同車型與道路類型所測試的氣體排放數據，並運用美國「國家可再生能源實驗室」（NREL）提供的洞察報告，作為碳排放以及油耗的依據。其中，有關斜坡的道路數據，則考量了來自Google街景車的資料、航空影像和衛星影像。

「這是一個成功將三項現今的趨勢——數據、永續性

Google地圖的新功能優先給予駕駛環保路線的選項。來源：Suzy Brooks on Unsplash

以及消費者選擇，結合起來的好例子。」美國科爾尼管理諮詢公司（Kearney）的合夥人Siddharth Pathak表示：「這項功能的推出，將促使原先持觀望態度者，在抵達目的地的速度、永續性與花費之間做出更慎重的選擇。」

在歐洲，部分國家設有低排放區（Low Emission Zones）或零排放區，限制或禁止使用柴油車和其他貼有特定排放證明貼紙的車輛進入，以保持空氣清淨。因此二〇二一年六月起，Google先針對德國、法國、荷蘭、西班牙以及英國，推出低排放區警示的功能。這項功能可幫助駕駛快速掌握自己的車輛是否能進入該區域，以選擇搭乘其他交通工具，或行駛其他路線。

同年夏天，他們也推出更簡潔的新介面，只需要由上到下滑動，就能看到搭乘不同交通工具的到達時間，相較於以往需要先點選不同交通方式的標籤（如：開車、騎機車、搭乘大眾運輸），操作性直觀許多。除此之外，Google地圖也會根據使用者喜好、所在城市的交通狀況，做出不同建議。例如，針對喜歡騎單車的使用者，將自動顯示更多自行車路線。若是居住城市有發達的捷運或地鐵系統，則會優先顯示這方面的交通資訊。

Google近年實施不少環保方面的革新，並誓言要在二〇三〇年以前達成零碳的目標，協助城市追蹤、降低溫室氣體排放。

Google地圖在部分歐洲國家推出低排放區等特定區域警示功能。來源：Google

案例小檔案

組織：Google
網站：https://www.google.com.tw/maps/
問題與使命：為達成2030年零碳排，提供使用者碳排放量較低的建議路線。
可持續模式：Google主要以廣告業務創造收入。
具體影響力：每年預估減少100萬噸的二氧化碳排放量。
#SDG 9

SDG 10 減少不平等

減少國內與國家間的不平等，邁向平權未來

聯合國永續發展目標第十項為「減少不平等」(SDG 10 Reduce inequality within and among countries)，邀請各國一同邁向平權未來，建立具包容性的社會，確保人人不因其經濟、年齡、性別、身心狀況、族群或宗教等因素而受任何差別對待。

SDG 10.1 減少收入不平等

聯合國呼籲在二〇三〇年前，家庭或人均收入底層四十%的人口，所得成長能以高於國家平均值的速率漸進成長。

SDG 10.2 促進社會、經濟和政治包容

應確保所有人於社會、經濟、政治上獲得平等待遇，不因年齡、性別、身心障礙、種族、人種、祖國、宗教、經濟或其他身分地位所影響。

SDG 10.3 確保機會平等和消除歧視

歧視存在於人與人之間，造成弱勢者在經濟與社會上的機會不平等。聯合國建議透過推動適當的立法、政策與行動，例如訂定消除歧視的法律，來保障弱勢者的各項權益與機會。

SDG 10.4 採取促進平等的財政和社會政策

政府在維護平等上扮演至關重要的角色。聯合國呼籲各國政府採用適當的政策，針對財政、薪資與社會保護制定完善政策來實現平等。

SDG 10.5 改善對全球金融市場和機構的監管

加強金融市場與機構的法規監管，使全球的財務穩健。

SDG 10.6 增強開發中國家在金融機構中的代表性

目前全球各國經濟發展狀況不一，有已開發、開發中、和未開發國家之分別。聯合國欲提高開發中國家於經濟決策過程之聲量，以建立更加有效、可信與負責的合法機構。

聯合國永續發展目標第10項為減少國內及國家間的不平等。來源：fauxels on Pexels

SDG 10.7

建立負責任且管理良好的移民政策

建立更有秩序、安全、規律且負責的移民政策。

台灣版SDG 10：減少國內及國家間不平等

回應聯合國的SDG 10，我國行政院永續發展委員會以台灣現況出發，評估台灣的人口結構、經濟樣貌、世界定位等條件，於二〇一九年制定屬於台灣的永續發展目標，第十項核心目標細項分別為：

10．1 目標底層四十%的家戶人均所得，以高於全國平均值的速率漸進成長。

10．2 針對原住民族群以及身心障礙者，設計就業方案，改善經濟條件並提升經濟地位。

10．3 強化性別平等及消除就業歧視相關法令與宣導教育，建構完善性別暴力防治及兒少保護體系，提升民眾對於遭受歧視或暴力的覺察。

10．4 透過推動社會保障措施，照顧經濟弱勢、強化就業能力、促進薪資成長。並提升租稅公平，持續改善所得分配。

10．5 規劃完善的移民政策，促進有序、安全、正常和負責的移民和人口流動。

10．6 建構社會企業友善生態圈，強化社會創新經營能量，以協助解決社會問題，消弭不平等。

10．a 針對開發中國家，持續以我國優勢協助其發展，也依照世界貿易組織（WTO）協定，給予開發中國家特殊待遇。而針對低度開發國家，研議提高我國予低度開發國家之免關稅免配額優惠待遇。

（上）減少收入不平等被列入目標項目之一。來源：Sharon McCutcheon on Unsplash（下）促進社會、經濟和政治包容是消弭不平等的重點方向。來源：Ying Ge on Unsplash

你可以這樣做——

減少不平等，從你我生活做起

欲回應SDG 10減少不平等，涉及面向相當廣，根據聯合國「美好生活目標」，我們可以透過以下4個方針，從心態建立到實踐行動，一同促進更加平等的生活：

- 保持心胸開闊，傾聽並理解他人。
- 勇於捍衛權益，保障自身權利，並在他人權益受損時給予協助。
- 利用消費支持，從公平待人的組織購買產品。
- 利用選票支持，了解政治候選人如何採取行動消弭不平等。

● 菲律賓｜Rags2Riches

從垃圾場中蛻變的時尚品牌

將破布化為設計單品，助千名女性發揮最大潛能

為解決菲律賓郊區巴雅塔斯的貧窮問題，Reese Fernandez-Ruiz成立Rags2Riches，邀請頂尖設計師與在地婦女合作，把蒐集來的碎布與廢棄的紡織品，升級回收、製成時尚單品，為婦女創造收入。

馬尼拉郊區的巴雅塔斯（Payatas），是菲律賓最大的貧窮區之一，居民住在垃圾掩埋場附近，大多仰賴撿拾回收物販售來維持家庭生計。在地的婦女，通常是媽媽們，逐漸發展出一套非正式的家庭手工業——利用回收堆裡找來的破布縫製成地毯或是抹布販售，貼補家用。

但小生意受到一些不肖業者介入，掌控了原料及市場，婦女得透過這些中盤商取得原料、販賣商品，中盤商從中撈取大部分利益，造成婦女一天僅能獲得少於二十分美元的不平等待遇。

這樣的剝削，直到她們遇見一群年輕人才得以改變。

Rags2Riches助婦女發揮潛能將破布轉為時尚單品。來源：Things That Matters FB

二〇〇七年，二十一歲的菲律賓女孩Reese Fernandez-Ruiz來到巴雅塔斯，了解到她們的困境後，便與其他夥伴共同創立社會企業Rags2Riches（簡稱為R2R），致力爲在地婦女提供公平進入市場的機會，並提供技能、財務及健康管理方面的培訓，以便她們發揮最大的潛能，實踐長期的財務穩定，改善生活。

實踐公平正義的時尚手工藝

R2R邀請菲律賓頂尖的設計師與在地婦女合作，將破布、廠商賣不完的庫存衣物等廢棄布料升級回收，由婦女手工編織為手提包等設計單品，精緻又時尚，同時兼具公平正義及環境永續的價值。

「手工產品通常市場較小，人們到公平貿易商店找手工產品，往往不期待這些產品擁有好的設計或是符合主流時尚。」Fernandez-Ruiz說道：「我們想證明這樣的想法是錯的——這些由當地婦女製作的手工商品也能時尚又美麗，更重要的是意義深重，與那些大量生產、背後沒有故事，甚至是在血汗工廠製造而成的商品截然不同。」

R2R創立以來，已成功培訓超過一千名婦女擔任工匠，支持上百個家庭的生活。Fernandez-Ruiz形容「這是一場充滿歡樂的旅程」，但也挑戰不斷：「像是管理庫存與現金流、籌募資金、開闢新市場與確保產能等，都是日常挑戰。」尤其如何在R2R成立初期獲得當地婦女信任，最令她難忘：「我們秉著透明公開、平易近人、尊重及堅定的態度與在地婦女溝通，讓她們了解到R2R與她們是站在同一陣線的。」

根據《富比世》雜誌二〇一八年的報導，R2R爲當地婦女創造了更多的收入，使她們能夠將孩子送去上學、爲家人的三餐加菜，更能夠開始計劃更好的未來。與過往相比，R2R工匠們的平均收入增長了大約五十四%，為她們創造了相對穩定的生活與安全感。

「Rags2Riches」字面上的意思是「破布變財富」（Rags to Riches），這個從垃圾堆中興起的事業，將廢布料循環利用，不僅為當地婦女創造財富，也為時常令人詬病過度浪費的時尚產業，帶來創新的樣貌。

隨著R2R的成功，Fernandez-Ruiz催生了Things That Matter線上平台。該平台集結菲律賓數個公益導向的品牌，為消費者提供一站式購買優質商品的服務，也為社會企業家們建立一個互相交流學習的網絡，希望以消費創造一個更好的世界。

Rags2Riches證明公平永續的手工編織品也能充滿時尚感。來源：rags2richesinc IG

R2R的下一個目標，是將時尚產業的供應鏈透明化，目前正在研究運用區塊鏈技術來達成，並積極尋找專業的合作夥伴，以期改善產業現狀。

案例小檔案

組織：Rags2Riches

網站：https://www.rags2riches.ph

問題與使命：邀請設計師與在地婦女合作，將碎布變成時尚單品，為當地婦女改善貧困。

可持續模式：以破布、廠商賣不完的庫存衣物等廢棄布料為原料，製作手工編織等時尚單品。

具體影響力：

- 成功培訓超過1千名婦女擔任工匠，支持上百個家庭的生活。
- 幫助數千公斤的廢棄紡織品升級回收。

#SDG 10

● 美國｜Second Chance Studios

每個人都有第二次機會
這間NPO推出數位媒體培訓，助更生人迎接就業春天

對剛出獄的更生人來說，找工作並不容易，多數人只能屈就低薪資職務。而這樣的現狀也許有所轉機——一間非營利組織Second Chance Studios專門培育更生人，透過職訓，協助他們尋找數位媒體相關工作機會。

剛出獄的更生人想找工作，並不是一件容易的事，他們在面試時大多必須面對人事經理的偏見，如果長時間被關在監獄，也會錯失培養一技之長的機會。非營利組織Second Chance Studios（第二次機會工作室）的共同創辦人Coss Marte，本身就是更生人，「我們遇到很多剛脫離監獄體系的更生人，只能找到體力勞動的工作，幾乎沒有接觸到數位媒體的機會。」Marte表示，剛出獄時自己也曾很努力地找工作，屢屢受挫，最後選擇在紐約市創立名為ConBody的健身房，幫助和他有同樣遭遇的更生人。

考量到數位媒體產業的爆發性成長趨勢及相應的人才需求，Second Chance Studios於二〇二〇年創立，以紐約市為基地，提供更生人製作影片、podcast、數位廣告等課程，同時邀請紐約市來自不同數位媒體產業的導師們，陪伴更生人學員完成整個訓練計畫。待課程結束後，Second Chance Studios將會安排學員們找到高薪資的數位媒體工作，或是幫助他們創業。

這個方案致力幫助離開監獄的更生人，擺脫再次入獄的惡性循環。目前紐約市每年估計釋放八千五百名更生人，超過半數會面臨再次被逮捕的命運。但根據數據顯示，要是更生人能在一年內找到工作，再犯罪的機率就會

降到三十一%。

更生人就業正是在創造社會安全公平

「目前全美國有不同族群持續進行各種形態的溝通對話，但我們應該關注如何在公共安全議題上找到創意解決方案，而非一味逮捕人民。」另一位Second Chance Studios共同創辦人Ravi Gupta說：「與其直接把人關到監獄裡，其實還有許多方法可以創造更安全又公平的社會環境。」

Second Chance Studios團隊透過群募平台Kickstarter公開這項「更生人數位訓練計畫」，Gupta說：「我們希望能彰顯這項計畫其實擁有來自民眾的熱情支持。」想要順利推動這項計畫所費不貲，因為參與者會收到等同正職的薪資，但Gupta指出，即便如此，這些金額比政府花在矯正罪犯行為的費用還要少。募資於二〇二一年初結束，三週內就募得了超過六萬美元，並於同年十月展開培訓計畫，課程為期半年。

每一年紐約市需花費三十三萬美金照料監獄囚犯，「而我們只需要把囚犯關起來的三分之一費用。」Gupta表示：「對那些從金錢價值思考這項議題，而不在乎公平、公正觀點的人，我們的方案反而是讓罪犯遠離監獄系統最

Second Chance Studios協助更生人尋找數位媒體相關工作機會。來源：Second Chance Studios NYC FB

有效益的做法。」此項計畫有助於讓更生人擁有數位媒體專長，拓展更多機會，找到待遇更優渥的工作。

除了發起群眾募資計畫，在企業端，Marte跟許多公司談過後亦獲得不少企業主的支持，例如MTV娛樂集團。Marte表示，企業願意採取行動，適才僱用，不僅能為更生人開啟更多工作契機，對企業而言，也是增進內部文化多樣性的機會。

案例小檔案

組織：Second Chance Studios

網站：https://www.secondchancestudios.org

問題與使命：協助更生人尋找數位媒體相關工作機會，讓他們離開監獄後能自力更生。

可持續模式：提供更生人數位媒體相關的訓練課程，協助他們找到高薪資的數位媒體工作或是創業。

具體影響力：

- 此計畫在2021年初群眾募資獲得400人支持，募得超過6萬美元。
- 為更生人找到高薪資的工作，降低再犯罪機率。

#SDG 10

（上）Coss Marte以過來人經驗對更生人伸出援手。（下）Ravi Gupta指出讓更生人公平的就業是創造更安全社會的一種解決方案。來源：Second Chance Studios官網

SDG 11 永續城鄉

從交通、居宅到古蹟，全球多面向發展永續家園

聯合國永續發展目標第十一項為「永續城鄉」（SDG 11 Sustainable Cities and Communities），邀請全球共同打造兼具安全、韌性與包容的家園，重振社區活力，成就城鄉的永續未來。

SDG 11.1 確保人人都可獲得適當、安全、可負擔的住宅與基本服務，並改善貧民窟

在新冠肺炎疫情爆發前，全球居住在貧民窟的人數已不斷增加，二〇一八年，計有十億人在貧民窟生活；二〇一九年疫情竄起後，失業率的提升導致貧窮人口越來越多，有更多人被迫住進貧民窟，使那裡的生活品質更加惡化。

面對這樣的情況，該如何確保所有人皆能擁有適當、安全且可負擔的住宅，並改善貧民窟的居住環境，是各國正面臨的課題之一。

在印度的貧民窟和村落中，有超過三百萬人生活在不

SDG 11呼籲各國打造兼具安全、韌性與包容的永續家園。來源：Ron Lach on Pexels

安全的屋簷下，住所的天花板非常脆弱，時常漏水，甚至有塌陷的問題。印度工程師Hasit Ganatra在深入了解貧窮者的生活狀況後，為了幫他們改善居住環境，打造了一款低成本的天花板系統ModRoof，安全穩固，且能防止漏水。約三成的用戶表示，ModRoof為他們消除了對屋頂的疑慮，有助他們在家經營生意。

SDG 11.2 提供人人都可負擔、且符合永續的交通運輸系統

二〇一九年，在九十五個國家裡的六百一十個城市中，只有一半的人口擁有便捷的大眾運輸工具，意即自住家步行五百公尺內有公車或電車、步行一千公尺內有火車或渡輪的人口。

因此，聯合國希望在二〇三〇年前，各國能提供所有人安全、可負擔、便利使用且符合永續發展的交通運輸系統，其中包括改善道路安全、擴大公共運輸、滿足身障及老弱婦孺的運輸需求。

在瑞士，到了沒有大型公車營運的夜晚離峰時段，有夜間巴士系統會載晚歸的民眾回家。巴士司機會一一詢問

每位乘客的住家地址，並在短時間內排出路線，力求將每一位乘客送到家門口，讓返家之路能夠便利又安全。

SDG 11.3 加強城市與鄉村的規劃與管理

截至二〇二一年底，全球已有一半人口居住在都市，到二〇五〇年，預估世界上將會有三分之二的都市人口。快速都市化所衍生的問題層出不窮，包括基礎設施和服務不足、住進貧民窟的人增多、空氣品質惡化等。要能規劃具社會包容且永續發展的城市與鄉村，才能改善問題。

美國《財富》（*Fortune*）雜誌以美國舊金山、中國深圳、加拿大多倫多這三個城市為例，點出快速都市化為城市與居民帶來的挑戰，以及建議的應對方式。例如，普設

電動公車，以改善空氣品質、提升公車效率；提供更多貸款方案的選擇，讓人們可以買得起房屋。

SDG 11.4 保護世界文化和自然遺產

根據聯合國教科文組織統計，全球截至二〇二一年底，有一千一百五十四處自然與文化遺產，其中有五十二處被列入瀕危世界遺產名單中。該如何保存在地的歷史遺跡，凝聚人們對土地的情感，是各國需要思考的課題。

為了支持法國鄉村地區的古蹟擁有者保存在地遺產，Airbnb採取兩項行動，除了捐贈超過五百六十萬歐元（相當於台幣一．七億元）給古蹟基金會的「古蹟與當地旅遊計畫」，還與法國鄉村市長聯盟，合作發表一系列振興法國鄉村地區古蹟旅遊的計畫，希望在為這些地區提高曝光率的同時，也能為在地小型家庭與經濟體帶來新的商機。

SDG 11.5 降低自然災害為社會帶來的負面影響

聯合國世界氣象組織的最新報告指出，從一九七〇至

改善貧民窟的居住環境是各國不容忽視的課題。來源：ModRoof官網

二〇一九年這五十年間，有一半的災害都是如風暴、洪水、氣候變遷等自然災害，死亡人數佔總數的四十五%，經濟損失則佔了超過七成，顯示自然災害對人與社會帶來嚴重的傷害。

對此，聯合國希望各國能在二〇三〇年前，大幅減少各種災害的死亡及受影響人數，且減少災害造成的全球國內生產毛額（GDP）直接經濟損失，包含與水相關的災害，並著眼於保護貧窮與弱勢族群。

SDG 11.6 降低居住在都市的人們對環境帶來的負面影響，包括空氣品質、都市管理與廢棄物管理

隨著快速都市化，越來越多人們湧進城市生活，進而衍生出許多問題，其中包括空氣污染、廢棄物的污染等。

在空氣污染方面，根據世界衛生組織表示，每年皆有約七百萬人死於與空氣污染相關的疾病，因此他們在二〇二一年首次更新空氣品質指南，更新版的標準相較二〇〇五年的版本更加嚴格，希望能改善這個嚴重的現況。在廢棄物污染方面，根據丹麥研究機構The World Counts統計，每年全球平均製造二一．二一億噸的廢棄物，為環境帶來嚴重的破壞。

所幸有越來越多國家開始重視此問題，並祭出解決方案。疫情爆發前，台灣印花設計品牌「印花樂」共同創辦人暨創意總監沈奕妤（Ama）走訪倫敦、巴黎、阿姆斯特丹，記錄她觀察到的城市永續趨勢，其中包括為了減少廢棄物產生，積極推動以環保餐具取代一次性用品；為了降低空氣污染，人們紛紛以低碳、共享交通工具，取代排放廢氣的燃油汽機車。

SDG 11.7 提供所有人安全且具包容性的公共空間

聯合國呼籲各國在二〇三〇年前，應提供所有人安全、具包容性且可便利使用的公共空間，此外，需特別注意是否滿足身障者及老弱婦孺的需求。

在新加坡，有一處一站式社區服務中心Enabling Village，就為眾人提供完善的公共空間。該中心主要功能是透過職業培訓課程、媒合合適的就業機會等，助身障者能自力更生，此外，也附有商店、餐廳、藝廊等供一般民眾使用，在提供大眾公共空間休憩的同時，也能幫助身障者融入社會。

符合永續的交通運輸系統是城鄉規劃與管理應加強的一環。來源：Hugh Han on Unsplash

你可以這樣做——

身為社區一分子，我們也能改善自己的家園

身為社區一分子的我們，可以從改變自己的生活習慣、多多關心及參與地方事務開始，打造更宜居的家園：

- 選購在地生產的飲食與產品，以支持所處社區的事業。
- 多搭乘大眾運輸工具，減少汽機車排放的廢氣對環境造成的污染。
- 保護社區內的文化與遺產，如已有歷史的建築、將失傳的傳統文化等。
- 做好防災準備，降低自然災害對居民與家園造成的影響，如定期進行防災演練等。
- 參與跟社區有關的決策，為自己理想中的家園投下一票，如參與與家鄉事物有關的公民投票等。

● 美國｜Connect Homes

讓無家者不再露宿街頭

模組化房屋省時省錢質優，打造庇護所新選項

美國企業Connect Homes推出價格實惠、建造時間短的模組化房屋，並與關注無家者的組織合作，提供給無家者居住，讓他們能有良好、私人且獨立的生活空間。

美國加州聖貝納迪諾（San Bernardino）的一間工廠裡，多名工人正忙著將一棟棟「小房子」放上送往矽谷的卡車——這是由預鑄房屋建商Connect Homes所製造的模組化房屋。

每棟房屋都由四個房間組成，大約只需約一天就能建造完畢，價格也相當實惠。永久型住宅的一間房間可能要價五十萬美元（約台幣一千四百萬元），而這棟模組化房屋的一間房間只需兩萬美元（約台幣五十六萬元）。

「二〇二〇年所有人受到疫情影響，我們發現不只加州有長期存在的無家者問題，很多地區也有相同的狀況。我們認為是時候該想出合適的解決方案。」Connect Homes共同創辦人Gordon Stott表示。他認為，每個人最終都需要一個良好、私人、獨立的生活空間。

Connect Homes自二〇一三年成立起，便投入製造模組化、能永久居住、又具個人隱私的房屋，藉此讓房屋價格變得更加便宜、可負擔。而他們也發現，能夠運用這樣的模式，快速且便利地為無家者建造庇護所。

該公司的副總經理Steve Sudeth說，相較於傳統工地建設現場常發生許多不可預測的狀況，「我們簡化了房屋製造的生產線，能使成本降低，更重要的是，還能夠預測成本。」建造一處傳統的大型公寓需要花費好幾年時間，並需要長時間的建置許可程序，而Connect Homes的模組化房

屋則相對地省下許多時間與成本。

與他們合作的無家者組織表示這些房屋迴響熱烈。「住在這個空間一段時間的無家者回饋：『這就是我一直在等待的房屋。』」Stott說：「無家者議題需要新的解決之道。我們不可能支付六十萬美元（約台幣一千七百萬元）為每一位無家者安排各自的房屋，不僅因為資源有限，也因為打造庇護所需要較長的時間。」

人性化的房屋設計

這些房屋都是由相同的基礎構件所搭建，每棟總計三百二十平方英尺（約九坪），內部可分出二至四間私人臥室，也可依個人喜好決定是否設有私人浴室和簡易廚房。這些房間可改設成獨立洗衣間，或是拿掉隔層，變為多位無家者共用的大型廚房，設計上相當有彈性。

入住者能選擇自理水電、使用發電機或太陽能板發電，又或是連接常規電網，每個房間都設有獨立的冷氣機及過濾器供住戶使用。不僅如此，每間房間都擁有大面窗戶及獨立的對外大門，住戶進出房間時不需繞過他人空間，房內也能擁有良好的通風及採光。由於這款模組化房屋相當舒適，加州奧海鎮（Ojai）的一間寄宿學校也向

Connect Homes的模組化房屋設計人性化且可彈性組合運用。來源：Connect Homes官網

Connect Homes購買供學生使用。

位於舊金山灣區的LifeMoves，是第一個與Connect Homes合作的無家者組織，預計使用八十八個房間。而訂單成立不到一個月的時間，庇護所便快要建造完成。「十年後，這些房屋可以快速拆除並重新安置，這塊土地就可以用來做其他的規劃。」LifeMoves執行長Greg Leung說。

Connect Homes的模組化房屋協助填補了永久型住宅與無家可居之間的缺漏。「永久型住宅的需求並不會消失，但與此同時，外頭仍有千百萬人沒有庇護所可住，而我們可以提供他們比在路邊搭建帳篷更好的選擇。」Leung表示。

案例小檔案

組織：Connect Homes

網站：https://connect-homes.com

問題與使命：推出價格實惠且短時間就能建造完成的模組化房屋，改善加州長期存在的無家者問題。

可持續模式：簡化生產線、規模化生產降低大量成本。

具體影響力：

- 模組化房屋的1間房只需2萬美元（約台幣56萬元）。
- 1棟有4個房間的模組化房屋只需1天就能建造完畢。

#SDG 11

（左）Connect Homes以模組化建造無家者庇護所的過程省錢又省時。來源：Connect Homes FB（右）模組化房屋的每個房間都確保通風採光良好。來源：Connect Homes官網

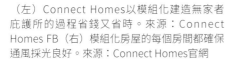

● 新加坡｜Enabling Village

以通用設計打造兼容環境

全球首座為身障者設計的社區活動中心，建構生活自主權

新加坡Enabling Village為身障者打造一站式的社區服務中心，從安排職業培訓課程、協助評估求職能力到就業媒合等，協助身障者自力更生，進駐中心園區的餐廳、藝廊等也能助益身障者與社會產生連結。

Enabling Village由新加坡協助身障者自立局（SG Enable，簡稱新協立）設立，是加強身障服務總藍圖（Enabling Masterplan）政策下的一環，希望為身障者打造一站式的社區服務中心。新協立接手市中心Lengkok Bahru一處佔地三萬平方公尺、過去為民間非營利組織所經營的職訓中心，由政府經費結合企業各界贊助，投入新幣二千五百萬（約新台幣五億元）加以整修，於二〇一五年正式啟用。

Enabling Village的首要目標是協助身障者自力更生，提供整合性服務，從安排多樣化職業培訓課程（如餐飲、家務、藝術）、協助評估求職能力，到配對適合的就業機會等。

園區有一處區域是由新加坡自閉症資源中心（Autism Resource Centre）所經營的就業與培訓中心（Employability & Employment Centre），邀請社會企業做為合作夥伴（Job Site Partner），涵蓋資料建檔、藝術創作、首飾設計等多元職項，提供自閉症者能發揮才能的就業機會。

園區還有商店、餐廳、藝廊、健身房、托兒所等設施，對一般大眾開放，希望除了符合身障者的生活需求、提供就業可能，也扮演協助其融入社會的中介角色。

幫助身障族群享有生活自主權

踏進Enabling Village，映入眼簾的是一大片樹林綠意、魚群悠游的自然景緻，由新加坡建築事務所WOHA打造，以民間贊助者身分貢獻專業。眾多微小資源在此都盡可能被循環運用，譬如園區內的咖啡廳由再生紙箱砌成，花盆由回收油桶改製等。此外，也導入許多機制來串聯不同空間，如無障礙坡道與電梯、觸覺地板指示器、助聽裝置、視障標誌等，甚至還設置能偵測訪客眼睛位置而自動升降高度的語音導覽機，方便坐輪椅的訪客可自行使用。

進駐的合作企業所提供的產品或服務，則特別導入「通用設計」精神，調整一些店面設施和陳設。例如園區內的Fair Price連鎖超市，提供坐輪椅者可使用的購物車、降低商品陳設高度並加裝服務鈴，改善長者與身障者的消費體驗，讓他們擁有與一般人無異的生活自主權。

園區內的小藝廊The Art Faculty，以藝術治療的角度，邀請各界合作夥伴響應，也寄售自閉症學生所創作的文創商品，並已打開口碑。新加坡總理夫人何晶參加美國前總統歐巴馬夫妻所主持的白宮國宴時，隨身手提包便是出自藝廊合作學生之手。對學生而言，每賣出一件商品，是提

一站式社區中心Enabling Village致力協助身障者自力更生。來源：WOHA官網

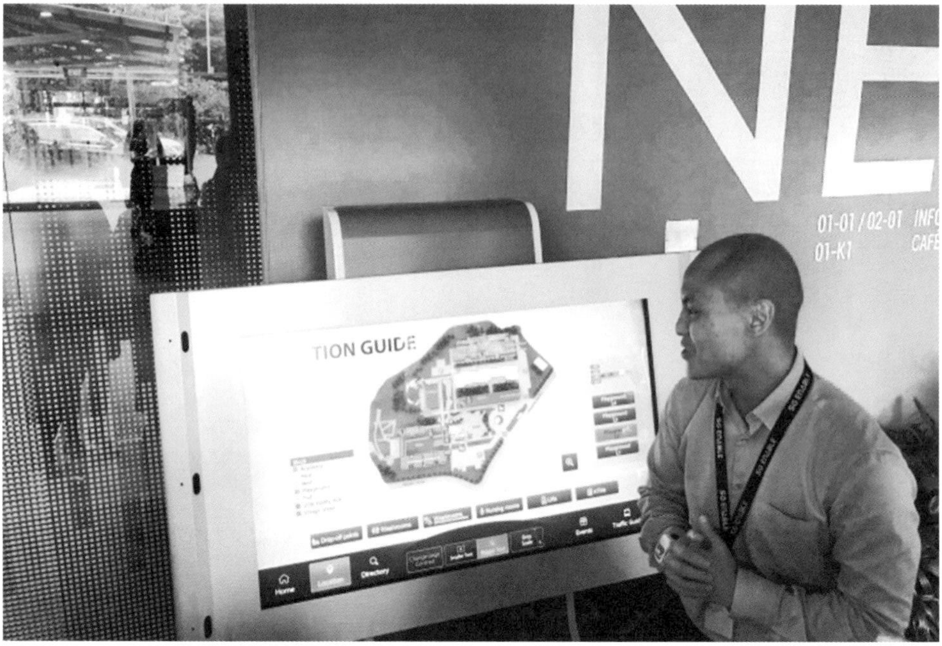

能偵測訪客眼睛位置而自動升降高度的語音導覽機方便輪椅族使用。來源：社企流提供

升市場競爭力的培訓過程，是獲得分潤權利金的收入來源，更是才華被肯定的自信建立。

Enabling Village的社區設施，在設計與使用對象上，都貫徹兼容平等精神，例如，幼兒園中身障孩童與一般孩童各占一半，健身房裡長者、身障者和一般居民們一起運動。一來協助身障者和社會建立連結與交流，二來能潛移默化社會大眾發揮同理心，接受與自己的各種不同。據新協立的同仁分享，周遭居民的接受度相當高，幼兒園和健身房在使用上已是供不應求。

如此便民且通用的設計，吸引許多國內外社區中心前來取經。新協立希望將Enabling Village作為實驗基地，致力推動「適合每個人、每個人都能擁有」（Something for Everyone, Everyone for Something）的服務模式，同時向全世界展示：每個人都值得學習自立自信、互相扶持，對社會做出貢獻；而一般企業也可導入社會創新思維於供應鏈中，一起加速平等兼容社會的實現。

園區內的連鎖超市提供坐輪椅者也可使用的購物車。來源：社企流提供

案例小檔案

組織：Enabling Village

網站：https://enablingvillage.sg

問題與使命：為身障者設計一站式社區中心，從安排多樣化職業培訓課程，到協助配對適合的就業機會等，協助他們自力更生。

可持續模式：邀請餐廳、連鎖超商、藝廊等進駐，除了提供身障者就業機會，產業服務原本就開放給一般大眾。

具體影響力：社區中心的設計有助身障者與社會連結，榮獲2016年新加坡「總統設計獎」（President's Design Award Singapore）。

#SDG 11

SDG 12 負責任的生產與消費

為更好的生活買單！實踐負責任的消費與生產

浪費的食物，以及塑膠、電子、舊衣等生活中的各式廢棄物，已經為環境帶來沉重負擔，聯合國永續發展目標第十二項為「負責任的生產與消費」(SDG 12 Responsible Consumption and Production)，邀請全球公民一同實踐永續消費與生產。

SDG 12.1 實施永續消費與生產的十年計畫

聯合國呼籲，所有國家都需實施永續消費與生產的十年計畫架構，由已開發國家擔任領導角色。

在台灣，則推廣「搖籃到搖籃」(Cradle to Cradle，C2C)[1]的設計理念，鼓勵企業生產綠色低碳產品，並積極推動具污染性的工廠遷移至產業園區。

SDG 12.2 永續管理與有效利用自然資源

根據聯合國報告顯示，全球人均材料足跡從二〇〇〇年至二〇一七年，增加了近四十%，即為了要滿足人們的生活需求，需耗費的原物料總量越來越多，這也意味著自然資源消耗與日俱增。該如何實踐自然資源的永續管理與有效利用，是每一個國家都需思考的課題。

我們的日常飲食，也需消耗許多原物料，尤其動物性食物更是如此。歐洲環境署(European Environment Agency)統計，生產牛肉、豬肉、起司等動物性食物的原

1 根據行政院環境保護署定義，「搖籃到搖籃」設計理念意指，建立一個在生物循環或工業循環上對人類、環境與生態均安全無害，且具有高價值的可回收性與再生循環性的供應鏈設計，以達到永續經營的循環經濟概念。

物料使用量，是生產雜糧、蔬果類食物的二至十倍。為了平衡飲食與環境，台灣餐廳Plants堅持製作純素餐點，並以永續與健康為理念，透過選用生態平衡的永續食材，讓人們在品嚐美味食物的同時，也能為地球環境盡一份心力。

SDG 12.3 全球人均食物浪費減半

全球正面臨嚴重的食物浪費問題，根據聯合國統計，全球每年浪費十億噸的食物。在台灣，根據食物銀行統計，每年的食物浪費量高達三百八十四萬噸，疊起來的高度相當於一．三五萬座一〇一大樓。

我們該如何改善食物浪費問題？國內外組織紛紛祭出「分配共享」與「加值重生」兩大解方。例如美國新創Misfits Market收取外觀不佳但品質良好的格外農產品，以市場價格的四十%提供消費者每週訂購的服務；台灣有機通路「里仁」媒合食品廠商，將盛產農產品或醜蔬果進行加工，如蔬菜鍋貼、文旦柚酥、米餅等，以延續食物的壽命。

SDG 12.4 妥善管理化學品與廢棄物

各國需根據國際協議的框架，以對環境無害的方式妥善管理化學品與廢棄物，並大幅減少其進入大氣、滲入水與土壤中的機率，保障人體與環境的健康。

一次性塑膠製品是我們日常中最常見的人造化學製品之一。關注環境議題的瑞典斯德哥爾摩復原力中心(Stockholm Resilience Center)表示，全球人造化學製品與塑膠廢棄物已大幅超越人類或地球能承受的安全限度，

SDG 12呼籲各國確保永續的消費與生產模式。來源：Andrea Piacquadio on Pexels

目前市面上存在約三十五萬種不同的人造化學製品，其中一大部分最終留在環境中，對地球影響不小。

知名跨國企業可口可樂每年使用約三百萬公噸塑膠包材，多數無法確實回收。不過，它與丹麥新創Paboco（Paper Bottle Company）正測試一種全新包裝方式——使用紙製瓶身，這樣的包材可完全回收、再生利用，不但減少塑膠廢棄物的污染，還能降低使用化石燃料製造塑膠的碳足跡。

SDG 12.5

大幅減少廢棄物的產生

廢棄物為環境帶來嚴重的污染，因此聯合國希望各國在二〇三〇年前，透過預防、減量、回收與再利用的方式，大幅減少廢棄物的產生。

生活中常見的廢棄物，除了一次性塑膠、電子垃圾外，二手衣物佔相當大的比例。根據非營利網路媒體《報導者》報導，二〇二〇年台灣的舊衣回收量創下近十年新高，達七．八萬公噸，有高達三成五的回收衣物，最終只能送進焚化爐焚燒掉。

食物「分配共享」與「加值重生」有助於達成全球人均食物浪費減半的目標。來源：Misfits Market FB

面對龐大的紡織廢棄物，台灣新創二拾衫、CHU'S和Story Wear，分別透過二手衣販售、衣服租借、舊衣再製的方式，延續二手衣物的壽命，進而減輕紡織廢棄物對環境的影響。

SDG 12.6 鼓勵企業採取永續做法

聯合國鼓勵各國企業（尤其是大公司與跨國企業），應採取可永續發展的做法，並將永續相關資訊納入企業定期的報告中。

隨著近年永續意識蓬勃發展，SDGs、ESG早已成為全球企業共通的語言。知名管理顧問公司麥肯錫指出，實踐ESG對企業利潤影響高達六十%，不作為將造成更大的成本。我國金管會也於二〇二二年三月發布上市櫃公司的永續發展路徑圖與ESG評鑑制度，欲促進更多企業落實永續發展。

作為台灣耕耘永續領域多年的中介組織，社企流觀察到，不少企業領導者或永續相關部門從業者，時常苦惱於該如何回應企業目標、串聯社會創新、放大永續價值。社企流盼將累積十年的經驗，作為企業實踐永續的助力，協助企業回應目標、連結社會議題，為台灣社會帶來更多可能。

SDG 12.7 促進可永續發展的公共採購流程

聯合國希望各國能根據國家政策與優先要務，促進可永續發展的公共採購流程。

台灣透過「推動公司部門增加綠色採購」，作為鼓勵企業邁向永續發展的方法之一。在政府的推動下，政府機關二〇二〇年綠色採購金額超過一億元，擴大友善環境的產品市場規模，鼓勵企業推動綠色生產；民間團體及企業的綠色採購金額則達四百六十一億元，足見眾人對於綠色採購的認同度越來越高。

此外，經濟部中小企業處自二〇一七年開始推動「Buying Power社會創新產品及服務採購獎勵」機制，鼓勵中央及地方政府機關、國營事業、民營企業等優先採購社會創新組織的產品或服務，不但能協助社會創新組織拓展行銷通路，還有助市場認識有理念、有動能的社會創新組織。截至二〇二一年，已有超過四百家組織參與計畫，累計的採購金額達十八億。

SDG 12.8

促進大眾對永續生活的普遍認知與實踐

欲實踐SDG 12，聯合國鼓勵各國透過全球公民教育、國家教育制度、學校課程、教師教育等方式，確保所有人皆具備永續發展相關的認知，並了解如何實踐永續生活。

化學品與廢棄物應以對環境無害的方式妥善管理。來源：Paboco官網

你可以這樣做——

從不同的消費階段，支持負責任的生產與消費

身為消費者，該如何從日常中實踐SDG 12？以下提供不同消費階段的建議給大家參考：

購物前

- 審慎評估自己是「需要」還是「想要」，降低廢棄物的產生。
- 思考是否能以租代買，或選購二手物品，以延長舊物的生命。

購物時

- 選購在地生產的食品與物品，降低運輸過程產生的碳排。
- 支持具公平交易精神的商品，確保生產者的權益。

購物後

- 確實處理舊物——透過正確丟棄、回收或捐贈，以降低環境污染。
- 重新改造用不到的舊物，為它創造第二生命，減少廢棄物的產生。

● 瑞典｜Renewcell

改變世界點子獎得主

瑞典新創攜手Levi's，回收舊牛仔褲製新品

瑞典新創公司Renewcell 攜手 Levi's，將棉質分解成最基本的纖維素纖維，創造出一種名為Circulose的長絲狀物。二〇二〇年，Levi's開始銷售這種永續纖維製成的牛仔褲，改善初代材質對環境的影響，同時解決服裝浪費的問題。

一條普通牛仔褲所需要的棉花，需消耗大約二千五百公升的水種植，而且通常都是在缺水地區種植。當這些牛仔褲穿至破舊、損壞時，會像其他衣物一樣，最終被掩埋。

如今，我們知道使用回收材質可以大幅降低環境足跡，而不少品牌會考量的是，如何使用回收材質製作高品質的「新衣服」。Levi's便是其中之一，他們致力於找出更好的回收與製作方式，以提升一條牛仔褲的生命週期。

「我們認為有必要解決服裝浪費的問題。」Levi's設計創新副總裁Paul Dillinger表示。「我們可以設計出更嚴格

Renewcell創造出的Circulose永續纖維可被織成新的材質。來源：Renewcell官網

案例小檔案

組織：Renewcell

網站：https://www.renewcell.com/en/

問題與使命：開發纖維回收技術，致力改善紡織業對環境帶來的破壞。

可持續模式：將棉質分解成最基本的纖維素纖維，接著創造出一種名為Circulose的長絲狀物，該絲狀物鬆軟且耐用，可被織成新的材質。

具體影響力：

- 2020年，Circulose技術被美國《時代》雜誌列入該年度「100項最佳發明」名單。
- 2021年，獲選為美國商業雜誌《Fast Company》「最具創新力的公司」之一。

#SDG 12

的標準，但是除非我們能夠盡己所能，建立一個可以將服飾回收，並且可替代初代材質的系統，否則沒有資格說我們正在落實循環經濟。」

傳統的回收製程還有大幅進步空間。Dillinger認為：「傳統上，服飾回收就是將服飾回收並撕碎。這過程與大型咖啡研磨機相去不遠，只是將衣服撕成最小的組成分子。」在最好的棉花中，長纖維會讓紗線強壯且耐用。回

Levi's與Renewcell合作，回收舊牛仔褲製成新品。
來源：Levi Strauss & Co.官網

收過程中，會撕碎那些纖維，並且創造出一種帶有絨毛的物質。Dillinger將這個帶有絨毛的物質與烘乾的皮棉類比，它不能重新組裝成堅固的材質。事實上，只有小比例的回收材質能夠運用在新服飾，而且新的牛仔褲壽命也不會很長。

創新纖維回收技術助循環經濟

面對這樣的情形，Levi's決定攜手瑞典新創公司Renewcell合作，Renewcell是少數擁有領先纖維回收技術的公司之一。這項技術的解決方案是，將棉質分解成最基本的纖維素纖維，接著創造出一種名為Circulose的長絲狀物，該絲狀物鬆軟且耐用，可被織成新的材質。

Dillinger認為：「這增加了纖維與服飾成為合法回收替代品的機會，讓我們可以減少對初代棉花的依賴。」

二〇二〇年，Levi's開始銷售這種Circulose製成的牛仔褲。二〇二一年，這款牛仔褲更獲得美國商業雜誌《Fast Company》「改變世界點子獎」（World Changing Ideas Awards）。Dillinger表示：「希望這些材料能永久地保留它們的價值，並改善原始材料對環境的影響。」

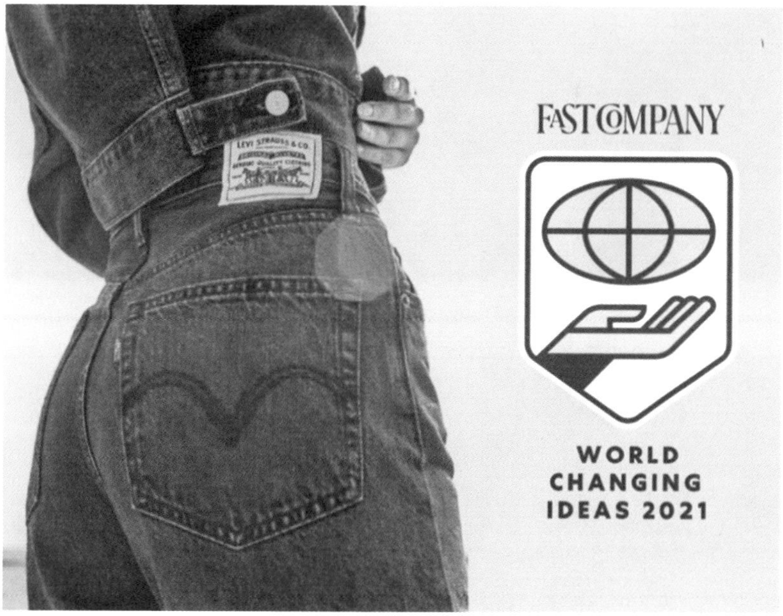

由Circulose纖維製成的Levi's牛仔褲獲得《Fast Company》「2021改變世界點子獎」肯定。來源：Levi Strauss & Co.官網

下一台筆電用租的吧！

● 德國｜Grover

電子產品租賃平台Grover，減少電子廢棄物產生

為了減少電子廢棄物產生，來自德國的Michael Cassau成立電子產品租賃平台Grover，讓消費者可以自行選擇想租借的產品與租期，合約到期後，還可選擇續約、歸還或購買該產品，為科技生活提供另一種更永續的選擇。

你手上的筆電，是哪一年購入的？用了多少年了呢？根據二〇一九年的統計，每年有五千三百五十萬公噸的電子廢棄物。部分原因來自電子產品廠商著力推出更新更快的產品，但較少生產適合重新整理維護或回收的產品。當消費者手上現有產品故障時，他們被鼓勵購買新產品，鮮少選擇維修。

不過，一家線上零售店家，開發出了一套新的商業模式——與其讓產品被售出買斷，他們為消費者打造了獨特的「產品訂閱制」，為消費者帶來方便，也為環境減少負擔。

Grover提供消費者電子產品租借服務，減少電子廢棄物的產生。來源：Grover FB

來自德國的Michael Cassau在一家網路公司任職，因工作需求時常在不同城市中遷徙。為求方便，Cassau不希望購買過多家具。從二〇一四年開始，他便思考著租賃市場的可能性，他詢問自己：「除了買斷產品，是否有更多的可能性？能不能用租賃的概念，只在使用期間付費？」

當時服飾租賃品牌Rent the Runway已在二〇〇九年萌芽茁壯，Cassau判斷科技電子產品也有租賃需求，可以讓高單價的產品變得更親民，且同時減少快速用過即丟的資源浪費。

電子產品以租代買減少環境負擔

二〇一五年Cassau成立電子產品租賃平台Grover，平台的使用方法相當直觀，消費者可選擇產品訂閱時間長度：一個月、三個月、半年或一年。合約到期時可選擇續約、歸還產品，甚至是購買該產品。

當Grover收到歸還的產品後，會檢查產品，確保品質與功能正常，才會再放上平台給下一位使用者租用。產品亦會隨著折舊而降低租金，以便在市場上保有競爭力。當產品要正式淘汰時，Grover會進行妥當的回收。依據Grover統計，該公司已在歐洲租賃了五十萬件產品，減少約一千五百噸的電子廢棄物。

Cassau希望能影響更多製造商，他表示：「我們需要更多耐用、可被整新（refurbish）的產品，這股趨勢正在成長。」

Grover目前除了租賃電腦，亦可租賃手機、空拍機、相機等等。

以租代買、減少浪費的循環模式，隨著永續發展的意識抬頭，在全球蔚為流行。在台灣，亦有不少租賃服務正在興起，例如「電電租」推出閒置家電出租服務、「CHU'S」提供嬰幼兒衣物服飾租賃服務等，提供消費者更多永續的選擇。

案例小檔案

組織：Grover

網站：https://www.grover.com/us-en

問題與使命：提供電子產品租借服務，減少電子廢棄物的產生。

可持續模式：消費者可選擇產品訂閱時間長度：1個月、3個月、半年或1年。合約到期時可選擇續約、歸還產品，甚至是購買該產品。

具體影響力：截至目前，已租賃了50萬件產品，減少約1500噸的電子廢棄物。

#SDG 12

SDG 13 氣候行動

展開永續生活第一步：採取對地球更好的氣候行動

延燒逾百萬公頃的森林大火，又或是使人流離失所的水災，這些災情都與的氣候變遷問題相關。聯合國永續發展目標第十三項為「氣候行動」(SDG 13 Climate Action)，呼籲全球採取因應氣候變遷及其影響的緊急行動。

SDG 13.1 強化各國應對氣候變遷的適應力與災後復原力

全世界都正面臨極端氣候的影響，當問題越來越嚴重，各國就需思考該祭出哪些足以降低傷害、或有助於改善氣候變遷的計畫，以適應現況，同時為未來預做準備。

欲減輕氣候變遷及自然災害為環境帶來的傷害，需要強化「適應力」及「復原力」——也就是要加強城市應對災害的應變能力，讓災情最小化；同時，提升城市的災後復原力，縮短災後的復原時間。

聯合國政府間氣候變遷專門委員會於二〇一八年提出，全球二氧化碳排放量需在二〇五〇年前歸零，才能避免地球升溫突破攝氏一・五度，減少海平面升高的幅度，保護人類及生物的生活環境。為達成目標，委員會提出三個面向的減碳建議：營養來源、移動方式、居住環境的生活型態轉變，期盼各國民眾都能從日常生活中降低碳排放。

SDG 13.2 將氣候變遷的應對措施納入國家政策、策略及規畫中

欲使我們的居住環境提升對氣候變遷與自然災害的復原力與適應力，將改善氣候問題的應對措施納入國家政策及規畫相當關鍵。

政策諮詢公司「能源創新」(Energy Innovation)執行長Hal Harvey發現，許多執政者需要一本指引手冊，告

訴他們如何制定精準到位、設計完善的氣候政策，因此他出版了《設計氣候解方：低碳能源政策指南》（*Designing Climate Solutions: A Policy Guide for Low-Carbon Energy*）一書，協助執政者了解該如何達成改善氣候變遷的願景。

SDG 13.3 建立應對氣候變遷的知識和能力

改善氣候變遷對生活的衝擊，不只是政府的責任，每一個地球公民也應從建立認知、採取行動做起，培養足以應對的適應力及預警能力。

一款名為Joro的app，能幫助人們認識與管理自己的碳足跡，它會透過詢問簡單的問題及綁定信用卡的方式，估算使用者的生活及消費模式所產生的碳排放，並提供個人減碳計畫與相關資訊，讓每個人都能成為改善氣候問題的一分子。

台灣也有許多青年祭出創新解方，舉凡提供環保杯租賃服務的青瓢、致力推動共享機車服務的WeMo等，皆呼籲大眾以個人行動實踐減碳，保護環境。

你可以這樣做——
檢視個人生活與消費習慣，即刻改採更永續的做法

我們都了解氣候變遷如何破壞環境，也知道是時候該做點什麼好改善問題，現在就讓我們一起檢視自己的生活與消費習慣，思考有沒有更友善環境的方式，並付諸行動：

- 減少使用一次性塑膠，例如自備環保餐具購買外食。
- 減少食物的碳足跡，例如多吃蔬果少吃肉品、不浪費食物。
- 降低交通產生的碳排放，例如以搭乘大眾運輸工具、租賃共享電動車或腳踏車，取代自駕燃油汽機車。
- 減少廢棄物的產生，例如擦手、清潔物品時，以手帕取代衛生紙。
- 支持友善社會與環境的店家，例如選購在地、有機的蔬果。
- 主動參與環保公益活動，例如參與公司或社區舉辦的淨灘、淨山活動，為地球的健康盡一份心力。

●荷蘭—水患管理

順應「自然防洪」

荷蘭把土地還給大自然，打造不怕水淹的城市

由於地理位置的特殊性，荷蘭長時間面對嚴重的水患威脅。但他們選擇不與自然為敵，而是透過「與水共存」的方式，打造具備韌性的城市。

荷蘭大部分領土是河流沖積而成的廣大三角洲所構成，全國約四分之一的土地低於海平面，面對極端氣候首當其衝。過去上演與水爭地也與水對抗的歷史情節，而今改用行動證明，水患問題可以是一個讓國家與城市更有韌性的契機。

根據二〇〇六年KNMI荷蘭氣候模式研究報告（KNMI Climate Change Scenarios 2006 for the Netherlands）預估，至二一〇〇年，全球暖化及地層下陷將導致荷蘭地區的海平面上升高達二・五至五公尺，沿岸城市的水患威脅將升高至十倍以上。二十世紀以來，荷蘭三角洲城市的淹水潛勢區已增加了六倍，而根據二〇一〇年的統計，荷蘭約有二十三%的堤防不足以應付洪水暴漲時的水位[1]。

「與水爭地」創造了繁榮與後患

在歷史上，與水爭地的荷蘭，隨著築堤與排水技術的進步，主要城市從不易受洪災侵襲的沿岸高地（如：奈梅亨），轉移至海岸與河口三角洲這些原本不利於居住卻極具經濟潛力的區域（如：鹿特丹）。

1 總長約三千五百公里的堤防中，有八百公里在洪水暴漲時是低於水位的。（來源：Wikivisually）

一九三三年完工的荷蘭南海大堤「亞斯浪大堤」（Afsluitdijk）是當時最具象徵的標的物，其所封閉的南海環形城市區域，提供了廣達一千六百五十平方公里現代農業發展所需的土地，約占荷蘭國土的四%，成功地將農業、經濟與城市規劃集於一體，成為當時世界上的典範。

然而，大堤的防洪保護卻不若想像中有保障。一九五三年，北海大潮結合因融雪而暴漲的河水，摧毀了南荷蘭區域的堤防，近二千人不幸喪生；一九九三、一九九五年在馬士河發生的兩次嚴重水患，造成沿岸逾二十五萬居民被迫緊急疏散。

一九九〇年代的水患如暮鼓晨鐘，讓荷蘭人深入檢視原本築堤防洪的觀念，驚覺原本以為先進的水利工程，其實是對土地及河川的不當人為使用，甚至有可能是加重、引發「天然」災害的元兇之一。誠如現任教於臺北大學都市計劃研究所的廖桂賢教授於〈改變中的水患管理哲學——向歐洲學習〉一文中所指出：「堤防、攔河堰、水壩、水泥護岸等防洪工程的發展僅建立在單純的科學計算考量，在水災成因越來越複雜、越來越不『天然』的今天，已經無法達到工程師所算計的安全保障。」

此外，水利工程對水域環境、生態的破壞早已成為跨

與水共存的荷蘭打造不怕水淹的城市。來源：Rotterdam Climate Initiative

國議題，不但終止了河口潮汐的變動，使水域的水質惡化，並且徹底改變了潮間帶的生態環境，甚至阻斷了鮭魚迴游的路線。

與水共存從「還地於河」開始

面對已然失靈的傳統治水策略，荷蘭人開始轉換思維，從「對抗」水災轉變為「與水共存」（Working Together with Water），將洪水視為能與人共存的「自然變動」，並恢復河川原本就具有的蓄洪能力來減輕災難。這種新型態的「自然防洪」（Natural Flood Defense）[2] 思維，改變了荷蘭所有的水利計畫，更帶動全世界朝新的水患管理方向前進。

自二〇〇八年開始，荷蘭中央層級的三角洲委員會（Delta Commission）開始於萊茵河流域執行「還地於河」（Room for the River）計畫，將堤防往後遷移，把原先布滿農田與住宅的洪泛平原還給河流，回復平原原有的蓄洪功能。整個計畫完成後，將在萊茵河沿岸超過三十個區段創造更多的行水空間，能容受更多水量。

「還地於河」也還原了河岸的自然生態，讓土壤與植物取代住宅和農田，同時復育多樣物種並淨化水質。此外，也將減少地表人為活動對地層造成的壓力，恢復下游地區地下水的挹注，以減緩地層下陷。

鹿特丹與洪水共享空間

「還地於河」主要實行於郊區的中上游河段，但對於地勢低窪、人口密集、寸土寸金的河口三角洲都會區，如鹿特丹，顯然不適用相同的策略。

「不論是經濟上或環境上，鹿特丹皆位處於全荷蘭最脆弱的地方。當海水倒灌或河水暴漲，我們只能撤離十五%的民眾，因此撤離不在選項之內。我們沒得選，只能學習如何與水共存。」鹿特丹的市長Ahmed Aboutaleb表示。

鹿特丹市區沒有條件和多餘空間吸收更極端的降水，因此它的水利計畫勢必要善用既有空間來容納更多的水，策略是打造複合式、多功能的「水空間」，如水廣場（Water Square）、擁有蓄水功能的博物館公園（Museumpark）地下停車場等，在都市中保留淹水的空間，以提高城市的洪水承載力與適應性。

由荷蘭景觀建築事務所De Urbanisten設計，於二〇一三年完工的「倍恩特姆廣場」（Waterplein Benthemplein），就是全世界第一個將都市空間結合防洪系統的水廣場。廣場由三個大小不一的水盆組成，蓄水總量可達一百七十萬公升（相當於八千五百個浴缸的容量）。晴天時是鹿特丹居民休閒的遊憩場，雨天就成為都市的滯洪池，能暫時儲存雨水，不立即排入下水道系統，以降低排水系統過載和都市水患的可能性。

水廣場是兼顧氣候變遷、水資源管理與都市規劃的經典設計，其成功經驗成為各國爭相學習的案例，並獲得二〇一三年荷蘭國家水資源創意獎及二〇一四年國際綠色科技特別獎。

至於鹿特丹與海比鄰的港口地區，面臨的是隨時可能被不斷上升的海平面淹沒。因此，鹿特丹計畫在二〇四〇年以前建設漂浮市區，將包含一萬三千戶「氣候不侵」[3]的屋子，其中一千二百戶將建在水面上。

2 相對於過去人為治水、工程防洪的觀念，「自然防洪」是藉由復育河川水文、地形、生態的方式來提高洪水平原的蓄洪量以及河道的排水量，以將低洪水氾濫的風險。此外，保護河川免於被水泥化或被工程整治而喪失其珍貴的自然功能，也是自然防洪的主要工作之一。（來源：前述廖桂賢教授專文）

3 氣候不侵（Climate Proof）是指一個（城市）系統能在氣候變化下，阻擋和吸收因氣候變遷所帶來的相關壓力與變動，以持續正常運作。（來源：台大開放式課程）

案例小檔案

組織：荷蘭

問題與使命：

- 還地於河：把土地還給河流，讓它能保有原本的蓄洪功能，改善水患問題。
- 與水共存：打造與洪水共存的都市，改善淹水問題。

可持續模式：

- 還地於河：將堤防往後遷移，把原先布滿農田與住宅的洪泛平原還給河流，回復洪泛平原原有的蓄洪功能。
- 與水共存：建造城市中複合式、多功能的「水空間」，提高城市的洪水承載力與適應性。

具體影響力：

- 還地於河：恢復了萊茵河的蓄洪功能，也還原了河岸的自然生態；此外，也恢復下游地區地下水的挹注，以減緩地層下陷。
- 與水共存：獲得2013年荷蘭國家水資源創意獎及2014年國際綠色科技特別獎。

#SDG 13

「很大一部分的荷蘭是在堤防之外的，除非建物能漂浮，否則那些地方不可能發展。」鹿特丹漂浮展亭（Drijvend Paviljoen Rotterdam）設計的總工程師Hans Baggerman表示。

漂浮建築是荷蘭人打造永續港口城市的解方之一，既不需要整地、開挖與打地基，更不填海造陸、破壞生態，可以保留原始的水岸環境，建物也能適應不斷上升的水位，隨之漂浮移動，不因環境變動而受到侵襲。

（上）市區的水廣場結合休閒及防洪等複合式功能。來源：De Urbanisten官網（下）使用太陽能發電的鹿特丹漂浮展亭能適應水位變動。來源：Rotterdam Drijvend Paviljoen官網

截至二〇一七年，荷蘭已經有數十個水上社區，其中IJburg住宅區是當時世界上最大的漂浮住宅區，後來更有荷蘭新創打造漂浮農場、漂浮樹林等，帶動了漂浮建築的新商機。

「與水共存」是荷蘭全民的生活方式

為了做到全民「與水共存」，荷蘭政府持續強化社會大眾的韌性意識和實際參與，潛移默化為生活的一部分。

例如，北極融冰狀況、氣候變遷等議題，總是出現在當地報紙頭版；荷蘭政府更提供一套免費app，讓居民可以透過GPS定位，隨時了解自己位於海平面以下幾公尺；也規定小學生必須在畢業前學會穿著鞋子與衣服游泳。此外，不斷向民眾宣導移除庭院中不透水的水泥地磚、推行屋頂綠化運動等，讓城市中有更多土壤與綠地能發揮海綿功能。

如同廖桂賢教授所強調的，「韌性城市不是『不淹水』，而是『不怕水淹』」，荷蘭一路從抗洪到與洪水共存，正邁向高韌性且更永續的家園。

●美國｜Joro

你的「減碳小祕書」已上線！

這款app為你估算日常碳排，個人減碳更簡單

一款名為Joro的app，能根據使用者的生活模式及消費習慣，估算每日的碳排放，並給予個別化的建議，讓個人減碳更簡單。

你知道自己的生活與消費習慣，會製造多少二氧化碳嗎？現在，只要下載這個手機app，就能立即掌握自己的碳排量！

它是Joro，能幫助人們認識與管理自己的碳足跡。Joro透過詢問使用者問題來了解每個人的日常生活，舉凡吃肉的頻率、住家的大小、搭飛機的次數等。當使用者將此app綁定信用卡或金融卡，還可以估算每筆消費的碳足跡，獲得最即時的數據。

Joro會根據使用者的生活習慣與日常消費，給予減少碳排量的具體做法。舉例來說，它會建議常常吃肉者嘗試吃素一週；又或是建議常搭飛機出國的使用者進行碳補償（carbon offset），提供相對應的資金給致力減碳的組織，彌補坐飛機產生的碳排。

不僅如此，Joro也能透過分析使用者的消費狀況，給予回饋。「使用者外出刷卡採購，我們也許可以看見他在連鎖超市Whole Foods花費一百元美金，或是從使用者消費習性調查上知道他一週吃了三次紅肉、四次白肉，且多次食用乳製品等。」Joro創辦人Sanchali Pal表示：「透過這些資訊和消費數據，我們可以估算他們的碳足跡，其中也包括該類型商品每一美元碳濃度的數據。」

除了給予簡短的提示與回饋外，Joro也會推薦相關課程或文章，幫助使用者了解如何發揮最佳減碳效益。使用

者還能串聯自己的親友，分享彼此的減碳心得。

每個微小行動都在解決氣候問題

氣候問題非常龐大，但Pal認為，每一個人其實都能透過自己的行動，為改變盡一份心力。二〇一二年Pal大學畢業後，曾短暫打造一個自用型簡易計算器。「當時我搜羅了許多現存的工具，卻發現它們難以支持我發起減碳行動。因此我自己創建一個計算器，讓我可以了解減少吃肉、每週多走路通勤會帶來什麼改變。最後，我發現只要調整微小的生活習慣，就可以順利減少十%到三十%的碳足跡，這是相對可行的做法。」

幾年後，聯合國發布一份氣候報告書，強調碳排量需要快速下降：二〇三〇年前要減少至少一半，二十一世紀中期則需降低到零。Pal意識到減碳的急迫性，決心要設計一個人人都能輕易上手的工具，便利個人日常減碳，Joro就這麼誕生了。

目前，世界上也有其他精神相似的組織，正致力為氣候變遷盡心盡力。比如瑞典信用卡Do Black，只要使用者當年度的碳預算達標，Do Black就會自動中斷他們的消費；具有社會意識的美國銀行Aspiration，則會依據消費者

使用者能透過Joro掌握自己消費與生活的碳排量。來源：Joro官網

購物店家的商業行為，向他們顯示可能帶來的影響。

Joro於二〇二〇年底宣布，獲得紅杉資本（Sequoia Capital）領投的二百五十萬美元（約台幣七千二百五十萬元）種子輪投資，這是一家擁有超過四十億美元的跨國風險投資公司，曾領投Apple、Google、Pinkoi等多家知名企業。而Joro最早期的使用者也表示，他們藉由這個app已減少約十%的碳足跡。「若是大家都能有這樣的成果，就相當於減少全球一半的燃油汽車。」Pal表示。

「我們相信，當有越來越多人開始調整他們的生活習慣、減少碳排量後，企業和政府都會紛紛改變做法，回應每一位公民和消費者的期待。」Pal信誓旦旦地說。

案例小檔案

組織：Joro

網站：https://www.joro.app

問題與使命：讓使用者能透過Joro app掌握自己消費與生活的碳排量，進而降低每天的碳排放。

可持續模式：透過企業的投資，持續經營。

具體影響力：

- 2021年，Joro協助使用者減少21%的碳排放。
- 2021年，Joro使用者平均減少3300美元（約台幣9萬5千元）的花費。

#SDG 13

Joro提供使用者串聯服務方便彼此分享減碳成果。來源：Joro官網

SDG 14 水下生命

維護水下生命，掌握永續海洋的關鍵目標

在人類過度使用海洋資源的情況下，海洋正面臨污染嚴重、魚群過度捕撈的危機。聯合國永續發展目標第十四項為「水下生命」（SDG 14 Life below Water），呼籲全球永續利用海洋生態系，並確保生物多樣性。

SDG 14.1 降低海洋污染

全球有超過三十億人以海洋維生，且有約八十%的商品貿易是通過海洋進行的。如今在人類過度使用海洋資源的情況下，海洋正面臨嚴重的污染。

為改善此問題，聯合國希望各國能在二〇五〇年前，預防並減少各種形式的海洋污染，尤其降低人類進行陸上活動時所帶來的污染，其中包括海洋廢棄物以及營養物質污染。

一次性塑膠垃圾，是最常見的海洋廢棄物之一。全球每年約有四百萬至一千多萬公噸的塑膠垃圾流進海洋。為

SDG 14呼籲永續利用海洋生態系並確保生物多樣性。
來源：Francesco Ungaro on Pexels

了減少更多塑膠的生產，並盡可能降低流入海洋的塑膠垃圾，美國科技支付公司CPI Card Group將回收的海廢再製成信用卡Second Wave，預計每一百萬張Second Wave問世，將有超過一公噸的塑膠垃圾免於流向海洋。

SDG 14.2 保護和復原海洋生態系統

為了維護海洋生態系統，聯合國呼籲各國改以永續管理的方式保護海洋及海岸生態，以避免其遭到破壞。舉例來說，人們可以加強海洋和海岸生態的災後復原力，並積極採取復原行動，讓海洋能維持健康且具生產力的狀態。

澳洲的Tangalooma（天閣露瑪）度假村，過去曾是南半球最大的捕鯨站，曾在短短十年間使座頭鯨從一萬五千隻銳減至五百隻。現在，Tangalooma度假村謹記過去生態浩劫的教訓，致力發展海洋保育行動，並取得生態旅遊標章，現已成為澳洲昆士蘭省最大的賞鯨勝地之一，每年可目視到超過一千二百隻鯨魚。

SDG 14.3 改善海洋酸化影響

人類過度排放二氧化碳，不但導致全球暖化，還會引發海洋酸化的問題。當海洋吸收大氣中的二氧化碳，使海中的pH值降低，便會影響海洋生態的發展。

根據聯合國最新發布的報告預測，在二一〇〇年前，海洋酸度將增加一百%至一百五十%，屆時可能影響一半的水下生命。為此，聯合國希望各國能攜手改善海洋酸化問題，以及其帶來的負面影響。

其實，人類在進行水下活動時所擦的防曬乳或化妝品，也是造成海洋酸化問題之一。該如何守護海洋生態，同時又能享受豐富的海底世界？B型企業台灣潛水祭出「友善珊瑚公告」，明定不歡迎擦有害珊瑚礁的防曬乳及化妝品的遊客下海潛水，呼籲大家以「物理性防曬」為先，自備遮陽帽、水母衣等。從小小的行動做起，便能對海洋生態產生大大的改變。

SDG 14.4 落實永續漁業

據聯合國發布的報告顯示，維持生物永續標準的魚群種類比例逐年下降，許多魚群正面臨瀕臨絕種的危機。

為了改善問題，聯合國呼籲於二〇二〇年前，各國應有效控管魚群的捕撈量，並禁止過度捕撈、非法、未經報告、不受規範（Illegal, unreported and unregulated, IUU）、毀滅性的捕魚行為，希望能在最短的時間內，將魚量恢復到可達其生物永續發展的數量。根據聯合國二〇二二年近況說明，在打擊IUU執行程度上，各國取得良好的總體進展，全球綜合指標從三分上升到四分（滿分為五分）。

SDG 14.5 保護至少十%的海岸及海洋區

為了有效維護海洋生態，聯合國依照國家與國際法規，及可取得的最佳科學資訊，呼籲各國應設立海洋保護區，保護至少十%的沿海水域及海洋，全面禁止捕撈、深海採礦等行為。

SDG 14.6 終止促使過度捕撈魚群的補助

為了避免魚群面臨瀕臨絕種的危機，此細項目標明定各國禁止一切可能造成過度捕撈、IUU捕撈問題的補助。而針對開發中國家或開發程度相對低的國家，聯合國則希望採取適當且有效的特別與差別待遇，並將這些規範納入世界貿易組織的《漁撈補助協定》（Negotiations on fisheries subsidies）中。

SDG 14.7 提高永續利用海洋資源的經濟效益

為了鼓勵小型島嶼開發中國家（如馬爾地夫）及最低度開發國家永續利用海洋資源，聯合國訂定在二〇三〇年前，提高這些國家永續利用海洋資源的經濟效益，其中包括永續管理漁撈業、水產養殖業與觀光業。

你可以這樣做——
從飲食到生活，用行動守護海洋

吃永續、清海灘、低污染、減垃圾，讓我們從這四大面向著手，保護水下生命得以生生不息。

吃永續：
- 選擇當季「大眾臉」的魚：常見魚種大多為洄游性魚類，在一定的季節會洄游至台灣周邊海域，如俗稱透抽、小卷或中卷的鎖管、眼眶魚等。
- 選擇體色銀白的魚：一般大洋洄游或泥沙棲性，體色屬於銀白或灰色的魚類，種類少但數量多，食用這些魚類對整體族群的數量影響相對較低；而體色鮮艷的魚種，多定棲於岩礁或珊瑚礁，種類多但數量少，且可能對健康有害，如野生石斑、野生龍蝦、紅皮刀等。
- 選擇食物鏈底端的魚：食物鏈底層的魚種大多成長速度快、數量相對較多，食用起來對海洋資源的影響較小，如海藻、文蛤、台灣蜆、牡蠣、九孔、鮑魚等。
- 盡量不要吃小魚：小魚苗被人類捕完、吃完，中型、大型魚種的食物來源不見，魚來不及長大進行繁衍，未來人類想要吃到海裡的野生漁獲也將越來越不容易。

清海灘：淨灘前，完善裝備；淨灘中，正確分類；淨灘後，落實減量。

低污染：進行水下活動前，避免使用有害海洋生態的防曬乳，以物理性防曬取代化學性防曬；進行水下活動時，盡可能不擦防曬乳、不化妝。

減垃圾：在生活中落實垃圾減量，有助於降低更多垃圾流入海洋的機會，例如自備購物袋、減少塑膠垃圾、選購二手衣等。

（左）降低海洋污染是永續海洋的當務之急。來源：Brian Yurasits on Unsplash（右）落實永續漁業才能減緩魚群瀕臨絕種的危機。來源：Hiroko Yoshii on Unsplash

● 澳洲｜Tangalooma度假村

生態旅遊正夯！

南半球最大捕鯨站，現成海洋保育推手

以觀賞自然景觀與野生鯨豚著名的澳洲Tangalooma度假村，過去曾是南半球最大的捕鯨站，這股從耗盡自然資源、到追求永續發展的生態旅遊熱潮，不僅在澳洲蓬勃發展，更是全世界重視的議題。

位於澳洲布里斯本不遠的一處島嶼——摩頓島（Moreton Island），島上有一處以自然景觀與野生鯨豚著名的Tangalooma度假村。很難想像，這座獲得無數生態旅遊認證的美麗度假村，在一九五〇年代卻是南半球最大的捕鯨站，更在短短十年間，使座頭鯨數量從一萬五千隻銳減至五百隻。

隨著一九六二年捕鯨站關閉，土地經歷多方交易轉手後，如今度假村的經營者謹記過去生態浩劫的教訓，致力發展海洋保育行動。目前Tangalooma度假村已是澳洲昆士蘭省最大的賞鯨勝地之一，一年間可目視到超過一千二百隻鯨魚。

這股從耗盡自然資源、到追求永續發展的生態旅遊熱潮，不僅在澳洲蓬勃發展，更是全世界重視的議題。

據國際永續旅遊組織龍頭「全球永續旅遊委員會」（GSTC）提出的永續旅遊架構，分為四大面向：永續管理、社會與經濟利益、環境與文化保護，而生態旅遊則特別重視當中的環境面向。根據行政院永續發展委員會於二〇〇三年提出的「生態旅遊白皮書」，生態旅遊為在自然環境中進行的旅遊活動，需強調生態保育觀念，並以永續發展為最終目標。

因此，生態旅遊與永續旅遊，兩者可說是息息相關、互為因果。聯合國便將二〇〇二年、二〇一七年相繼訂為國際生態旅遊年與國際永續旅遊年，顯現全球近年來持續重視負責任的旅遊態度，盼望最大程度降低人為觀光活動對生態資源的破壞。

四大關鍵角色推進澳洲生態旅遊

擁有豐富天然景觀資源的澳洲，更早在一九九一年便成立「印度洋—太平洋區域生態旅遊協會」（Ecotourism Association of the Indo Pacific Region），為現今澳洲生態旅

案例小檔案

組織：Tangalooma度假村

網站：https://www.tangalooma.com

問題與使命：追求永續發展的生態旅遊，避免面臨耗盡自然資源的生態浩劫。

可持續模式：使消費者確保遊程具有生態旅遊意識，並致力發展海洋保育行動。

具體影響力：

- 獲得進階生態旅遊標章。
- Tangalooma度假村已是澳洲昆士蘭省最大的賞鯨勝地之一，一年間可目視到超過1200隻鯨魚。

#SDG 14

追求永續發展的生態旅遊已是全世界重視的議題。來源：Gustavo Zambelli on Unsplash

遊協會（Ecotourism Australia，以下簡稱EA）的前身。

EA為澳洲主力推動生態旅遊的非營利組織（NPO），並致力發展「生態旅遊標章」認證。透過標章建立的旅遊業者審核機制，不僅使消費者得以確保自身選擇的遊程具有生態旅遊意識，更能協助政府管轄的國家公園，有效率地管理旅遊業者進入園區的權利，達到公私部門雙贏的局面，是澳洲得以規模化、制度化發展生態旅遊的關鍵。

具體而言，澳洲發展生態旅遊的背後，主要有四大關鍵角色：旅遊業者、消費者、政府與如EA等發放生態旅遊標章的NPO。

其中，NPO與政府為夥伴關係——由NPO擔任資格審核角色，協助國家公園維護進入園區的業者品質。若業者獲得生態旅遊標章，政府將給予許多政策上的優待，例如，業者於國家公園內的營運許可期限可從兩年延長至二十年、在有限制遊客總量的地區，將優先開放具備標章業者進入等措施。

NPO與業者為審核及輔導關係——除了上述所說的標章審查服務外，NPO更會面向業者開設輔導課程，使其更了解生態旅遊的實踐方法，像是如何在遊程中提供消費者生態相關知識、如何確保營運模式為友善環境的方式等項

前身為捕鯨站的Tangalooma度假村現以觀賞自然景觀與野生鯨豚著名。來源：Tangalooma Island Resort官網

目。

此外，為避免由NPO同時擔任審核與輔導角色，有「球員兼裁判」的嫌疑，業者向NPO提出標章審核申請後，NPO會再將審核案外包給獨立於組織之外、有專業生態背景的審查委員。

業者與消費者則為生態老師與學生關係——身為第一線接觸消費者的旅遊業者，做為生態老師的角色至關重要，需帶領旅客以尊重自然、文化的方式進行旅遊，並將永續理念傳遞給旅客。

「生態旅遊標章」確保觀光與保育的平衡

由EA制定的生態旅遊標章計畫中，又可依消極至積極程度，再細分為三種不同等級的標章：自然旅遊（Nature Tourism）、生態旅遊（Ecotourism）與進階生態旅遊（Advanced Ecotourism）。

在可獲取「自然旅遊」標章的階段，業者僅需做到對環境無負面影響，例如在海上不隨手丟棄垃圾；而在可獲取「生態旅遊」標章的階段，業者除了需將對環境的負面影響降至最低，還需提供遊客認識當地環境生態的導覽；而在可獲取「進階生態旅遊」標章的階段，業者則需主動保護環境，並且可幫助當地社區。

舉例來說，在獲得進階生態旅遊標章的Tangalooma度假村，頗受歡迎的餵食野生海豚遊程，就規定遊客僅能餵食海豚食量的十%，以免干擾其野生求生本性；此外，度假村中設有海洋教育中心，中心內的海洋生物學家會於每天海豚靠岸期間，監測牠們的健康狀況，並進行海豚復育，使海豚群體的整體存活率得以增加。

目前，澳洲已有逾五百家旅遊業者獲得生態旅遊標章。透過NPO、政府、旅遊業者及消費者四者之間相輔相成的互動關係，澳洲的生態旅遊得以取得自然保育與觀光開發之間的平衡，使山川與海洋的秀麗得以世代留存。

Tangalooma度假村的餵食野生海豚遊程力求不干擾其野生本性。來源：Tangalooma Island Resort官網

● 荷蘭｜The Ocean Cleanup

我們抓到塑膠了！

史上最大海廢清淨行動，「海洋吸塵器」成功捕捉太平洋垃圾

一度不被看好的「海洋吸塵器」，於二〇一九年六月從溫哥華啟航，歷經四個月後，成功攔截、帶回漂浮在海上的塑膠垃圾，證明「海洋清淨行動」願景的可行性。

二〇一三年，十八歲的荷蘭青年Boyan Slat正式發起了「海洋清淨行動」（The Ocean Cleanup）。他與團隊歷經數年規劃與修正，設計出長六百公尺的C形漂浮圍欄「海洋吸塵器」，目標是清除五十％的太平洋垃圾帶。

二〇一八年九月，海洋吸塵器正式啟航，然而，十月時，已經攔截的垃圾卻開始漂離，該設施更於十二月出現局部斷裂情形，團隊只得將其拖回維修，清淨行動暫告停擺。

二〇一九年六月，海洋吸塵器再度從溫哥華啟航，歷經四個月後，終於成功攔截、帶回漂浮在海上的垃圾。

Slat在推特上張貼了一張海洋吸塵器攔截海廢的照片，並寫道：「我們的海洋清淨系統終於抓到塑膠了！有

案例小檔案

組織： The Ocean Cleanup

網站： https://theoceancleanup.com

問題與使命： 設計海洋吸塵器，減少在海洋中漂流的垃圾。

可持續模式： 以非營利組織型態經營，開放大眾捐款、企業合作，亦販售商品，將所得用於清除海洋塑膠的計畫。

具體影響力：

- 累計清除超過127萬公斤的海洋垃圾。
- 預計在2040年清除9成漂浮在太平洋垃圾帶的塑膠廢棄物。

#SDG 14

一公噸重的漁網，還有微塑膠碎片，奇怪，有人掉了一個輪胎嗎？」

Slat張貼的照片呈現了海洋垃圾的一部分樣態。根據估計，每年有六十萬到八十萬公噸的漁網掉入海中，還有八百萬公噸的塑膠垃圾從沙灘流向海洋。

洋流將大部分垃圾帶到夏威夷和加州之間的海洋區域，並因為環流的作用，形成一百九十二萬平方公里、相當於五十三個台灣大小的太平洋垃圾帶，在這邊，有世界上最多的海洋塑膠垃圾。

從挫敗中持續提升系統配套

海洋清淨行動的願景，是用海洋吸塵器移除垃圾帶的大部分廢棄物。海洋吸塵器的運作方式是，由風和海浪驅動的C形圍欄，一邊漂浮一邊捕捉海上的垃圾。漂浮圍欄下方設置深達海面下三公尺的擋板，可用來攔截約一．八噸的塑膠，同時讓海洋生物得以通行，而不影響牠們的生活。

自Slat設計出海洋吸塵器後，就持續地改良。經歷二〇一八年沒有捕捉任何垃圾的挫敗後，Slat和團隊替設施新添一個形狀如降落傘的船錨，將其綁在C形漂浮圍欄的兩端，目的是要讓此設施的行進速度放慢，避免吸塵器移動過快，導致捕捉到的塑膠垃圾落後、離開圍欄範圍。

海洋吸塵器可以攔截到漁網、大型塑膠垃圾、甚至微塑膠。來源：Boyan Slat Twitter

該裝置還配有感應器，能將所在位置透過衛星發送給收垃圾的漁船，讓船隻每過幾個月去將捕捉到的垃圾帶回陸地。

Slat在記者會上曾提到，使用漁船收海上垃圾的做法所費不貲，這是團隊目前亟欲解決的問題。當前的計畫是擴張吸塵器的規模，並提升裝置的耐用性，將海洋垃圾捕捉期延長到一年以上，如此一來漁船就不用頻繁地去收垃圾。

Slat表示，把這些垃圾再製成產品，將是一個有前景的市場機會，「我相信在幾年後，我們將會擁有一個更完整的船隊，得以用蒐集而來的塑膠垃圾支應海洋清理行動的成本。」

最後，Slat信心滿滿地說：「我們從二〇一三年開始執行和測試這個計畫，現在我們有這個自給自足、自然能源驅動的系統，並且開始成功地捕捉到塑膠，這顯示出我們的願景是可行的，我們有信心能繼續執行這個計畫。」

SDG 15 陸域生命

永續利用，讓陸域生命生生不息

聯合國永續發展目標第十五項為「陸域生命」（SDG 15 Life On Land），邀請全球永續利用陸域生態系，恢復退化的土地及森林，並確保生物多樣性。

SDG 15.1 永續利用陸地和淡水生態系

根據聯合國統計，二十年來，全球森林面積佔總土地面積下降〇·七%，相當於損失近一公頃的森林；不過，各國正竭力終止生物多樣性的喪失，二〇二〇年，全球物種及其棲息地最豐富的關鍵生物多樣性區域（Key Biodiversity Area），包括陸地、淡水和山林等，相較過往，已平均增加十四%被納入保護區，禁止人類破壞。

為了提高森林面積、維護淡水生態系統，聯合國呼籲各國保護及永續利用森林、沼澤、山脈、旱地，及其相關服務。在歐洲，便流行於都市中種植面積小但密度高的迷你森林，它的生長速度是傳統森林的十倍、生物多樣性是傳統森林的一百倍。

SDG 15.2 終止森林伐木，並恢復退化森林

由於人們不斷擴張農耕地，導致林木快速減少，每一年至少會有一千萬公頃的森林遭到破壞。為此，聯合國希望各國能落實永續森林管理（Sustainable forest management），確保經營者在以林木獲取利潤時，能不犧牲森林資源、生態系統或影響社區。

擁有「地球之肺」稱號的亞馬遜森林，其自然保護區

緊鄰開墾區，因此常有保護區的樹木遭到砍伐。為此，創意公司AKQA推出程式碼「Code of Conscience」，只要它追蹤到伐木者進入自然保護區，便會自動停止砍伐機運轉，讓樹木不受破壞。

SDG 15.3

防止沙漠化問題，並恢復退化土地

據全球規模最大的環保基金「全球環境基金」指出，全球有四分之一的土地正在退化中，若情況越來越嚴重，屆時人們可能無法再透過土地取得充足的糧食、乾淨的水源及清新的空氣，因此，防止沙漠化現象、恢復退化的土地，包括受乾旱與洪水影響的地區，是各國政府共同面對的關鍵問題。

身為農業大國之一的印尼，欲恢復一千四百萬公頃的退化土地，他們在一種名為「水黃皮」的植物中發現機會。水黃皮可適應乾旱與潮濕的土地，若將它種植在退化土地上，其固氮的功用，有助於提高土地質量。

SDG 15呼籲將生態系統與生物多樣性價值納入國家及地方發展規畫。來源：Linda Ferns on Unsplash

SDG 15.4 保護山區生態系統，並維護其生物多樣性

截至二〇二〇年，全球仍沒有停止生物多樣性的喪失。為此，聯合國呼籲各國應保護山區林木，並維持生物多樣性，包括規劃保護區、停止非法森林砍伐等行動，並提升其永續發展的能力。

過去幾個世紀以來，人類奪走全球二十億公頃的森林，導致大量土地退化面積。英國新創公司設計一套無人機工具組，具有土地資訊蒐集、育種、土地監測的功能，不但能種樹、改善氣候變遷問題，還能協助提升生物多樣性，復育自然系統。施行無人機種植技術以來，已完成八百六十七萬粒種子的施種，觸及上百公頃的土地。

SDG 15.5 保護及預防瀕危物種滅絕、減少棲地破壞，終止生物多樣性喪失

全世界有越來越多生物正面臨滅絕的危機。根據聯合國統計，目前已有超過三萬種瀕危物種。

為了追蹤每一個瀕危物種個體，微軟攜手致力於對抗物種滅絕的非營利組織Wild Me，協助他們進行開源專

永續利用陸地和淡水生態系統跟人類的未來息息相關。來源：IVN Natuureducatie FB

案Wildbook，了解動物的遷徙習性，並建立稀有生物資料庫，致力保護稀有生物。

SDG 15.6 確保基因資源公平分享，促進適當的使用管道

聯合國呼籲，各國應公平公正地分享、使用生物的基因資源及其產生的利益。

國際半乾旱熱帶研究所建立樹豆的基因資料庫，並選育一批新品種樹豆在許多國家推廣應用，因它營養價值高與耐乾旱的特性，成為亞洲、美洲等發展中國家的重要糧食之一。

SDG 15.7 消除受保護的物種遭盜獵及走私

根據二〇二〇年聯合國毒品和犯罪問題辦公室（UNODC）發布的《全球野生物種犯罪報告》（World Wildlife Crime Report）指出，當野生動物自棲地被偷獵、屠宰和非法販售，不僅造成生物的生存危機，加劇生物多樣性喪失的情形，更影響人類健康。

非法販運的物種，未經任何檢驗等衛生控制，將增加人畜共患病的可能性——意即由從動物傳播到人類的病原體引起的疾病傳播的可能性增加。報告指出，位居野生哺乳動物走私之冠的穿山甲，被確定為冠狀病毒的潛在來源。

該報告指出，在一九九九至二〇一九年間，緝獲了近六千種物種，包括哺乳動物、爬行動物、珊瑚、鳥類和魚類。常見盜獵物種包含紅木、象牙、犀牛角、穿山甲鱗片等。

「在此報告中，有不少壞消息，但也有些好消息。」UNODC研究主任Angela Me在接受路透社採訪時表示，「我們看到象牙與犀牛角的交易量逐步下降，然而，仍有其他物種如穿山甲、紅木、歐洲鰻魚等，非法販運的情況持續發生。」

曾經飽受盜獵者所苦的肯亞，正逐步遏止偷獵行為，他們開發一款手機app「SMART」，讓巡護員可以此追蹤與記錄野生動物的地理位置、狀態及周遭的可疑人物，並協助檢察官拼湊犯罪現場，有效逮捕盜獵者。

SDG 15.8 防止外來入侵種影響生態系統

若是外來入侵種在一處停留下來，便會與當地的原生物種搶奪食物、棲息地等，甚至直接消滅原生種，擾亂原有的生態系統。因此，各國需採取措施以防止引入外來入侵種，大幅降低它們對當地生態系統的影響。

在台灣，一旦發現外來種入侵，動植物防疫檢疫局便會依據「是否危害主要糧食物種、經濟作物」與「是否傷害人類」兩項因素判斷，若是對農作物與人類的危害嚴重，便會由發生地的縣市進行監測與防治。而最重要的仍是做到事前預防，不任意將外來動植物攜帶入境、棄養或放生，降低入侵種進入自然生態的機會。

在美國，已有超過五萬種外來入侵種，造成數萬億美元的經濟損失，而面對外來種議題，美國一名日籍廚師則突發奇想，選擇把外來入侵種入菜，將其變成美味料理，掀起一場另類的飲食潮流，有望降低外來種帶來的環境影響。

SDG 15.9 將生態系統與生物多樣性價值納入國家及地方發展規畫

聯合國建議各國，應整合生態系統與生物多樣性價值，並納入國家與地方規畫及發展進程中。

台灣為了回應此細項目標，除了計劃在二〇三〇年前，將生物多樣性價值，納入專注於記錄自然環境保護的「綠色國民所得帳編製報告」中，也將生物多樣性評核，納入公共建設計畫審查機制，以及中央對地方政府環境領域補助計畫的評核要項，盼能有效達成維護生物多樣性的目標。

為了鼓勵生產者與在地居民友善管理土地，農委會林務局於二〇二一年開始給付「生態薪水」給符合條件者，盼能攜手全民一同愛護自然環境，維護生物多樣性。

你可以這樣做——

改變日常選擇和習慣，守護陸域生命

2020年爆發新冠肺炎疫情，讓人們足不出戶，野生動植物也在干擾減少下獲得喘息，但此舉並非達成SDG 15的根本解方，我們應從日常生活的選擇與習慣做起，守護地球豐沛的陸域生命：

- 減少紙張浪費，並選擇具永續認證的木製品，例如購買具有永續森林管理（FSC）認證的產品。
- 優先選擇友善土地的農產品，不讓土地因為過度利用而退化，例如選購不使用化學農藥的蔬果。
- 不購買違法的野生動物製品，避免瀕危物種絕跡。
- 維護在地環境，給予野外的動植物一個乾淨的棲息地，例如爬山、露營時妥善處理自己製造的垃圾、主動發起或參與淨山活動。
- 支持關注友善土地、生物多樣性議題的組織，讓他們有足夠的資源維護陸域生命，例如擔任志工、捐款給相關團隊。

要保護及預防瀕危物種滅絕必須減少棲地破壞。來源：Wild Me官網

● 美國｜The Nature Conservancy

大自然版 Airbnb！

閒置稻田化為候鳥棲地，讓農耕與保育共享空間

美國非營利組織「大自然保護協會」，與在地農民合作，運用私人土地創造共享空間，以滿足自然的需要，讓農耕與野生動物得以共存。

隨著世界的人口不斷增加，對於土地的需求也越來越高。在寸土寸金的現代社會，要保護瀕臨絕種的生物以及保護森林等自然環境的代價，也就相對提高。

有鑑於此，環保人士想出了一個創新的解方，運用Airbnb「共享經濟」的模式，在大自然中創造出「共享空間」。

在美國，非營利組織大自然保護協會（The Nature Conservancy）是將共享經濟概念帶進環境保育領域的先驅，他們自二〇一四年開始，在加州沙加緬度河谷（Sacramento Valley）與農民合作，將稻田變成候鳥們的暫時性濕地。

美國大自然保護協會成功運用私人土地創造野生動物共享空間。來源：California Rice Commission FB

在淘金熱之前，加州的中央谷地就像一個浴缸，河流充滿了水，通過自然濕地慢慢散開，為遷徙的動物——從海洋往返的鮭魚、從阿拉斯加和阿根廷飛來的鳥類——創造了豐富的食物。但隨著二十世紀農田、水壩、房屋和道路的發展，加州損失了超過九十%的天然濕地，也威脅了野生生物的生存。

在中央谷地的北方地帶——沙加緬度，擁有一片完美平整的稻田，這裡的稻米產量相當高，僅次於產量第一的密西西比河三角洲。該協會造訪此地，採訪第四代農民Josh Sheppard時，Sheppard談起他種植的Calrose壽司米，充滿詩意地說：「在溫暖的夜晚，可以看見植物正從水中生長；隔天早上，稻米紛紛探出水面，完全改變了田地的景觀，令人感到驚豔又滿足。」

而當Sheppard要展示充滿水的稻田時，更像是一場賞鳥導覽，他指出白鷺、蒼鷺、沙丘鶴、麻鷸、朱鷺以及無數的鴨與鵝，遍及整個稻田。「牠們將這些稻田當作替代濕地，」Sheppard解釋：「大部分天然濕地已經被開發殆盡，這些稻田便成為完美的替代品。」

以稻田替代濕地供候鳥棲息

透過政府與非營利組織的贊助，Sheppard和其他農夫們得以增加田中的水量，或是放慢排水的速度，讓沙加緬

案例小檔案

組織：The Nature Conservancy
網站：https://www.nature.org/en-us/
問題與使命：保護瀕臨絕種的生物以及森林等自然環境。
可持續模式：運用私人土地創造共享空間，滿足自然的需要，讓農耕與保育的需求並存。
具體影響力：保護超過1.25億英畝的土地。
#SDG 15

度成為一個棋盤式的「仿造濕地」，如此便能讓候鳥們有更多補給時間。有些鳥類喜歡含水的田地，有些則喜歡在水坑中找蟲子，不同的棲地吸引著各式各樣的鳥類，牠們在此為了接下來的長途飛行補充能量。

其實，儘早釋放田中所有的水，才是讓整個農耕季更有效率且風險較小的做法，Sheppard表示：「讓田裡的水保持久一點，一開始對我們來說是一個有點陌生的概念。」

Sheppard描述他參與一場會議的情況：一群鳥類保育者與水稻種植者聚集在一個有白板的房間，他們談論讓鳥類繁榮的方法，並談及農夫該如何在收成後讓沙加緬度成為適合候鳥休息之處。

「當我們真的了解到這件事情真正的益處時，我們就決定要這樣做。」而且這些環境保護組織會補貼農民勞動力及水費的成本，「為什麼不做？」Sheppard說道。

當設立專門的自然保護區困難重重，這項創新計畫便展現了土地如何實踐雙重責任，運用私人土地創造共享空間以滿足自然需要，讓農耕與保育的需求得以並存。

（上）收成後的沙加緬度稻田變成候鳥的暫時性濕地。來源：California Rice Commission FB
（下）沙加緬度的棋盤式「仿造濕地」讓候鳥有更多補給時間。來源：BirdReturns官網

● 巴西｜AKQA

擋不了人就擋機器！

在伐木機裡安裝「良心」，防止亞馬遜森林遭濫砍

亞馬遜森林的自然保護區緊鄰開墾區，導致保護區的樹木常遭砍伐。為此，創意公司AKQA推出程式碼「Code of Conscience」，只要它追蹤到伐木者進入保護區，便會自動停止砍伐機器運轉，讓樹木不受破壞。

被譽為「地球之肺」的亞馬遜森林支持著地球的基本運作，吸收與儲存二氧化碳，是地球的「碳儲存槽」。

然而，在亞馬遜森林，自然保護區緊鄰開墾區，在執法不夠嚴謹的狀況下，自然保護區的樹木不時遭到砍伐。若能直接停止砍伐機器運轉，避免濫伐受保護的樹木，那該有多方便？

而今，一間創意公司AKQA，推出名為「Code of Conscience」的程式碼（以下稱為「良心之碼」），有望能更有效地阻止伐木者破壞受保護的森林。

「阻止人類破壞地球很難，但我們阻止他們所使用的機器。」AKQA巴西分部的執行創意總監Hugo Veiga表示。當一台安裝良心之碼的工程車進入森林中，若是行經自然保護區，工程車便會自動停止運轉，讓使用者無法進行伐木工作。良心之碼對所在地是否為保護區的判斷，則是來自聯合國世界保護區數據庫中提取的開源資料。

呼籲機械商、伐木業者參與改變

目前開發者在網路上免費分享此程式碼，並歡迎伐木機械製造商透過電子郵件索取。民眾也能透過標註「#CodeofConscience」來向相關單位施壓，一同響應這項

AKQA偕同巴西原住民領袖Metuktire
呼籲在伐木機裡安裝「良心之碼」。
來源：AKQA官網

保護森林的運動。

AKQA團隊亦向全球十大伐木機械製造商寄出「邀請函」，呼籲機械商參與改變。這份邀請函是由永續木材製成的雕刻品，以瀕臨絕種的動物為造型，每一個雕刻品上都放置含有良心之碼的芯片。

一位致力保護熱帶雨林與本土文化的巴西原住民領袖Raoni Metuktire也參與這場改變運動，他呼籲所有領導人與伐木業者了解雨林現況，伐木作業應建立在友善環境與永續發展的原則之上。

Veiga表示，下一步他們將會積極與非營利組織合作，說服政府單位採用這套程式碼，以法律規定伐木業者使用。Veiga盼望良心之碼能成為即時監控工具，避免自然保護區遭到破壞。

他也補充，自然保護區對維持生物多樣性和當地文化相當重要。積極維護自然保護區能帶來經濟和生態的效益，像是減緩全球暖化帶來的環境影響。

目前，AKQA推出第二代的良心之碼，不僅能於陸地使用，也應用在海洋保育。它一樣依據聯合國的自然保護區資料庫，管理監督在海洋保育區的非法漁船。

案例小檔案

組織：AKQA

網站：https://www.akqa.com/news/code-of-conscience/

問題與使命：改善自然保護區的樹木砍伐問題。

可持續模式：推出程式碼「Code of Conscience」，只要追蹤到伐木者進入自然保護區，便會自動停止砍伐機器運轉，讓樹木不受破壞。

具體影響力：

- 免費提供伐木機械製造商這款程式碼，有助降低違法樹木砍伐問題。
- 呼籲民眾標註「#CodeofConscience」向相關單位施壓，響應森林保護運動。

#SDG 15

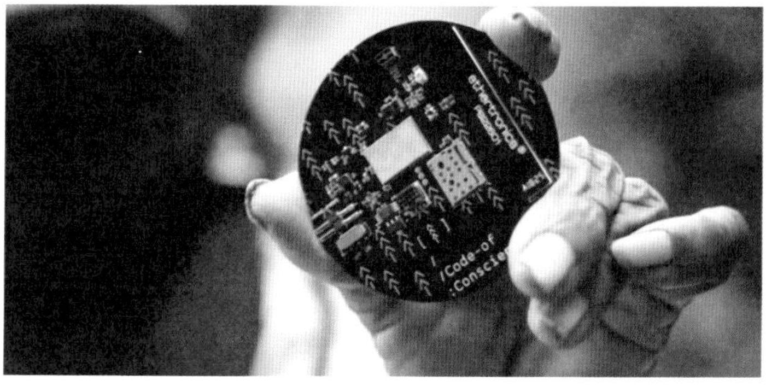

（上）亞馬遜森林自然保護區的林木不時遭到濫伐。來源：Ivars Utināns on Unsplash（下）含有良心之碼的芯片可即時監控進入保護區的非法伐木。來源：Code of Conscience YouTube影片截圖

SDG 16 和平正義與制度

當人權亮起紅燈，落實和平正義迫在眉睫

聯合國永續發展目標第十六項為「和平正義與制度」（SDG 16 Peace, Justice and Strong Institutions），面對全球的人權正義持續亮起紅燈，呼籲一同促進和平正義的社會。

SDG 16.1 大幅減少肢體、精神與性暴力，並降低暴力造成的死亡

政治衝突往往讓人民暴露在暴力風險中。二〇二一年四月，緬甸女性因抗議當地軍事政變，遭到拘留。據BBC報導，抗議的女性全數遭受虐待、迫害，拘留期間至少八人死亡，有四人甚至在審訊中心被活活折磨致死。

聯合國調查發現，新冠疫情也恐加劇女性所受的暴力。疫情期間，每五名女性中，就有兩名回報她們的身心健康惡化；其中遭受肢體、精神暴力，並回報身心出問題的比例，較一般女性多出〇・三倍。聯合國分析，女性現在更難踏出家門，無法取得就業資源、社會救援。

為了減少暴力對婦女的危害，有政府當局借重科技，透過政策推動安全保障。如印度通信和信息技術部就要求，每一支在印度銷售的手機，都應設置「緊急呼救按鈕」、GPS定位功能，讓婦女遭受緊急事件時，可以「一鍵求救」，更快聯繫警政單位到場，降低事件的危害和風險。近年更有多款相關app推陳出新，呼應需求。

SDG 16.2 終結對兒童的暴力和酷刑，包括虐待、剝削、販賣

二〇二一年間，二至十七歲孩童中，每兩名就有一名被施暴，其中高達十二%遭受不同形式的肢體暴力。當今

販賣兒童現象依舊嚴峻，據聯合國統計，截至二〇二一年，人口販運中有高達三分之一都是兒童販賣，大多被賣到礦場、農場、紡織廠、種植園充當廉價的勞力，或被迫從事乞討、甚至毒品買賣等犯罪活動。

經濟穩定的社區，具自力更生能力，較不容易發生人口販運問題。反人口販運的非營利組織Not For Sale因此成立新創Rebbl，從貧困地區進口原物料，製作能量飲，希望穩定貧困地區的財源，緩解兒童販運問題，後也申請成為B型企業。累積至二〇二一年，組織已為近三十萬人提供教育、工作培訓、醫療資源等服務，改善因貧窮而導致的人口販運情形。

SDG 16.3 促進國家、國際法治，保障人人平等的司法資源

二〇二一年在香港，延燒多時的《國安法》納入《基本法》衝突，持續在北京當局與異議人士之間升溫。在《顛覆國家政權罪》的惡法下，中國政府公權力擴張，抓捕為公共議題發聲的個人。聯合國人權事務高級委員會頻頻警告，相關罪名定義模糊、寬泛，籲中國不應任意濫用。

SDG 16呼籲全球促進和平正義的社會。
來源：Life Matters on Pexels

在台灣、歐美等國，都出現營救香港人的行動。包括過去來台北開設的保護傘餐廳，庇護在台港人，提供生活資源、工作機會、海內外訊息等協助，可惜二〇二一年慘遭祝融；另如人道營救單位新黃雀行動，安置流亡港人，或為其他在中國參與民運的人士提供援助。

遺憾的是，即便世界各地的營救行動不斷，港人仍舊不斷遭迫害、打壓，現階段，不願意受中國操控的香港居民，已經流亡向世界各地，還須外界持續關注、提供救援。

SDG 16.4 減少洗錢、非法武器販賣，打擊組織犯罪

二〇二一年中，長年進行全球性調查的國際調查記者同盟（ICIJ），旗下來自一百一十七國、六百多名記者，在深度分析多個來源的文件後，揭密有史以來規模最大的國際弊案「潘朵拉文件」（Pandora Papers）。

文件中顯示，包括多國的政治領袖、家族，透過境外公司等管道，非法輸送、轉移金流。這些非法金流，不但影響數億不止的財政短缺，更易被用於進行其他非法交易，助長組織犯罪及其他犯罪行為，是對公共利益的重大傷害。

終結對兒童的暴力和酷刑需要政府與民間力量通力合作。來源：Rebbl FB

如「巴拿馬文件」等類似調查，多半仰賴自內外流訊息，不過這次「潘朵拉文件」拜金融科技之賜，效率大幅提升，關鍵就在結合數位科技的「開源調查工具」（OSINT）扮演重要角色。OSINT的特色，是匯集公開網域的所有情報資訊，運用大數據、機器學習技術，爬梳出可疑的金融活動，進而大幅提高了揭弊的規模，令「潘朵

拉文件」成為史上挖掘規模最大宗的弊案。

SDG 16.5 大幅減少貪污賄賂

世界經濟論壇統計，全球因貪污賄賂所造成的財政損失高達二．六兆美元，約佔世界生產總值（World GDP）的五%。清廉與透明度不足的政府，易侵害民眾利益，聯合國安理會更強調，官方機構內的貪污賄賂，削弱國家正當性、穩定性，衍生內部分裂危機，動搖人民安危。

世界正義工程（World Justice Project）在二〇二一年的報告中指出，新冠疫情增加了政府「暗度陳倉」的風險。各國當局為了及時調度健康、經濟資源，時常動用緊急命令等措施，包括緊急授權藥物通過、以緊急命令的形式限制人民自由或挪用資源等。這些舉措雖能因應瞬息萬變的疫後時代，卻恐增加有心人士貪贓枉法的空間。

保障外界、公眾社會的監督力道，是避免貪污賄賂和非法行為的方式。尤其在民主社會中，借重群眾力量，為議題發聲、喚起行動和關注，已是常見的做法。如公共政策網路參與平台、群眾募資平台等，都是借重數位科技特性，集結群眾之力，讓公民影響力更強大的示例。

SDG 16.6 提高政府的效率、透明度

政府的效率與透明，是民眾近用公共資源的指標。世界經濟論壇專家指出，隨著數據蒐集的規模擴展，現下最迫在眉睫的問題之一，是政府對於如何蒐集、如何使用民眾的個人數據，給出完整的交代。這些個人資料的正當性、安全性都值得關注。

本於「還權於民」的精神，唐鳳從擔任政委期間就積極推動透明治理。她主張將「開放政府」融入公權力治理的各面向，並善用網路與數位科技，積極揭露官方掌握資訊，縮短政府與民眾的距離。如此既能提升政府信任度，同時也能讓各部門、利害關係人合作串聯更順利。

SDG 16.7 讓官方機構更具包容性，保障少數族群參與、回應民意

政府應當反映出社會的整體價值。因此，組織單位中的成員組成多元性，直接反映決策是否能展現包容性、平等性。二〇二一年的聯合國大會上，八名女性領導人上台致詞，呼籲治理機構對成員多元的重視：公家單位內成員

佔比，都應合乎公平原則。

根據經濟合作暨發展組織（OECD）的調查，二〇一三年數據顯示，在促進多元上，成員國的公部門組成有五十九%是女性，但北歐國家明顯比墨西哥、日本等國高，整體治理在性別上更平等；然而，如果只計算決策職位的性別，女性就只有二十九%。

除了性別的平等以外，OECD也提醒，身障者、年長者、年幼者、少數族群等，都應該反映在成員組成上。如中央政府機關內，年齡小於三十歲者，仍佔少數。「組織構成」也只是第一步而已，如何取得共識，擘劃出具體目標並確實施行，後面恐怕是更長的路。

SDG 16.8 提高開發中國家的全球治理參與度

二〇二一年度聯合國氣候峰會（COP26）第八日議程，特別以巴布紐幾內亞倡議者的詩作揭幕，詩中特別強調，這個位於南太平洋的國度，恐因全球暖化而遭逢「滅頂」命運。「當你們還在談二〇三〇到二〇五〇年是底線，對我們的人民來說，已經再無時間。」諷刺歐美亞大國在決策與全球治理時，無視其他小國的亡國危機，希望政策能更具包容性。

第三世界國家的政治參與，歷經殖民時期、兩次大戰，在國際組織中一直處於弱勢邊緣。但他們近年積極攜手合作、共同發聲，並持續強化自身經濟實力，作為政治實力的基礎。民間組織如德國國際合作機構、亞洲開發銀行等，也透過資源調度、議題倡議方式，提高第三世界國家的治理參與度。

SDG 16.9 為所有人提供合法身分、出生登記

根據民間機構調查，全球至今仍有約十一億人口沒有合法身分，他們無法申請基礎設施資源，不能就學、就業、登記成立公司，也不能置產，生活發生糾紛時，無法受到基本的司法保障，是社會安全網接不住的一群人。

遺憾的是相較二〇一〇年，如今全球難民總數近乎翻倍，並未好轉。二〇二一年，近八百萬人口被迫成為沒有合法身分的難民，其中大宗是孩童。根據世界經濟論壇，來自敘利亞、委內瑞拉、阿富汗、南蘇丹和緬甸等五國的難民，就佔難民總人口六十八%。

目前全球多數難民逃往的國家有土耳其、哥倫比亞、

德國、巴基斯坦和烏干達。二〇二一年，隨著塔利班政權接管阿富汗、香港境內與中國的政治局勢升溫，這些地方持續出現大量流浪海外的人口，如英國就頒布助港計畫，替港人提供政治庇護和居留權。

而專為難民服務的平台MarHub在此背景下隨之而生。為提高難民獲得資源與服務的效率，MarHub打造一款名為Mona的聊天機器人，可透過Facebook Messenger、Telegram等通訊軟體，協助難民進行重新安置、與家屬聯繫、辦理身分註冊等協助。

SDG 16.10 守護公共社會的資訊取得權，保障基本自由

在世界各地，主要依舊仰賴新聞機構，守護民眾「知」的權利。記者因公殉職的人數雖有減少，但幅度並不大。聯合國教科文組織統計，二〇一六到二〇二〇年間，共有四百名新聞記者遭到殺害。這個現象在亞太地區、拉丁美洲地區最為嚴重，過去五年來，平均每區都有一百二十三名記者遇害。阿拉伯世界的數字緊追其後，有九十位記者遇害。

開發中國家的全球治理參與度仍有待提升。
來源：eGuide Travel on flickr

隨著科技進步、數位化，公權力的「監控」技術提升，新聞商業化、紙媒時代的廣告利益不再，都讓新聞自由、民主社會穩定性變得搖搖欲墜。疫情使新聞機構收益雪上加霜，但也有不少記者開始轉型，成為數位內容創作者，以多元形式在不同場域散布影響力。不少創新科技也來幫忙，如區塊鏈寫作平台Matters，及國外創作者募資平台Substack、Supercast等，都是在試圖輔佐新聞從業者達到經濟獨立。

熱門線上遊戲Minecraft則推出大型虛擬圖書館Uncensored Library，收錄被當權者下架、封鎖的報導文章，宛如建立一座大型的新聞自由檔案館，守護不受政府和商業干涉的新聞資訊。

你可以這樣做——

讓正義如呼吸般日常，政府、個人一起動起來

談及SDG 16和平正義與制度，涉及的層面相當廣，從政府到人民，都能更積極地採取相關作為，促進更加平等的社會。

政府可以做的事：

- 讓公平正義的精神能反映在政治決策上。
- 對突發事件做出反應，實踐更有效率的創新作為。
- 有效追蹤政策指標，是否確實達成目的。
- 與不同部門串聯，拓展多元合作的可能性。

你我可以做的事：

- 認識：理解公平正義對永續發展的內涵、重要性，套用到所有社會參與、政治認知中。
- 關心：關注弱勢者議題，檢視他們的權益是否在各環節受到忽略。
- 偵錯：找出不合乎社會正義與公平、容易激發對立的矸角。
- 實踐：確保你所參與的每個環節中（包括政治參與或平時生活），都具有公平公正、多元包容的特性，包括資訊取得管道的透明與可親近性。
- 團結：加入相關組織單位，一起將公民監督、弱勢關懷的力量擴張。

● 美國｜Rebbl

問題的源頭在生計！

這罐能量飲替亞馬遜居民建立在地經濟，讓人口販運案數掛零

非營利組織Not For Sale，為了營救亞馬遜地區受人口販運所苦的居民，從解決社區貧窮的問題切入，成立社會企業Rebbl，向當地人購買農產品製成能量飲販賣，穩定居民收入來源，成功遏止了人口販運。

反人口販運的非營利組織Not For Sale，過去花上近十年時間，在世界各地營救受害者，範圍遍布泰國、烏干達和祕魯。但經過這麼多年的努力，團隊發現，他們並沒有從源頭解決問題。

「我或許可以打造一萬座庇護所，卻沒有根本解決人口販運的問題，更不用提要幫助全球三千多萬名的受害者。這個想法讓我深受衝擊。」Not For Sale共同創辦人Dave Bastone說：「於是我想，何不想個比較可行的商業策略呢？」

Not For Sale在祕魯利馬遇到的孩童當中，有許多來自亞馬遜地區。當地非法伐木、採礦的問題猖獗，不法人士剝奪了當地生存資源，原住民的生活受到威脅。許多家庭的生計亮起紅燈，孩子們被迫進入性產業。

Bastone認為，如果當地的經濟情況更好，孩子被賣掉的風險就更低。經過一番腦力激盪，Not For Sale決定成立新創形式的子公司Rebbl。Rebbl是家飲料公司，成立初期，製造原料來自亞馬遜，隨後也從全球各地的貧困地區進口原物料。

堅果是當地居民重要的生計來源，而透過購買堅果，Rebbl便能幫助他們建立在地經濟。除了這種巴西堅

果，Not For Sale也從其他地區取得原料，達到有利居民的相同效益；例如有「祕魯人參」之稱的瑪卡根（maca root），以及印度婦女在有機農場種植的「印度人參」（ashwagandha）。

Bastone說：「我們想創造一個能夠營利的商業模式，把可行的經濟模式帶進亞馬遜地區。」

穩定居民生計影響深遠

二〇一三年，Not For Sale開始和亞馬遜地區的村落合作，替當地堅果取得有機和公平貿易憑證。這些堅果無法種植在農園裡，須仰賴多樣化的生態系統才能生長，也因為得從野生環境採摘而來，使得堅果的供應量變得難以預測。除此之外，Rebbl必須設計出能量飲配方，讓味道搭配其他成分時能夠順口。

Not For Sale花了數年時間解決物流問題，而後推出以生長在亞馬遜地區的巴西堅果製成的「香蕉堅果營養飲」，已成功於美國最大的天然及有機食品連鎖超市Whole Foods上架。

Rebbl的利潤有二．五%會回到Not For Sale。接著，Not For Sale會將這筆錢投資在亞馬遜地區的教育上，宣導

Rebbl的能量飲從全球各貧困地區進口原物料以穩定當地居民收入。來源：Rebbl FB

有關人口販運的風險；另一部分金額則用於學校、飲水、開發新的農產地，甚至用來購買船隻——為了避免中盤商抽成，當地社群現在多採船運，自己把產品運給飲料供應商，以賺取較高的利潤。

根據官方公開資料顯示，Rebbl已經捐出約七十五萬美元（約新台幣二千四百萬元）。這款飲品在植物性原料、機能性飲料市場裡打出一片天，品牌迅速成長，零售通路已有七千家。

重要的是，Rebbl改變了當地經濟，替眾多家庭帶來新的收入，比起直接捐款給原住民，這項影響更為長遠。

據Not For Sale最新的影響力報告書指出，截至二〇二一年，組織已為近三十萬人提供教育、工作培訓、醫療資源等服務，改善因貧窮而導致的人口販運情形。

案例小檔案

組織：Rebbl

網站：https://rebbl.co

問題與使命：改善亞馬遜地區因為經濟狀況不佳，而產生的人口販運問題。

可持續模式：從亞馬遜地區與其他貧困地區進口原物料，製造飲料，並將2.5%的利潤投入反人口販運的非營利組織Not For Sale，運用於亞馬遜地區的教育與其他資源。

具體影響力：截至2021年，組織已為近30萬人提供教育、工作培訓、醫療資源等服務，改善因貧窮而導致的人口販運情形。

#SDG 16

改善社區的經濟貧乏問題能降低孩子被賣掉的風險。來源：Rebbl FB

●全球｜Uncensored Library

線上遊戲對抗資訊審查

無國界記者打造Minecraft虛擬圖書館，收錄官方封鎖的歷史事件

二〇二〇年三月十二日世界反對網路審查日（the World Day Against Cyber Censorship），熱門線上遊戲Minecraft推出一個大型虛擬圖書館，收錄那些在沒有新聞自由的國家中被封鎖的報導與文章。

在沒有新聞自由的國家，許多涉及敏感議題的新聞報導或是Facebook、Twitter等社群上的貼文，都會遭到政府當局封鎖或刪除，而撰寫這些文字的作者也可能面臨被關或被殺害的風險。

無國界記者組織（Reporters Without Borders）公布針對一百八十個國家於二〇一九年的新聞自由度調查顯示，只有二十四%的國家屬於「很好」與「相當好」，相較二〇一八年降低了二%，而處境「嚴重」和「困難」的國家就佔了四十%。

為了要讓這些受到審查的資訊被看見，協助這些記者發聲，無國界記者組織和英國設計工作室BlockWorks合作，邀請二十四位來自十六個不同國家的Minecraft建造者，耗費超過三個月的時間，打造逾一千二百五十萬塊樂高狀方塊組成的虛擬圖書館Uncensored Library。

為何選擇在電玩遊戲Minecraft 中搭建圖書館呢？由於許多國家的媒體網站、社交平台都遭到政府封鎖，當地民眾無法使用，但Minecraft幾乎在所有國家都可以玩，因此，無國界記者組織便計畫藉此分享那些被封鎖及刪除的報導。

這間圖書館的建築設計為新古典主義風格，結合古希

（上）無國界記者組織打造Minecraft虛擬圖書館，收錄官方封鎖的歷史事件。
（下）虛擬圖書館以1250萬個方塊耗時逾3個月打造而成。來源：BlockWorks官網

臘和羅馬的傳統樣式。新古典主義風格常用於代表文化與知識的象徵，BlockWorks盼能以此傳遞知識的自由和追求事實的重要性。

Uncensored Library目前收錄的被審查文章，來自五個新聞自由度排名末段班的國家，分別為埃及（排名一六三）、俄羅斯（排名一四九）、墨西哥（排名一四四）、沙烏地阿拉伯（排名一七二）和越南（排名一七六）。

「我們透過那間圖書館的書本分享故事，Minecraft的玩家只要將書本打開，就能閱讀被審查的記者所撰寫的文章或訊息。」與BlockWorks合作的荷蘭數位製作公司資深製作人Robert-Jan Blonk說。

捍衛大眾「知」的權利

虛擬圖書館中不僅可以看到被封鎖的文章，還收錄記者的原生音檔，完整呈現這些應該被看見的歷史事件。其中包括二〇一七年因報導政府貪污事件而被官方封鎖的埃及線上媒體Mada Masr；在俄羅斯還處於大規模新聞審查時期，報導抗議行動和激進主義相關故事而被封鎖的網站grani.ru；被迫流亡的越南記者Nguyen Van Dai和已被殺害

Uncensored Library也有網頁版供大眾瀏覽被官方封鎖的報導。
來源：The Uncensored Library官網

的墨西哥記者Javier Valdez所撰寫的文章內容。

此外，同為記者、已遭處死的沙烏地阿拉伯記者Jamal Khashoggi的未婚妻Hatice Cengiz，也與BlockWorks合作這項計畫，將Khashoggi生前所做的報導重新發布於遊戲中。

雖然玩家可以在Uncensored Library中補充其他資訊，但現有的文章與音檔皆無法被刪除。即便是專制政府嘗試駭入伺服器，它仍會存在其他的伺服器中。「現在有許多人在玩這個遊戲，所以有很多版本存在，他們是無法破壞虛擬圖書館的。」Blonk說。

grani.ru的總編輯Yulia Berezovskaia表示：「唯一能對抗審查制度的方式就是，持續分享與擴散那些被審查的資訊。」

Minecraft每個月都有超過一億四千五百萬名玩家，當越來越多人發現這間虛擬圖書館的存在，並閱讀裡面收錄的資訊，或許就能讓更多人了解新聞在審查制度下所面臨的挑戰。「利用這個方式傳達新聞審查制度的存在相當新穎。我們希望可以藉此讓更多人注意到這件事——人們是會因為審查制度而死亡的。」Blonk說。

若不是Minecraft的玩家，Uncensored Library也有網頁版，供大眾一窺圖書館的壯麗建築，和珍貴的禁書與報導。

無國界記者組織希望Uncensored Library的存在，能讓下一代的年輕人捍衛自己「知」的權利，同時也給予他們足以對抗專制政府的強大利器：知識。

案例小檔案

組織：Uncensored Library

網站：https://uncensoredlibrary.com/en

問題與使命：讓因為涉及敏感議題而被封鎖的新聞報導或是社群貼文都能被眾人看見。

可持續模式：在熱門線上遊戲Minecraft建造虛擬圖書館，收錄被審查的文章與貼文，他人能新增資訊，但原有內容不會被刪除。

具體影響力：收錄了來自5個國家（埃及、俄羅斯、墨西哥、沙烏地阿拉伯、越南）被審查的文章、音檔、貼文等資訊。

#SDG 16

SDG 17 夥伴關係

不遺漏任何人！全球團結合作打造永續未來

展望二〇三〇年的聯合國永續發展目標倒數中，面對龐大的社會與環境問題，需要眾人團結的力量。聯合國永續發展目標第十七項為「夥伴關係」（SDG 17 Partnerships for the Goals），呼籲全球同心協力，加快邁向永續的腳步。

SDG 17的十九項細項目標

展望二〇三〇年的聯合國永續發展目標倒數中，但至今仍有多項目標尚未達成，有賴國際間加強彼此的合作與支持，尤其是在經濟、科技、政策方面。SDG 17呼籲各國應強化永續發展執行方法及活化永續發展全球夥伴關係，提出以下十九項細項指標。

SDG 17．1 強化國家內的資源調度，例如提供開發中國家支援，改善他們的稅收與其他收益能力。

SDG 17．2 已開發國家應履行他們的政府開發援助（Official Development Assistance，ODA）

SDG 17呼籲各國同心協力加快邁向永續的腳步。來源：Markus Krisetya on Unsplash

承諾——包括提供國民所得毛額（GNI）的〇．七％給開發中國家、〇．一五％至〇．二％應提供該給最低度開發國家（LDCs），以及至少〇．二％予最低度開發國家。

SDG 17．3 由多方管道，為開發中國家調度額外的財務資源。

SDG 17．4 透過政策協調，以債務融資、債務減免、債務重整的方式，協助開發中國家實現長期債務永續；並處理高負債貧窮國的外債問題，以減輕債務壓力。

SDG 17．5 投資低度開發國家。

SDG 17．6 打破南北半球以及地域的隔閡，透過改善現有機制（特別是聯合國層級）的協調及全球科技促進機制，在科學、科技、創新領域上合作。

SDG 17．7 針對開發中國家，提供有力的合作條款與優惠，促進永續環保科技的發展。

SDG 17．8 在二〇一七年以前，提供低度開發國家科學、科技與創新能力的培養機制，並擴大其科技使用，尤其是資訊及通訊科技。

SDG 17．9 加強國際支持，協助開發中國家達成聯合國永續發展目標。

SDG 17．10 在世界貿易組織（WTO）的架構內，促進一個全球性的、遵循規矩的、開放、公平的多邊貿易系統；亦包含透過杜哈發展議程[1]完成協商。

SDG 17．11 增加開發中國家的出口比例——特別是在二〇二〇年前，讓最低度開發國家的全球出口佔比增加一倍。

1杜哈發展議程（Doha Development Agenda）是於二〇〇一年WTO部長宣布啟動的多邊談判。談判任務包括有關農業、服務業、非農業市場進入、與貿易有關的智慧財產權、WTO規則（例如反傾銷、補貼）、爭端解決、貿易便捷化以及貿易和環境等議題的談判。（資料來源：國貿局）

SDG17．12 按照世界貿易組織之決策，如期地對所有低度開發國家實施持續性免關稅、免配額的市場進入管道，包括原產地優惠規則，必須簡單且透明，以消除低度開發國家的貿易壁壘，使其更容易進入國際市場。

SDG17．13 透過政策協調，提高全球總體經濟的穩定。

SDG17．14 增加各國政策在永續發展項目上的連貫性與一致性。

SDG17．15 尊重各國制定之永續發展政策與領導權，以落實消除貧窮與永續發展的政策。

SDG17．16 強化各國合作關係，透過互相分享知識、專業、科技與財務等資源，支持所有國家，尤其是開發中國家，實現永續發展目標。

SDG17．17 以過往的夥伴合作與資源籌措策略經驗為基礎，鼓勵推動有效的公共、公私營和民間社會夥伴關係。

SDG17．18 在二〇二〇年以前，協助開發中國家具備獲取高品質、即時且可靠的數據之能力——包含按照收入、性別、年齡、種族、族裔、移民、身心障礙、地理位置以及各國其他人口分類的各項數據。

SDG17．19 在二〇三〇年以前，於現有的基礎上，制定出可評估永續發展進展的方式，使國內生產總值（GDP）的計算更為完善，並協助開發中國家培養統計能力。

回應SDG17，台灣的未來方向

我國行政院永續發展委員會於二〇一九年時以台灣現況出發，評估台灣的人口結構、經濟樣貌、世界定位等條件，制定屬於台灣的永續發展目標，期望以企業的永續意識、公民組織動能和社區營造的基石為養分，朝台灣的永續發展邁進。回應SDG 17，台灣以「建立多元夥伴關係，協力促進永續願景」為理念，制定以下十個目標。

17．1 提升能源效率、減少污染與增進廢棄物回收再利用。

17．2 推動醫療合作計畫，如協助低度發展國家、小型島嶼國家與非洲國家，在台灣培訓醫事人員，並提供受獎生獎學金在台接受公衛醫療學科訓練。

17．3 持續對邦交國及部分開發中國家之優秀學生提供獎學金來台留學。

17．4 持續協助在開發中國家推動改善當地水與衛生相關計畫。

17.5 辦理各項貿易援助類型技術協助計畫。

17.6 對開發中國家，持續以台灣的經濟優勢為前提下，協助其發展。並依據世界貿易組織相關協定，給予該類國家特殊及差別待遇；也另行研議提高台灣給予低度開發國家之「免關稅、免配額」優惠待遇。

17.7 持續依國際社會的需求，辦理非常態性消除貧窮的計畫。

17.8 積極參與WTO貿易與環境議題討論及談判，強化貿易與環境的相互支持，以促進普遍、具規範基準、公開、不歧視及公平的多邊貿易體系。

17.9 運用雙邊及多邊環保合作計畫，以技術協助能量建構或公私部門及民間團體共同協力，提升開發中國家的環境管理與污染防治工作。

17.10 持續與印尼、越南、泰國與印度等國合作，選送菁英來台灣進修，促進國際師資培訓合作。

你可以這樣做——

增進夥伴關係，投入個人的關注與行動

SDG 17著重國與國之間的夥伴關係，但身為一般公民還是可透過以下方式盡一己之力：

- 認識並且了解聯合國永續發展目標。
- 培養團隊合作能力，參與和自己有相同使命的組織活動，共創影響力。
- 透過選票、捐款、消費等方式，支持落實永續發展的領袖與組織。

（上）SDG 17「夥伴關係」著重國與國之間在經濟、科技、政策的彼此合作支持。來源：Mikhail Nilov on Pexels（下）聯合國對於活化永續發展全球夥伴關係列出了19項細項目標。來源：Hannah Busing on Unsplash

● 美國｜Tent Partnerships for Refugees

支持而並非慈善

策動全球企業齊出力，助難民重回職場

非營利組織Tent Partnerships for Refugees，動員全球上百家跨國企業，透過僱用、提供創業資金、設計友善商品、納入供應鏈等方式，協助各地難民參與當地經濟，重建新生活。

曾為政治難民被迫離開祖國，而如今是美國知名優格品牌Chobani創辦人的Hamdi Ulukaya，於二〇一六年一手創立非營利組織Tent Partnerships for Refugees（以下簡稱Tent），目的是要動員全球商業界，致力於將難民納入企業經濟體中。

「當他們找到工作的那一刻起，他們的身分便不再是難民；那一刻，他們可以繼續生活；那一刻他們重新展開自己的生活。」Hamdi Ulukaya表示。

「支持而並非慈善」是Tent的理念，他們期望透過與企業合作，讓難民成為未來的員工、企業家或是消費者，

根據聯合國難民署統計，截至2021年底全球有近9千萬難民。來源：Ahmed akacha on Pexels

參與社會經濟，協助他們重建新生活；對當地就業市場而言，則是人才的培力。

這項串聯行動，在全球已有超過兩百家大型企業響應。以難民為雇員、提供資金助其創業、設計友善商品，以及將難民納入供應鏈等四項主要行動，作為協助難民重新開啟新生活的指引。此外，為了讓企業能更無礙的與難民一同工作，Tent提供企業方免費的服務資訊、個別指導、提供商業策略解決等方案，積極協助被迫離開祖國的難民能改善生活、發展生計。

案例小檔案

組織：Tent Partnerships for Refugees

網站：https://www.tent.org

問題與使命：動員全球企業，協助各地難民重建新生活。

可持續模式：與跨國企業組成聯盟，透過僱用、提供創業資金、設計友善商品、納入供應鏈等方式，協助各地難民參與當地經濟。

具體影響力：

- 號召250家跨國企業加入聯盟。
- 僱用近4萬名難民
- 支持超過5千名難民企業家。
- 為約15萬名難民量身打造合適產品。

#SDG 17

提供重新開始的機會，推動各類倡議行動

根據聯合國難民署統計，截至二〇二一年底，全球難民人數約有八千九百三十萬。Hamdi Ulukaya曾表示，「當時擴張Chobani的規模是需要員工，而他們就居住在社區裡，我們並沒有特別僱用難民，因為那裡已經是一個難民世界了。」

目前Tent成員分布全球各地協助難民，在美國、加拿大、歐洲等地提出許多倡議行動。如在美國的Tent聯盟，積極透過企業媒合協助難民融入美國社會之中；在加拿大則是透過培訓、僱用難民來改善他們的經濟問題。

Tent針對不同地區、群體也發起不同倡議類型。例如，受到政治、祖國迫害而流落海外的LGBTQ[1]，提供

1 LGBTQ分別是指女同性戀（lesbian）、男同性戀（gay）、雙性戀（bisexual）、跨性別者（transgender）及對其性別認同感到疑惑者（queer/question）。

他們就業機會；協助難民婦女進入歐洲國家的勞動市場；在哥倫比亞發起聯合跨國公司業務流程外包，將委內瑞拉難民納進當地的就業市場。

二〇二二年二月爆發烏俄戰爭，使得超過五百萬烏克蘭人被迫離開家園，八百萬人在國內流離失所。在此背景下，Tent提出「Opportunity Unlimited」、「The Sunflower Project」兩項計畫，盼能助受戰爭影響的人們維持生計。

Opportunity Unlimited計畫由Tent與自由工作者接案平台龍頭Upwork共同發起，以線上遠端工作，解決難民因當地環境而受限的就業機會。計畫發起初期，以提供企業流程管理與外包服務的Genpact及數位轉型服務公司Sutherland兩家企業作為合作夥伴，招聘在網路、手機軟體開發、客戶服務以及市場銷售等四個領域中，具有專業知識技能的烏克蘭難民，以線上遠端工作模式進行長期合作。此項計畫預計擴大至與其他企業合作，並擴大招募來自敘利亞及委內瑞拉擁有專業背景、技術的難民。

The Sunflower Project計畫則於二〇二二年六月啟動，加入此計畫的企業將透過直接僱傭、培訓與職能提升指導計畫、提供遠距工作機會等不同方式，協助烏克蘭婦女進入職場。根據歐盟研究指出，烏克蘭難民中約有三分之二的婦女擁有高等教育學歷或擁有專業技能，且有六十三%是帶著孩子的母親，然而受限於對當地語言不通、有限的社交、人脈網路以及育兒與家庭的沉重負擔，限制了這些難民婦女進入當地勞動市場。

歐盟內政事務專員Ylva Johansson提及：「戰爭沒有要結束的跡象，解決流離失所的烏克蘭人如何謀生變得至關重要，逃離戰爭來到歐盟地區的多半是烏克蘭婦女及孩童，而這一項計畫可以擴大女性在歐盟國家的工作機會。」此計畫仍在倡議階段，已響應加入的有可口可樂、領英（LinkedIn）、希爾頓（Hilton）、百事可樂、施華洛世奇（Swarovski）等十八家企業，Tent期望未來會有更多企業投入其中。

真誠對待每一個人，實現共好的社會價值

Tent除了發起地區性的大型計畫，獲得跨國企業的積極參與也十分重要。如跨國家具品牌IKEA在各地區發起不同行動，於二〇二一年承諾在兩年內為荷蘭九十名難民提供實習機會以及語言培訓，助其能更好地融入當地勞動市場；在約旦，IKEA為敘利亞難民與其收容社區提供就業機會，也僱用敘利亞難民與約旦人製作及銷售他們的手工

藝品，並推銷至全球商店。計畫自二〇一九年起最初僱用二百五十人，預計至二〇二二年增加至四百名。

運動品牌愛迪達則提供一百多名難民工作機會，提供長期職位，或透過整合計畫，讓每個實習與工作機會的時間至少為期六個月，同時也承諾在三年內協助與指導五十名在德國的LGBTQ難民。

全球民宿訂房平台Airbnb則透過品牌的獨特性，在自家平台上媒合當地人與旅行者提供文化體驗活動，目前已在巴西為五十名難民提供創立企業的支援；此外，也為一千名在厄瓜多的難民，提供免費的短期住宿。

各企業各自運用品牌的獨特性，協助難民展開新生活、獲得工作機會，有機會重新進入當地的勞動市場中。

從Tent與紐約大學史登商學院合作的《美國企業支持難民的行動，如何影響美國消費者的看法》調查中顯示，多數公民願意支持僱用難民的企業。報告中強調，一間僱用難民的企業，對內能夠提高員工的留任率及敬業度、促進工作場所的多元化及包容性，對外則能提高品牌忠誠度。

「正如我們對待每個人一樣，希望對方能展現真實、最好的自己，那我們對待難民也不會有所不同。」Chobani宣傳行銷副總裁Mark Broadhurst說道。

（上）Tent Partnerships for Refugees 動員全球企業，協助難民重建新生活。來源：Tent Partnerships for Refugees 官網 （下）IKEA 在約旦僱用敘利亞難民與約旦人製作並銷售他們的手工織品。來源：IKEA YouTube

第二部——打造美好生活，開創永續藍海！

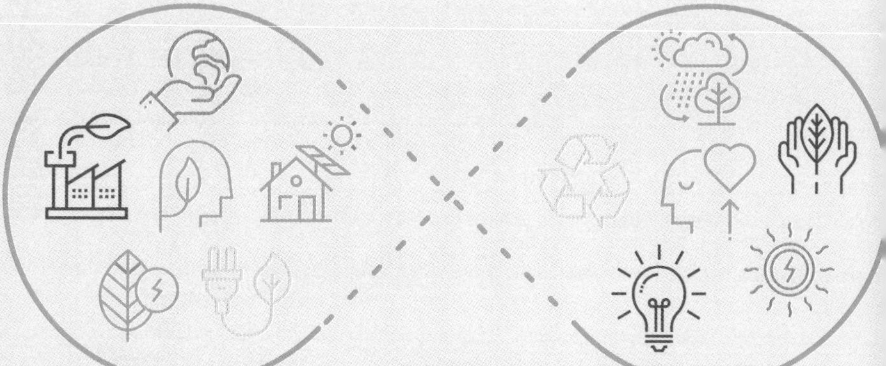

創新實踐篇｜台灣案例分析
名人觀點篇｜個人行動實例

在台灣，有許多社會創新組織、企業和個人
呼應「永續發展」價值，持續深耕。
創新實踐篇以「食農永續、教育創新、環境／環保、社會兼容、
城鄉發展」5大趨勢，
精選17組涵蓋非營利組織、社會企業、
影響力企業／B型企業之指標型案例，
解析他們如何覺察問題、尋找解方、永續經營。
名人觀點篇則帶我們從3組代表性人物對永續議題的倡議與行動建議，
探索如何在日常中活出永續力！

為台灣而教教育基金會

培育跨領域人才，進入偏鄉學校任教

改變超過六千名孩子的學習歷程

為了改善教育不平等問題，「為台灣而教」於二〇一三年成立，培育跨領域青年人才，將他們送往高學習需求的學校擔任老師，用兩年的時間陪伴孩子學習與成長。至今已與七十五所學校合作，共服務超過六千名孩子。

「你拿幸運做什麼?」二〇一六年服務型非營利組織為台灣而教教育基金會（Teach For Taiwan，簡稱TFT）創辦人劉安婷，於成功大學畢業典禮的致詞上，以自身經驗鼓勵應屆畢業生，找一處值得耕耘的地方，種下自己的幸運。

教育正是她選擇耕耘的領域。TFT致力解決教育不平等的問題，透過培育優秀且具有使命感的老師與領導者，與學習資源較匱乏的偏鄉學校合作，共同創造良好的教育環境，希望未來每一個孩子都能夠擁有優質的教育和自我發展的機會。

TFT計畫成員前往高學習需求地區的學校擔任兩年老師。來源：為台灣而教FB

培育跨領域人才至第一線，改善教育不平等

什麼是教育不平等？TFT的網站指出，有研究顯示，台灣學生的學力表現與家庭社經地位呈現高度正相關，意即教育的機會受到出身的影響，有許多孩子難以透過教育，脫離弱勢的循環，於是，他們可能開始放棄對於人生的選擇，甚至走上歧路。

而偏鄉學校也因為人力不足，教師還需兼任校務行政，十分忙碌，以致難以提供孩子優質的教育。

面對龐大的系統性問題，於是有了TFT計畫，每年招募跨領域人才前往高學習需求的教育現場，用兩年的時間陪伴當地孩子學習。欲參與TFT計畫，不一定需要擁有教育背景，只要獲選計畫，TFT就會提供約五百小時的專業培訓課程，協助參與者連結經驗、能力與知識，轉化為自己的教育實踐方案。

計畫期間，成員會前往合作學校，根據學校的安排，擔任科任或級任老師，在教室裡帶領孩子學習。

兩年計畫結束後，TFT相信這些擁有第一線教學經驗的校友們，將會串聯其他人的影響力，為教育的改變凝聚更大的動能，例如有些人可能在其他教育現場服務，有些

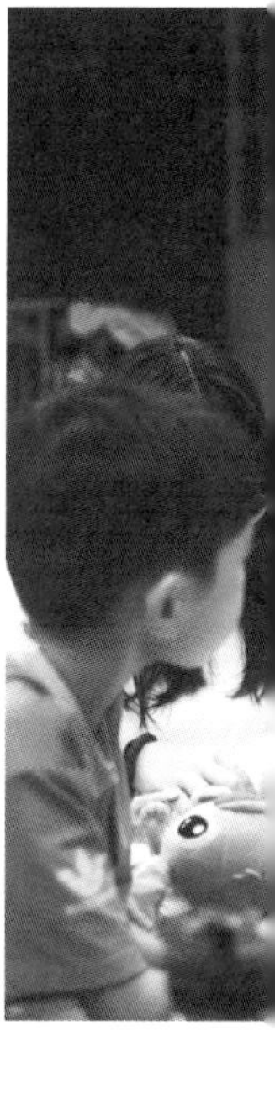

人則參與教育政策的倡議等。

跨域招募，攜手企業拓展多元領域人才

在改善教育不平等的問題上，TFT的執行團隊在幕後組成堅實的推進力量，其中包括訂定組織策略並有效評估後續發展與影響的幕僚小組、支持與發展TFT計畫成員的領導力發展部門、招募推廣TFT計畫與倡議教育不平等議題的影響力發展部門，以及確保組織營運所需資源的組織營運部門。

多次受邀演講的杜瀛，曾任TFT影響力發展部門總監、永續長，現為代理執行長。談及影響力發展部總監的業務範疇，他解釋，包含行銷企畫、招募推廣、對外關係與校友發展，他加入TFT後，便帶領團隊中近十位夥伴，一同負責TFT的人才招募、公私部門演講與資源連結等專案。

為了吸引多元人才擔任TFT兩年的全職教師，團隊透

過與企業「跨域招募」的方式，吸引不同領域的人才加入。因此TFT攜手同樣需要人才招募的企業，設計共同招募活動與培育計畫，盼能拓展多元領域的族群。

二〇二〇年，TFT便與國泰金控攜手推出「跨界人才培育計畫」，讓同時錄取國泰金控職缺、及取得TFT計畫錄取資格的人，可以先加入TFT計畫，在教育現場工作兩年，再回到國泰金控報到。至於現職國泰金控的員工，可在取得TFT計畫資格後申請留職停薪，待完成TFT的計畫後再復工；而對完成TFT計畫的校友來說，如兩年計畫結束後想應徵國泰金控的職缺，可獲優先面試權。

在促進均等教育的理念下，藉此吸引享有共同價值的多元人才加入成為夥伴，拓展個人職涯發展，而TFT也有機會讓更多偏遠地區的孩子們多擁有一位老師兩年的陪伴。

轉換思考方式，化疫情危機為轉機

二〇二一年五月，全台因新冠疫情進入三級警戒，實體活動不能舉辦、孩子無法前往學校上學等，讓TFT面臨棘手的挑戰。

每年六到八月，為TFT業務量的高峰期，包括TFT計

TFT計畫累計已在第一線服務超過6千名偏鄉孩子。來源：為台灣而教FB

杜瀛對於促進均等教育擁有強烈使命感。來源：社企流提供

永續行動小檔案

組織：為台灣而教

網站：https://www.teach4taiwan.org

問題與使命：透過培育卓越且有使命感的教師與領導者，與高需求地區協力創造優質的教育環境，解決教育不平等的問題，期望每個孩子都能擁有優質的教育和自我發展的機會。

可持續模式：因是NPO每年招募、並培育跨領域人才參與TFT計畫，前往高需求地區的學校擔任教師2年，陪伴孩子學習與成長。2年TFT計畫結束後，多數校友會帶著第一線的經驗，串聯其他人的影響力，推動教育動能的改變。

具體影響力：

- 為偏鄉教育現場挹注了超過400年的高質量陪伴。
- 培育並送出超過250位跨領域人才到高需求地區擔任2年全職教師。
- 累積與75所高需求地區小學合作、支持超過6千位學生。
- 與TFT合作的學校有超過9成滿意、超過6成學校持續與TFT合作，最長已合作超過8年。
- 與TFT合作超過2年的學校，受少子化影響的程度遠低於其他同鄉鎮學校，學生減少的幅度僅其他學校的25%。

#SDG 1 #SDG 4 #SDG 10

畫成員的培訓以及年度最大型的企畫活動等，都是在這段期間舉辦，整個執行團隊事前已花上數個月、甚至整年度來籌備，但疫情的影響，使計畫必須「打掉重練」，讓團隊備感壓力。

此外，由於偏鄉學校的孩子無法前往學校上課，在教育現場的TFT計畫成員疲於奔命，以回應孩子學習上的軟硬體及身心理上的各樣需求。因此執行團隊還需要設想如何可以做得多一點，成為孩子與TFT計畫成員的後盾。

面對這些挑戰，執行團隊轉換思考方式：「十年後，當我們回頭看如何面對這個危機，我們想要留下什麼？」這使團隊得以從「被動反應」轉為「主動創造」。

舉例來說，因無法辦理實體活動，TFT開發了全數位的師資培訓與實習，從工具到教學法都產生革新的做法，讓衝擊成為創新的能量，化危機為轉機。

十年耕耘，服務超過六千名偏鄉孩子

如今，TFT已成立十年，不但培育許多跨領域的青年人才，也成為偏鄉學校師生的重要陪伴。截至目前，他們已與九個縣市、累計共七十五所學校合作，培育二百六十九名人才至教育現場，並服務超過六千名偏鄉孩子。

與TFT合作的前雲林華南國小校長陳清圳回饋：「令我感動的是TFT老師願意投入心力與時間，創造與學生之間的良好互動，帶動班級氣氛，讓孩子的心靈有所轉變。」

現在，參與完兩年TFT計畫的青年人才共有一百六十六位，儘管計畫已經結束，但目前仍有九成的青年持續投入改變教育不平等的職涯中。例如，第一屆計畫校友巫家蕙創辦「因為所以教育協會」，推動與在地生活有連結的英語教育；第二屆計畫校友宋婉榕成為公辦民營的實驗學校KIST的主任，繼續於教育現場深耕。他們皆透過昔日的寶貴經驗，滋養更多孩子的生命歷程。

走進TFT的辦公室，可以看到「你拿幸運做什麼」幾個斗大的字印在牆上。TFT的每一位夥伴，選擇將自己的幸運，轉化為帶動改變的力量，陪伴偏鄉學校師生，也持續倡議教育不平等議題。他們深知自己播下的種子，總有一天會萌芽、茁壯，再繼續影響著更多人的生命。

YEAR 0

進入教學現場前

1 行前學習任務

（TFT 計畫受訓成員）

透過行前學習任務，為行前集訓做好銜接準備。（願景與使命、教育不平等、領導力、教學知能、教學現場）。

2 行前集訓

透過五週的集訓，奠基進入教學現場須具備的基礎教學知能與方法，在實踐與反思中培養領導力，並建立團隊默契，成為同儕相互激勵成長的開端。

3 配對甄試

（取得配對資格）

八個合作縣市，通過行前集訓評估、取得配對資格後，你將與 TFT 簽訂兩年計畫之委任契約，並由 TFT 配對至合作學校。在赴配對學校參與公開教師甄試並順利通過後，正式取得於該校任教資格。成為 TFT 計畫成員。

註》每年度亦有可能拓點合作縣市，將視當年度學校提出申請之數量之數量、TFT 小部隊策略等綜合考量；因此最終合作之縣市與鄉鎮將於 2022 年 7 月底前確認。

YEAR 1&2

計畫期間

4 入校準備

（TFT 計畫成員）

8 月時，TFT 將安排有助教學準備的實務課程、學習扶助研習與學習任務。你亦將實際入校，準備課程、認識校園環境與學校運作，為開學任教做好準備。

透過有效的教與學，創造教室內以孩子為核心的影響力

進入學校後，你會依照學校的安排成為科任或級任教師（每週教授節數約為 16-22 節），在教室裡開始帶領孩子，發揮並學習優質的教育該如何實踐。

發展與實行 Be the change 計畫，帶動教室外影響力

我們相信行動會種下改變的種子，你將針對一個在教學現場的挑戰，提出具體的解決方案，並與學校同儕、家長、社區共同合作實踐。從中學習進一步看見需求、分析結構、連結資源、發想策略，替孩子建構更豐富多元的教育環境。

發展兩年後願景，培養創造改變的視野與能力

》多元的「孵化器課程」

你將能參與「孵化器課程」，包含社會創新、政策倡議、學校領導等主題，並取得與 TFT 合作單位優先面試機會（例如：國泰金控、聯合利華、台灣奧美、台積電、天下雜誌集團、藝珂人事等），為兩年後的自己打開更寬廣的路。

》國內外參訪與見習

你將有機會參與跨產業組織的見習與參訪（例如：奧美、報導者、Hahow、社企流、孩子的書屋、One-Forty 等），亦有機會拜訪 Teach for All 國際網絡夥伴，拓展對影響力發揮的想像。

5 超過 700 天的浸潤式培訓 發展自我領導力

》**超過 700 天現場經驗**

影響力的發揮需要深刻認識在地、理解脈絡、建立信任。兩年期間，超過 700 天的「第一線浸潤」會是你成長的重要養分。

》**專家授課的培訓課程**

計畫期間的週末及寒暑假，你將參與由 TFT 規劃，邀請教育學者、現場教師、領域專家的課程，讓你持續發展領導力，深化對教育議題的系統性理解。

》**2 位專屬督導、超過 60 位線上督導的支持**

在兩年工作中，你會與專屬的領導力督導定期面談，並有教學發展督導進行定期觀議課。促進你對自己的覺察，以及思考如何進一步實踐目標，進而提升領導能力，為孩子帶來更好的教育。

》**學習任務與同儕學習團體**

TFT 的培育將學習主動權交給學習者，鼓勵 TFT 計畫成員與校友成為相互支持與發展力量的同儕學習團體，帶動同儕間的資源或經驗分享，領導自己和身旁夥伴完成共同目標。

TFT計畫成員在培訓及2年的服務期間會經歷循序漸進的發展重點。來源：為台灣而教官網

均一平台教育基金會

全台最大非營利線上教育平台，結合科技促進公平教育
盼孩子都可成為終身學習者！

均一教育平台於二〇一二年由誠致教育基金會創立，並自二〇一八年獨立出均一平台教育基金會擴大營運，為台灣規模最大的非營利線上教育平台，累積近四百萬註冊人數，更於二〇二二年獲「總統創新獎—團體組」殊榮肯定。

近兩年來受新冠肺炎疫情影響，許多學校停課，教學改為線上，遠距之下如何維持教學品質、弭平數位落差，為一大挑戰。均一教育平台作為全台灣規模最大的非營利線上教育平台，讓遠距教育零距離，孩子防疫期間停課不停學，老師家長也能輕鬆掌握線上學習資源！

「讓每一位孩子不論出身，都有機會成為終身學習者」是均一的願景，組織成立至今已有十個年頭，涵蓋從國小到高中的課程，累積近四百萬註冊人數，有超過三・八萬部教學影片、八・六萬個練習題，致力於「透過科技

均一的董事長兼執行長呂冠緯強調聯合多方力量可為教育創新發揮綜效。來源：均一平台教育基金會FB

與合作，提供所有孩子免費且優質的個人化學習內容與環境」。

聯結更多正面力量，合作政府與企業發揮綜效

談及這十年來的心路歷程，均一平台教育基金會董事長兼執行長呂冠緯說：「教育要聯合越多正面力量才越有機會。」他分享，早期踏入數位學習領域的契機，是因為受到可汗學院（Khan Academy）的啟發，因此開始錄製線上教學影片，獲得不錯的反饋與成果，甚至幫助偏鄉的孩子與家長。

初期在誠致教育基金會董事長方新舟的帶領下，取得「可汗學院」授權後創立線上教育平台，開始以團隊模式，從事教育推廣工作。隨後在誠致教育基金會、公益平台基金會及數十名志工協力下，均一教育平台於是在二〇一二年十月正式上線。

呂冠緯表示，這些年來深刻體會到，如果真心想面對一個社會議題，要從原本一、兩個人，變成一個組織，再聯合其他組織，形成一個聯盟發揮綜效。均一近年來陸續攜手政府，並與台積電、Google等企業合作。正如管理大師彼得．杜拉克（Peter Drucker）所言，原本只有NPO在執行的事，變成企業、政府也參與其中，「那就變成整個社會的事情。」

從草創、擴大到轉型，應對各階段挑戰

深耕教育議題多年，組織成長面臨哪些挑戰？呂冠緯認為，可以分成三個階段來說明。

第一階段為「草創期」，初期「萬事起頭難」，因缺乏資源與人才，因此要非常有創業家精神，不要怕別人潑冷水。「當面對重要但小眾的議題時，如何在缺資源的狀況下持續堅持，做到一個初步成果，正是草創期的挑戰。」呂冠緯說道。

第二階段為「擴大期」。草創期過後，通常已建立初步模式，但不能停留於此，必須想辦法把正向影響力擴大，幫助到更多有需求的人。呂冠緯指出，事情從零到一，和從一到十、甚至到一百之間存在巨大差異，「需要更有體系、更完整的管理思維。」

草創時通常會直接面對使用者，但當組織規模化，會遇到資源掌握者，如企業、政府等，以及需面對其制定的遊戲規則。此時，在面對利害關係人、處理事情脈絡的複雜度上，都會大幅提升。「如何讓大家有共識、朝一個方

向前進，才能擴大規模，此為擴大期的挑戰。」

第三階段為「軸轉期」（或稱為「轉型期」）。此時，事情已進展到一定規模，但如何在基礎點上看到議題的新高度，為一大挑戰。舉例來說，三十年前教育平權著重於「受教權」的公平，主張人人都應當享有受教權。但現今，教育平權更著重於「每個人都有權利『有效學習』」，是「學習權」的概念。由此可見，隨著時間演進，教育平權的觀念有不同意涵。

呂冠緯舉「第二曲線」的概念，「轉型期」就好比是當到達一定程度，能不自我滿足、持續突破創新，而不是一直打安全牌，是組織在此階段努力的目標。目前來說，均一的註冊人數看起來可觀，但接下來更重要的是，老師如何有效帶動學生進行差異化教學。因此，師資培力變得很重要，呂冠緯表示，這方面的服務，均一會逐步做得更加完整。

關鍵影響力：改變孩子的生命、觀念與態度

「我們看見，透過均一教育平台改變了孩子的生命、觀念、態度，這是最讓我們引以為傲的。」呂冠緯分享，曾有孩子原先上網都是玩遊戲，後來則會主動用均一學

2021年蔡英文總統造訪均一辦公室，肯定團隊於台灣教育議題的耕耘與貢獻。
來源：均一平台教育基金會FB

習。另外一位先天智能障礙的孩子，雖為小學五年級，卻只有一年級的程度。但在使用均一後，半年內他的程度就拉回三年級；原本一星期只來學校一、兩天，後來變成很喜歡學校，天天去上學。

其他學生則分享，很喜歡用均一的狐狸貓影片學習，原因在於「不管在學習上遇到什麼問題，狐狸貓都會對他微笑，但他的數學、理化老師則會因為忙碌而略顯不耐煩。」學生在均一學習較無壓力，進而脫離補救教學。呂冠緯舉宜蘭大同國小為例，孩子原本補救教學考試都考不好，但在老師引導他們使用均一半年至一年，整個班幾乎都脫離補救教學。

根據均一年度報告指出，二〇二一年，有超過一百二十三萬個孩子，曾使用均一學習至少一次，學習行為包含「看課程影片」、「做練習題」、「完成老師指派的任務」等等。而在全台教育部認定的偏鄉學校當中，有合計超過三萬名師生使用均一教與學，涵蓋全台約二十四．六%的偏

永續行動小檔案

組織：均一平台教育基金會

網站：https://official.junyiacademy.org

問題與使命：透過科技與合作，提供所有孩子免費且優質的個人化學習內容與環境。讓每一位孩子，不論出身，都有機會成為終身學習者。

可持續模式：資金來自社會各界支持，透過與公私部門共創內容與師資培訓模式，打造均一教育平台，提供國小到高中的優質學習資源，給所有孩子一個更公平、優質的學習體驗，往終身學習者的路邁進。

具體影響力：

- 累積超過3.8萬部線上課程影片和8.6萬個練習題。
- 為全台教師舉辦雲端研習，協助超過12500位教師上手使用均一。
- 支持超過14500位學習扶助孩子，陪伴逾1900位學習扶助班老師進行差異化教學，支持孩子找回學習自信。
- 截至2021年底，累積近400萬註冊人數。

#SDG 4 #SDG 10

鄉師生。

推進台灣教育創新發展進程，獲總統創新獎肯定

不少老師紛紛回饋，均一教育平台作為便利的教學工具，有助於分擔老師的重擔，讓每一個孩子都能獲得更客製化、貼近需求的協助。許多家長也分享，透過均一，讓他們發現，原來自己的孩子很喜歡學習、甚至願意自主學習。

與均一合作的企業主則認為，均一是一個數位化、規模化、影響力具體化的組織。在二〇一九年，均一成為台灣第一個被Google.org資助的團隊，得以加速均一推進台灣教育創新發展的進程，讓更多需要幫助的孩子，獲得有效的學習工具。

面對疫情重創教育現場，均一更有效串連公部門的資源，實踐停課不停學。根據均一二〇二一年度報告，疫情衝擊下，曾經單日有超過五十萬個孩子，使用均一線上學習，免於停課失學。二〇二一年，蔡英文總統造訪均一辦公室，感謝團隊長期支持師生數位學習。二〇二二年，均一更獲第五屆「總統創新獎—團體組」殊榮，肯定團隊於台灣教育議題的耕耘與貢獻。

未來將深化服務，盼影響學校制度

面對下一個十年，呂冠緯分享，以短期來說，會著墨於均一數理課程品質的提升。長期來看，期望均一結合「第一線服務」與「數據服務」，打造更有效、更個人化、深度化的學習模式。呂冠緯更提及：「我們希望不只能影響學生的學習成效，最終是能影響到學校的運作制度。」

透過數據佐證，讓學校理解如何安排課程與教學，將能帶來更好的學習效果，這是均一未來想努力的方向。呂冠緯坦言，這項目標或許十年還做不完，但均一不會停下腳步，未來仍將持續為教育現場開創更多新的可能。

School 28社會創新人才學校

社會創新領域前輩領軍，打造半年精實計畫

培育社會使命型人才

台灣首個培育社會使命型人才的組織School 28，透過培育課程、行動專案、職涯導師等計畫內容，讓對社會創新有興趣的青年，能夠在半年的時間內培養問題解決力，幫助他們建立人脈，並勇敢想像未來。

根據社企流攜手願景工程基金會推出的《青年世代×未來職涯大調查》指出，有超過七成的台灣青年希望透過工作去改變或回饋社會。

為了培育具社會使命型的人才，台大名譽教授、誠致教育基金會副董事長李吉仁，邀請長期投注於社會創新事業發展的活水影響力投資總經理陳一強、前DDI美商宏智總經理暨董事顧問（現任企業高階領導教練）林妍希、社企流執行長林以涵等七位社會創新領域領導人組成核心小組，共同發起School 28社會創新人才學校。

培力青年二把手，助攻影響力事業發展

作為台灣首個培育社會使命型人才（Impact Talent）的組織，School 28的願景是讓社會創新成為人才的公平選項，組織簡稱School 28同「二把手」諧音，巧妙呼應其使命：為社會創新領域——包含非營利組織、社會企業、影響力企業／B型企業，培育更多能有效協助組織創辦人（一把手）、共同擴大社會影響力的事業發展與經營管理人才（二把手）。

「我過去在大學裡做創業加速輔導，了解很難要一

位創業者做到面面俱到，身旁若有能夠支持他的『二把手』，能更有效推動團隊運作。」李吉仁說，但他觀察，現有的計畫都傾向培育創業者，就連學校也都只鼓勵學生成為創業者，沒有人著墨在培力二把手，尤其在社會創新領域，更缺乏二把手。

因此，李吉仁希望School 28計畫可以透過課程、專案等方式培力人才，推動社會創新成為人才在職涯上的公平選項。何謂公平？李吉仁描繪，一個大學應屆畢業生，不會因為對社會創新組織不夠了解，或因父母期待及社會既定印象，而無法選擇自己的理想工作。

找到對未來職涯的想像，連結社會創新

第一屆School 28自二〇二一年六月開跑，共錄取二十八位學員，在十二月計畫結束後，總計有四分之一的學員成功轉職，其中包括從一般企業轉職至影響力企業與社會企業的林玟秀、史惟中。

二十五歲的林玟秀在參與計畫時，在數位廣告代理商擔任行銷一職。但她總希望工作能與社會有更多連結，甚至能改善社會問題，此外，她一直以來對創新很感興趣，因此加入了School 28，希望可以了解若是想從事社會創新

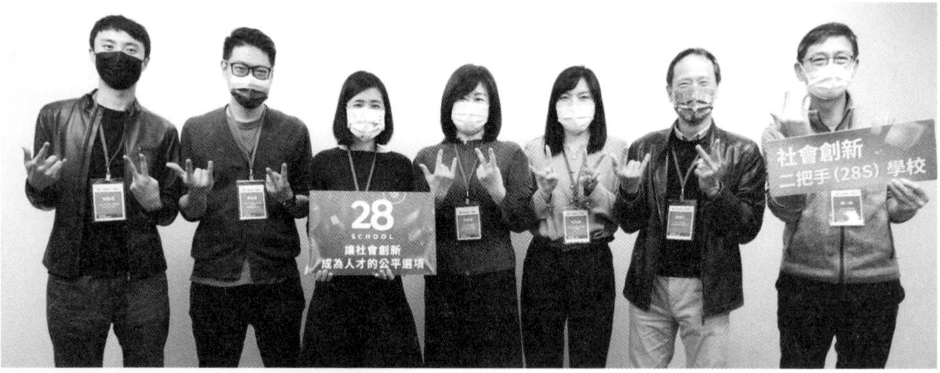

（上）School 28核心成員。（下）School 28校長李吉仁（右）與第1屆計畫學員史惟中。來源：社企流提供

相關工作，自己適合做什麼樣的職務，以及如何進入相關產業。

二十四歲的史惟中則在民營的教育公司工作，他在大學畢業之際，因「為台灣而教」創辦人暨董事長劉安婷的演講，對社會創新領域產生興趣，直到他從事教育領域工作兩年後，看到School 28徵件計畫中提到的「影響力職涯」，才明白透過工作發揮影響力是自己一直以來想要的方向，便二話不說申請加入School 28。

四大服務項目，點滿職涯必備技能

School 28提供四大服務項目，包括培育課程、行動專案、職涯導師，以及社群活動。李吉仁表示，透過這些項目，要為學員培養問題解決力，幫助他們建立人脈，並勇敢想像未來。

在問題解決力方面，透過培育課程的四大主題——社會創新、策略思考與問題解決、領導力發展、影響力職涯，提供學員思考問題的框架，讓他們在日後碰到相似問

永續行動小檔案

組織：School 28社會創新人才學校
網站：https://school28.org
問題與使命：為社會創新領域——包含非營利組織、社會企業、影響力企業／B型企業，培育更多能有效協助組織創辦人（一把手）、共同擴大社會影響力的事業發展與經營管理人才（二把手），讓社會創新成為人才在職涯上的公平選項。
可持續模式：
- 集結社會創新領域的佼佼者，為對社會創新感興趣的青年，設計精實的半年培育計畫。
- 青年參與計畫後，有機會轉職到社會創新組織，或是將社會創新思維，帶進自己所任職的公司。
- 參與計畫的社會創新組織有機會吸引人才進入組織工作。

具體影響力：
- 有1/4的學員成功轉職，其中一半的學員轉職至社會創新組織。
- 有43%的學員在既有崗位上發揮影響力，如與社會創新組織專案合作。

#SDG 4 #SDG 8

題時，都能提出有系統性的解方。

針對人脈建立，藉由職涯導師與社群活動機制，可以促進學員與導師、同學間的互動，除了有助學員建立多元的人脈網，還能透過交流找到自己的學習典範。

而在行動專案的訓練上，則有助學員跳脫自我設限，勇敢想像未來，透過發展問題假說、評估可能解方、實際執行解方等三個階段，為社會創新組織解決實務面的問題。

林玟秀分享，四大主題的培育課程就好比一座協助學員轉職至社會創新組織的橋樑：「社會創新課程像是製作橋面的材料，幫助我們補足社創發展脈絡的背景知識；影響力職涯課程提供我們望遠鏡，讓我們先看見社會創新組織與其工作者的樣貌；策略思考與問題解決課程提供我們搭建橋面的技巧，幫助我們順利抵達彼岸；領導力發展課程則像是一面鏡子，幫助我們隨時檢視自己是否往想要的路上邁進，且更堅定自己的選擇。」

學會相信自己，建設領導力

在所有的課程中，林玟秀與史惟中都認為領導力發展

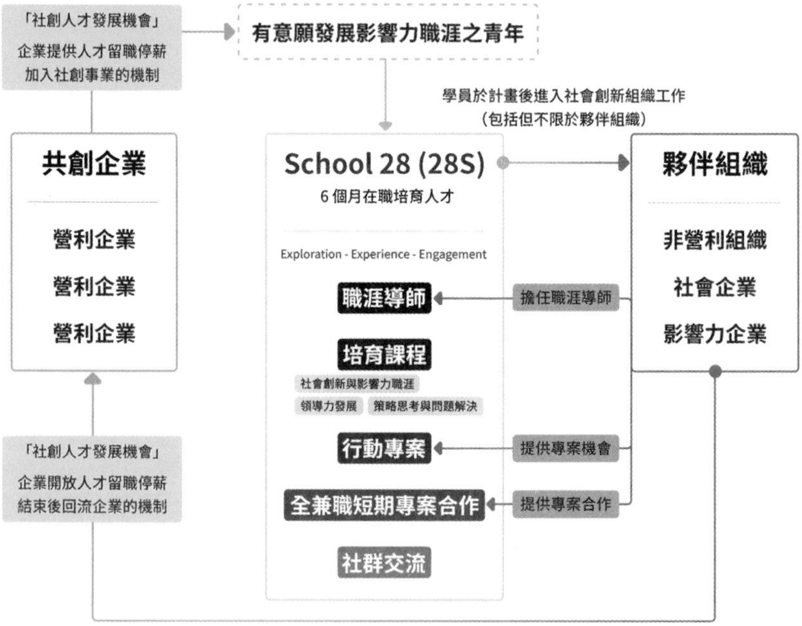

School 28運作方式。來源：School 28官網

課程對自己的影響最為深遠。

「這讓我開始相信自己也能對身邊的人產生些許影響力，當我在採取任何有助周遭事物變得更好的行動上，我都變得更有勇氣，同事也發現我在解決問題上，能以更沉穩的態度去面對。」林玟秀分享。

史惟中補充，領導力發展課程讓他了解到，能夠思考自己想要成為什麼樣子、思考自己到底是誰，都是很了不起的自我領導力。

如今第一屆School 28計畫已結業，但仍有許多學員仍在做與社會創新相關的事，如擔任志工等，甚至還有部分學員持續與社會創新組織合作。

這樣完善的計畫內容，有助參與的學員裝備好社會使命型人才的必備技能，幫助原本在一般企業工作的林玟秀與史惟中邁向新的職場，前者轉職至群眾募資與集資顧問公司貝殼放大擔任集資部集資專員，後者至社會創新組織社企流擔任育成經理，順利開啟屬於他們的影響力職涯。

（左）第1屆計畫學員林玟秀成功轉職至群眾募資與集資顧問公司。（右上）第1屆計畫學員史惟中從領導力發展課程獲益良多。（右下）School 28計畫為青年培養技能，也為他們打造建立人脈的環境。來源：社企流提供

家樂福文教基金會・影響力概念店

打造影響力概念店，傳遞商品的永續價值

號召消費者用新台幣做出改變

車水馬龍的台北重慶南路旁，有一間以「影響力」為號召的小商店。這是家樂福在台灣進行的一場社會實驗，來自法國的量販店龍頭，希望可以在此聚集關注永續發展的民眾，促成解決社會問題的對話。

因為法商背景，家樂福在永續經營方面有歐洲的先驅能夠參照。二〇一九年開幕的影響力概念店，是因應氣候變遷、聯合國永續發展目標而生的具體行動，為全球家樂福的首例。

位於台北市重慶南路的影響力概念店，在約三十坪的空間裡，販賣的商品品項不若量販店多，但是每一項商品背後，都乘載著能啟發思考的故事。家樂福永續長暨家樂福文教基金會執行長蘇小真以來自荷蘭的「東尼的寂寞巧克力」（Tony's Chocolonely）為例，為了凸顯巧克力生產

您的每個消費
決定我們的未來
Rethinking consumption for a better

家樂福永續長暨家樂福文教基金會執行長蘇小真相信負責任的消費可以促進永續生活。來源：社企流提供

過程壓榨童工的不平等問題，這款巧克力刻意以不規則的形狀切塊，並建立了一套符合公平貿易規定的生產流程，確保不會有不公義的剝削問題發生。

這只是概念店裡其中一則故事，動物福利、塑膠減量、有機農業，都是這家店關注的議題。「我們希望用影響力號召很多非同溫層的人走進來。」蘇小真解釋，透過多元議題的涉獵，希望可以吸引關注特定議題的民眾上門，進而分享不同領域的故事給客人，「如果這個場域可以讓更多人了解他有哪些不同的選擇，我們覺得可以促成更多人一起參與不同的議題。」

蘇小真認為，數位時代的好處不僅僅在於線上購物更方便，而是網路科技讓資訊變得更透明。「我覺得消費者

永續行動小檔案

組織：家樂福影響力概念店

網站：https://www.carrefour.com.tw/impact/

問題與使命：以購物減塑無塑、減少食物浪費、健康生活、動物福利為原則，讓友善消費的概念在每個人心中萌芽，響應聯合國永續發展目標，以負責任的消費力提供給下一代更好的永續生活。

可持續模式：

- 食在地：嚴選台灣在地品牌、引進當地生鮮食材，支持台灣生產者更有助減少碳足跡。
- 挺社企：支持社會企業解決地方問題，以收入的部分盈餘幫助地方。
- 品自然：提供無添加化學防腐劑、色素的調味料或是罐頭，為消費者健康把關。
- 裸得好：生鮮減少包材，使用以FPC廢棄稻殼製作的生鮮盤、友善環境的PLA真空貼體包，降低塑膠廢棄物生成。

具體影響力：

- 推廣非籠飼雞蛋，使家樂福全國分店的非籠飼雞蛋銷售佔比，於2年內從4%成長至22%。
- 榮獲長期關注經濟動物福利的英國知名「世界農場動物福利協會」（CIWF）所頒發之「金蛋獎」，為亞洲第1個獲得金蛋獎的通路。
- 影響力概念店榮獲2022年德國iF設計獎（室內建築類）。

#SDG 8 #SDG 12 #SDG 13 #SDG 14 #SDG 17

有知的權利，他在不知道的前提下做的選擇，可能有些結果他自己都很意外。」她進一步說明：「如果消費者喜歡吃巧克力，卻不知道巧克力是來自剝削童工生產，那他購買越多的巧克力，是不是也等於助長其背後的剝削行爲？」

一個商業的產生會衍生出許多後續行為，而商業的行為也可以產生很多改變。當家樂福將符合社會公平、友善環境的商品引入台灣，消費者有機會實際購買產品，若銷售成果良好，甚至可以帶動同業的生產鏈做出改變。

「消費者是可以用新台幣去改變的，不要輕忽這件事情。」蘇小真強調。

小蝦米與大鯨魚互助，落實食物轉型

在推動社會公義的進程上，蘇小真認為除了致力於社會公義的新創團隊須投入心力，商業力量的支持也不可或缺。

二〇一八年起，家樂福集團因應氣候變遷等環境問題，效法歐洲開始推動食物轉型計畫，從農產品的最上游把關，在生產過程落實食品安全、生態保護、友善土地等理念。其中最令人印象深刻的，莫過於非籠飼雞蛋的推廣。

所謂「非籠飼」，指的是蛋雞的生活環境不需被規模只有A4大小的格子籠限制，在生長過程可以擁有足夠的空間自由活動。自二〇一八年起，家樂福開始在量販店設立非籠飼雞蛋專區，推廣兩年，全國分店的非籠飼雞蛋銷售佔比，從一開始的四%，成長至二〇二〇年的二十二%。

顯著的銷售成長，背後其實仰賴了家樂福與台灣動物社會研究會（簡稱「動社」）共同的努力。雖然動社推廣非籠飼雞蛋已經超過十年的時間，然而直到家樂福的積極投入，這個議題在許多商業場合才得以被看見，溝通成效也因此顯著提升。相對地，動社在動保議題的專業建議以及經驗分享，也是家樂福得以落實此一商業模式的關鍵。

蘇小真以大鯨魚與小蝦米比喻雙方的合作，「大家都會覺得大鯨魚（大企業）很不好，小蝦米（小組織）好像很微弱，但是小蝦米有資金壓力，而大鯨魚力量很大，所以大鯨魚的力量放在哪裡是重點。」

食物轉型計畫除了因應氣候變遷之外，家樂福也希望可以促成另類的「以量制價」。「比方說有機葉菜原本很貴，當家樂福輔導更多農民去種植有機菜，量大普及之後，價格就會更親民。」蘇小真舉例。「我們覺得食物要能夠推廣友善理念，它的價格必須是可負擔的，而這是家樂福可以做到的事情。」

企業社會責任是減法，首重專注

蘇小真認為，落實企業社會責任（CSR）首重「專注」，回歸到企業的核心理念與業務，「不做」哪些事情，比多做哪些事情更加關鍵。

以非籠飼雞蛋為例，因為家樂福認為是值得推廣的理念，未來所有店面都會朝向專賣非籠飼雞蛋的方向發展，預計在二〇二五年，家樂福品牌雞蛋將全面採用非籠飼養的雞蛋。

「消費者不需要很多種選擇，他只需要比較好的選擇。」蘇小真眼神帶著堅定，「當我們的系統、供應量和價格都可以穩定的時候，理想上我們的店應該只賣非籠飼雞蛋，所以顧客進來不用挑，你想要的蛋都是安全或者符合理念的。」

二〇二一年，家樂福影響力概念店升級為2.0版本，聚焦「裸得好、品自然、買永續、挺社企、食在地」五大主軸，希望持續增加這樣理念型的通路，讓友善消費的概念在更多人心中萌芽，促進負責任的生產與購買行動。

家樂福影響力概念店希望透過消費聚集關注永續發展的民眾擴散分享理念與議題。
來源：家樂福影響力概念店FB

鮮乳坊

乳牛獸醫創立鮮乳品牌，助酪農永續經營

建構消費者信任、農民驕傲、動物健康的新食農生態

社會企業鮮乳坊是一間農業整合公司，不只提供優質的鮮乳，還重視動物福利、酪農權益、環境保護、食農教育等，期許能成為台灣最具正面影響力的乳品品牌。

二〇一四年，全台籠罩在食安風波的烏雲下。黑心油事件爆發，使同集團的鮮乳受到消費者集體抵制，連帶影響到提供乳源給大廠的辛苦酪農們。

看見這樣的問題，身為乳牛獸醫的龔建嘉成立「鮮乳坊」，在二〇一五年於群眾募資平台flyingV發起「白色的力量，自己的牛奶自己救」集資專案，與彰化福興鄉的豐樂牧場成立聯名品牌，希望能搭起酪農與消費者間的橋樑，將一瓶瓶無成分調整的鮮乳送進顧客手中，不用再擔心鮮乳因為來源混合而出問題，或是難以溯源。最後獲得近五千人的支持，募得超過六百萬元台幣。

一直以來，鮮乳坊致力打造消費者信任、農民驕傲、動物健康的新食農生態，希望成為台灣最具正面影響力的鮮乳品牌。他們怎麼做呢？

四大堅持，打造新食農生態

獸醫現場把關、嚴選單一牧場、無成分調整、公平交易，是鮮乳坊的四大堅持，不但印製在鮮乳產品包裝上，也實際落實於他們的每日行動中。

鮮乳坊首先以「養得越好，越值得被合理收購」，鼓勵酪農投入資源於優化牧場飼養管理上，並以高於市場行

情的價格向他們收購優質生乳，再利用品牌聯名的模式進行產銷合作。每一瓶鮮奶上除了鮮乳坊的logo外，還可見牧場名稱，讓消費者在選購時就能一目瞭然鮮乳的出處。

此外，鮮乳坊堅信「牛好，奶才會好」，他們除了輔導酪農牧場的飼養管理外，還會到現場監控預防疾病檢查、醫療用藥等，掌握牛隻的健康狀況與鮮乳品質。

為了進一步確保鮮乳品質，他們每一個合作牧場的鮮乳都採單一乳車運送、單一乳槽儲存，堅持不混乳、無成分調整、可溯源，且在獸醫師團隊的把關下，牛隻的乳脂肪或乳蛋白含量皆為台灣頂級水準，讓大眾能喝到天然、真實風味的鮮乳。

成為「鮮乳傳教士」，向大眾分享食農議題

除了提供優質鮮乳、保障酪農權益、確保牛隻健康，鮮乳坊還推動食農教育。自二〇一五年起，他們陸續於粉絲專頁與官網製作貼文、撰寫文章，分享牧場環境、鮮乳知識等，盼為大眾補充食農相關知識，如連載於粉絲專頁的「牛牛教室」、發布於官網上的「原來乳此」等。

鮮乳坊的食農教育不只停留在線上，他們至今也有破千場擺攤與逾百場演講，與眾人面對面分享鮮乳坊的行

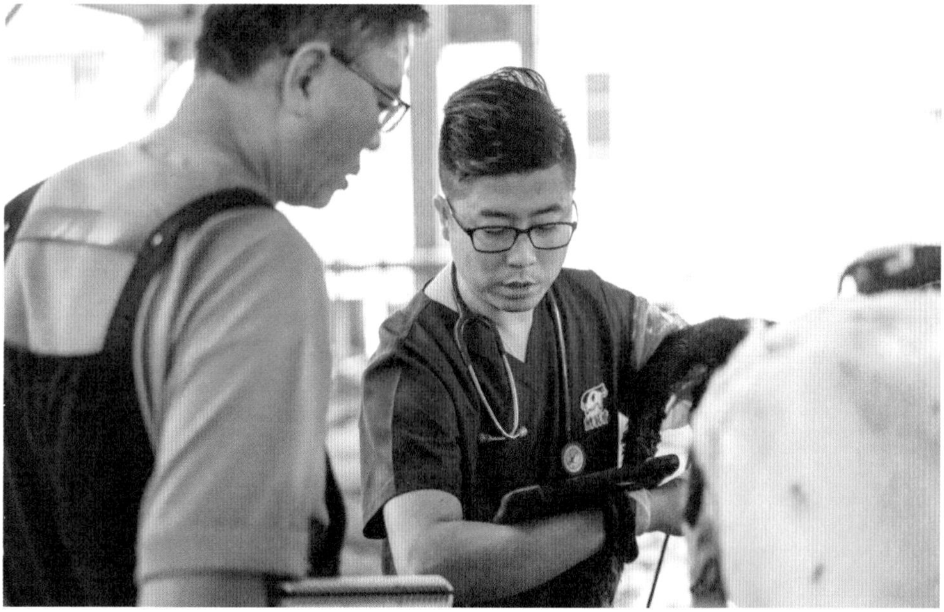

鮮乳坊會至牧場現場監控牛隻的健康狀況。
來源：鮮乳坊FB

動，與消費者分享應該了解的鮮乳大小事。

有了大眾的支持，現在的鮮乳坊不只販售鮮乳，更接連推出各式相關產品，包括優格、巧克力牛乳、鮮乳饅頭、鮮乳煉乳等。其中最值得一提的便是與豐樂牧場共同合作推出、全台第一瓶成分接近母奶的「A2β酪蛋白鮮乳」，標榜更親合人體好吸收，其創新力也讓國際名廚江振誠為此跨領域與設計大師方序中攜手，共同打造專屬包裝。

不主打小農，定位為「好農」鮮乳

能擁有目前的豐碩成果，鮮乳坊背後其實耗盡不少心力。龔建嘉認為，與消費者和酪農間的溝通，都是創業初期所面臨的挑戰之一。

鮮乳坊甫成立時，他們將自己定位為「小農鮮乳」。因為當年食安問題風波後，大眾對大廠鮮乳失去信心，轉而支持小農，全盛時期，市面上的小農鮮乳有超過四十個品牌。雖然鮮乳坊因主打小農鮮乳的名稱獲得消費者關注，但很快地，他們發現這樣的做法「弊大於利」。

「我們發現許多乳品大廠會將自己的牛奶，包裝成一個具有小農識別的新品牌。雖然主打小農，但仍為大廠以混乳的方式製作。」龔建嘉說，意即消費者仍可能從訴求為小農鮮乳的產品中喝到依然無法溯源的牛奶。

這樣的手法不但讓顧客無法支持任何一位農民，還使乳品大廠有提高售價的機會。因此，儘管小農二字較容易被人理解，鮮乳坊仍決定捨棄，改將自己定位為「好農」鮮乳，向消費者溝通他們是可溯源的獨立農民品牌，並費盡心思經營社群，透過圖文分享，對外闡述怎樣才是一瓶好的鮮乳。

與酪農的溝通也並非易事。由於酪農過去都與大廠合作，雖然時常碰到不合理的待遇，但不需要為了合作做太多配合。而與鮮乳坊合作，需要配合準備許多資料，包括為了申請生產履歷，需要逐一記錄牛隻健康程度，又或是針對動物福利投入牧場管理的設備等，往往需耗費很多精力。

對此，鮮乳坊在旁輔導他們完善整個流程，並確保提供高於市場行情的價格收購，與酪農一起打造一瓶「更好的鮮乳」，也透過過程建立起與酪農間的信任。

從一個專案到一個團隊，創造共同利益最大化

如今，鮮乳坊已成立七年，從當年的一個群眾募資專案，成長至一個六十人左右的團隊。雖然目前合作的牧場僅六家，總乳源約為全台市場的一%，卻已是超過六千家

（右）與鮮乳坊合作的豐樂牧場團隊。（左上）鮮乳坊與全家便利商店推出聯名商品。（左下）目前有超過6千個知名品牌與鮮乳坊合作。來源：鮮乳坊FB

知名品牌，如大苑子、路易莎、金色三麥、威秀影城等指定合作乳源。近來也與全家便利商店合作開發各式乳製品，其鮮乳也上架至包括家樂福、全聯、大潤發等各大通路，還有上千人每星期將鮮乳宅配到家。二〇二〇年鮮乳坊的營收已突破五億元。

回首來時路，龔建嘉感性地表示：「我覺得能給予消費者與農民一個全新的選擇，是最有成就感的一件事。」這幾年，鮮乳坊能陸續與不同牧場建立穩定的合作關係，讓他們確信這樣的商業模式真的可以建立消費者信任、保障農民權益。

二〇二二年，牛隻平常吃的草、飼料、大豆等原料大漲，鮮乳坊主動與酪農提出補貼可行性，酪農聽到這件事皆非常感動，讓他們真實感受到鮮乳坊與他們在同一條船上，也使他們了解所謂共好、共同利益最大化等，是鮮乳坊真的在意的事。

自二〇二一年開始與鮮乳坊合作的桂芳牧場曾分享：「加入鮮乳坊、擁有自己的品牌後，身邊的親友會開始與他們分享自家鮮乳喝起來如何，讓整個生活和養牛的價值變得很不一樣。」

在消費者端，也有一群因為認同鮮乳坊理念、喜愛他們產品的粉絲，會為尚未認識鮮乳坊的人，介紹鮮乳坊在做的事，以及他們的產品特別之處。

不過度生產，要把對的產品賣給對的人

下一個十年，鮮乳坊除了希望能更進一步幫助酪農邁向永續經營，也計劃建立新的品類系統「莊園鮮奶」，期待藉此讓眾人更清楚鮮奶的價值。「我想把鮮奶的格局拉高，像是茶、酒、咖啡一樣。未來市面上或許會有兩種鮮奶，一種是『工業生產的混合鮮奶』，另一種是可溯源、有特殊品質認證、獨立農民生產的『莊園鮮奶』。」龔建嘉表示。

鮮乳坊還有很多事情想做，但他們誓言絕不無限制的擴張。「佔據通路、取代其他乳品廠不是我們的目標，我希望鮮乳坊不過度生產、過度使用，而是能夠有一個平衡的產銷調節，把對的產品用對的方式賣給對的人。」對龔建嘉而言，這是屬於他們注定能做、也需要做的那一件事。

永續行動小檔案

組織：鮮乳坊

網站：https://www.bettermilk.com.tw

問題與使命：推出獸醫現場把關、嚴選單一牧場、無成分調整、公平交易的鮮乳，打造消費者信任、農民驕傲、動物健康的新食農生態。

可持續模式：

- 鼓勵酪農生產高品質鮮乳，以高於市場行情的價格向他們購買，並建立聯名品牌進行產銷合作。
- 輔導酪農牧場的飼養管理，並到現場監控預防疾病檢查、醫療用藥等，掌握牛隻的健康狀況與鮮乳品質。
- 每一個合作牧場的鮮乳都採單一乳車運送、單一乳槽儲存，堅持不混乳、無成分調整、可溯源。

具體影響力：

- 6間合作牧場。
- 2020年營收高達5億元。
- 與超過6千家知名品牌合作。

#SDG 2 #SDG 4 #SDG 12

直接跟農夫買

搭建支持平台，建立友善產銷連結

助超過十萬坪土地恢復生機

直接跟農夫買於二〇一四年成立，以「讓消費者和農夫不再只是買賣關係，而是守護健康與土地的盟友」為願景，為消費者帶來更健康的農產品，為農友擴大聲量、提升收入，更讓超過十萬坪的土地恢復生機。

二〇〇八年，熱愛旅行的金欣儀，因緣際會至農村參加了自然農法的課程，眼見農夫堅持無農藥、無肥料耕作，即使犧牲產量也在所不惜。她好奇地詢問願意減少收入、採用自然農法的原因，農夫答：「環境裡面不只有人類要生存，還有別的生物也要生存。」

彼時，金欣儀在廣告業任職，擅長行銷、寫文案，更曾獲坎城廣告獎。她深受農人友善土地之信念感動，決心辭職，赴全台各地的有機農地見習，並於二〇一〇年在Facebook創立粉絲專頁「直接跟農夫買」，寫下一篇篇農

金欣儀因感動於農人友善土地之信念而成立直接跟農夫買。來源：直接跟農夫買提供

友故事，傳遞他們的努力讓更多人看見、支持。

從單純分享農業故事的粉絲專頁起家，至二〇一四年正式成立社會企業，成為推廣友善環境農食的農業電商平台，近十年來，直接跟農夫買致力讓消費者與農夫不僅是買賣關係，而是形成共同守護健康與土地的盟友。如今，他們已與上百位農友合作，並讓超過十萬坪以上的土地恢復生機。

挖掘農業兩大問題：輕視專業、人口外流

在農村蹲點的過程中，金欣儀發現到友善耕作農夫面臨兩大問題：農耕專業不被重視、農村人口外流嚴重。

金欣儀指出，為了找到耕作與環境的平衡，農友得花費許多努力與心力，更需具備生態學、植物病理學、土壤學等專業知識，然而社會中仍有許多人不理解農耕專業的價值。

若人們不明白友善農法的價值，在採買蔬果時，仍只會以價格低廉者為優先。因此她認為應從消費者教育做起，使消費者理解友善耕作農友不僅要具備專業，更為了照顧土地與消費者健康，冒著生計的風險減少收成，進而提升消費者對農友的尊重與感謝之心。

直接跟農夫買致力讓消費者與農夫成為共同守護健康與土地的盟友。來源：直接跟農夫買FB

而農村人口外流嚴重，是上述問題的延伸。由於農夫專業不受尊重，且未獲得合理報酬，使農村長輩皆希望下一代出外工作，不要繼承農業的衣缽。

縮短產地到餐桌的距離，為友善農業的價值發聲

為改善農業悲情的形象，建立其應有的地位和價值，直接跟農夫買認為，首要之務是縮短產地到餐桌的距離，將農友專業知識與消費者需求轉譯給彼此。於是它扮演起橋樑的角色，在農友端與消費者端採取不同的行動。

在農友端，直接跟農夫買於官網中，詳細標明農產品的產地、耕種者姓名，以及農友實踐友善農法的幕後故事，而且樂於向消費者分享友善農業對環境帶來的改變。

除了與原本就從事有機農業的農夫合作，直接跟農夫買也致力陪伴正處有機轉型期的農友。金欣儀表示，農友在減少噴灑農藥的過程中，農產品可能出現產量減少、外觀不佳，同時又因未取得有機認證，而無法進入有機通路，使得農友面臨賣不出去的危機。

直接跟農夫買於是成為有機轉型期農夫的通路之一，金欣儀表示：「直接跟農夫買很喜歡願意改變的人，我們會把他的故事講出來，讓消費者去認同、去理解，這些夥伴在這條路上就可以一直走下去。」

超越買賣關係，讓消費者與農友攜手守護土地

在消費者端，直接跟農夫買不厭其煩地講述消費者的參與，可以對土地造成的正向改變，凝聚出一群重視環保與生態的客群，更成為一股回推生產者的力量。舉例來說，曾有消費者在訂購時主動提及水果盒中不要用太多塑膠包材，使農友可以放心轉換至更永續的包裝方式；而當農作物收成狀態不好時，也有消費者不但不退款，還主動提出幾個醜果再運用的做法。

金欣儀表示，擁有一票同樣具備永續共好精神並身體力行的消費者，可說是直接跟農夫買作為農業電商與眾不同之處。讓消費者與農友不僅是買賣關係，更是一起守護健康與土地的夥伴，如此精神，便體現在直接跟農夫買提供的服務之中。

例如，「計畫性支持專區」，以「預約」的概念，讓網站會員按一個鍵，便能表達對該項農產品的興趣，待農產品收成後可再決定是否付款購買。在耕種前統計有多少筆預約資料，可助農友預估產量，降低過量生產的風險，

避免造成土地跟食物的資源浪費。

更進一步，消費者也可參與「養一桌食物」計畫，透過認養一塊與桌子大小相同的土地，提前付款，與農友一同承擔收穫與風險。作為該作物的「養父母」，當該年收成很好，即可獲得比預期更多的農產品；若遇歉收，則有拿不到預期收成的可能性，此時，消費者預先支付的費用，將有部分作為支持農人辛勤耕耘的「保母費」，部分則會退還。

「我們希望創造消費者跟農友牽手的關係，『養一桌食物』計畫的模式，讓我們覺得他們終於牽手了。」金欣儀表示，若發生氣象災害，消費者會第一時間擔心農田的狀況，比起過往的買賣關係，消費者與農友更像是同事、夥伴，一同扛起從生產到收成的責任。

目前「養一桌食物」計畫已推動近三年，累積三位農夫、二百二十五位養父母、四百一十「桌」土地加入。金欣儀盼望未來能號召更多農友參加計畫。「台灣的農業交易形式，可以有不同的改變，除了等農友種好買來吃，消費者現在能有更多參與方式。」

創業如馬拉松，定期審視營運、展望未來

創業至今已超過五年的直接與農夫買，下一步將持續擴大社會影響力，創造更多農友與消費者牽手的關係。

為了全面檢視組織的體質、找到組織成長的關鍵，金欣儀參與社企流iLab加速器，在導師的協助下，重新審視財務、品牌、行銷三大面向優化方針。

在財務面，導師帶領團隊檢視不同的通路收入來源，以制定未來通路的發展策略；在品牌面，團隊回溯願景，檢視網站中與消費者溝通的主張，是否與願景一致；在行銷面，藉由解析顧客的使用者流程，提出拓展新會員並鞏固原有會員的策略，以提升整體顧客忠誠度。

對於創業者而言，創業就像一段永不歇息的馬拉松，在當下奔跑的同時，難免會忘記回首過往、展望未來。金欣儀表示，透過參與加速器，得以讓組織用不同的角度去看待營運各面向的問題，並有意識的慢下腳步，重新梳理前進的方向。接下來，直接跟農夫買將帶著過去的經驗，以及於加速器中獲取的建議，發展更完善的會員制服務，提升會員權益，成為消費者能夠更深度參與的品牌。

針對想投入農業領域的有志之士，金欣儀建議，不要

認為自己在「幫助」農夫，而是「攜手」與農夫達到相同的願景。「創業者要屏除上對下的心態，因為農夫才是真正在第一線，幫助這塊土地變好的人，這才會是讓組織持續經營的方式。」

未來，金欣儀期許直接跟農夫買持續擔任農友與消費者之間的橋樑，讓願意採取友善耕作的農友被更多人認識，也讓更多消費者理解友善農業價值，進而願意支持購買，形塑一個土地與人永續共好的未來。

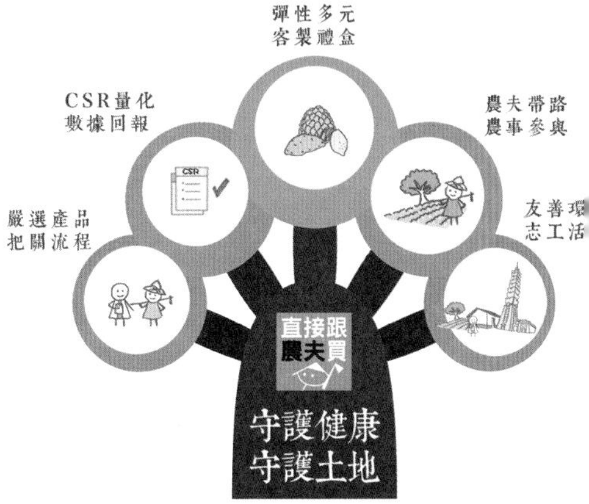

「直接跟農夫買」營運模式。
來源：社會創新平台

永續行動小檔案

組織：直接跟農夫買

網站：https://www.buydirectlyfromfarmers.tw/

問題與使命：支持農友採取友善環境的耕作方式，向消費者傳遞友善農耕的價值，達成「讓消費者和農夫不再只是買賣關係，而是守護健康與土地的盟友」之願景。

可持續模式：

- 提供消費者新型態消費方式，透過「計畫性支持專區」、「養一桌食物」計畫等服務，創造消費者與農友的牽手關係。
- 為企業客製小農禮盒、CSR一站式服務與CSR量化數據回報、電子商務服務。
- 提供農村多元參與方案，如農夫帶路、員工農事參與、志工活動等，縮短產地與餐桌的距離。

具體影響力：

- 合作的友善生產者超過180位。
- 友善耕種面積超過13萬坪。
- 與逾50家上市公司、外商企業合作。
- 75%合作夥伴的收入提升12%以上
- 84%生產者與直接跟農夫買合作後，提升了身為農食生產者的自信心。

#SDG 11 #SDG 12 #SDG 13
#SDG 14 #SDG 15

台灣全民食物銀行

募集多餘糧食，分配至社福團體

致力減少浪費、終止飢餓

為解決糧食「不患寡而患不均」的問題，台灣全民食物銀行募集多餘的食物資源，透過志工與合作的社福機構實地探訪，針對不同需求者提供相應的資源，讓有限物資做最理想的分配，達到減少浪費、終止飢餓之目標。

文—古碧玲

距離一七六〇年代興起的工業革命約二百六十年，意味著食物可以透過機械化生產的時間已超過兩個半世紀，食物取得途徑相對於農業時代容易許多，但我們仍會看到許多怵目驚心的數據。

根據聯合國開發計畫署（United Nations Development Programme）的估算，截至二〇一七年，全世界有八．二一億人口處於食物不足狀態；亞洲的飢餓人口佔了全世界的六十三%；近一．五一億的五歲以下孩童處於發育遲緩等不良狀態，比例高達二十二%。聯合國世界糧食計畫

「資源不浪費、台灣無飢餓」是台灣全民食物銀行的願景。來源：台灣全民食物銀行FB

署（WFP）更統計出，在非洲有三十九個國家提供學校供餐計畫，每天有三千萬非洲兒童在學校吃飯；然而，整個非洲大陸卻有六千一百萬的兒童是餓著肚子去上學。

另一方面，則是令人咋舌的食物浪費數據。據全球食物銀行網絡（Global Foodbanking Network，簡稱GFN）分析，每年約十三億公噸、佔三十三%的食物在消費前後被浪費掉，相當於一兆美金的價值，而蔬果被棄置的佔比最高，歐美每人每年平均浪費掉九十五到一百一十五公斤，亞非則浪費六到十一公斤。

這兩端的數據全然不對稱，正是所謂的「不患寡，而患不均」，根據數據顯示，如果把全世界浪費的食物做妥善處理與分配，將可餵飽八·一億糧食不足的人口。從許多現象顯示，造成飢餓通常不是食物問題，而是流通問題。

食物銀行於世界各地誕生

如何將每年浪費逾十億噸的食物，與四分之一的人營養不良做一個較妥善的分配，以縮短兩者的距離，正是食物銀行在世界各地因應而生的緣由，也呼應了聯合國於二〇一五年提出的永續發展目標之第二項，在二〇三〇年消除世界飢餓的目標，全球各個與食物分配相關的組織平台，都將消除飢餓納入主要工作範圍。

食物銀行濫觴於一九六七年，一位退休商人John van Hengel眼見人們暴殄天物，遂在美國亞利桑那州鳳凰城首創此一系統。而人們在後工業化之後的飲食浪費有增無減，有識之士開始發揚光大食物銀行體系，包括全球食物銀行網絡、餵養美國組織（Feeding America）、停止飢餓基金會（Stop Hungry Foundation）、歐洲食物銀行聯盟（European Food Banks Federation）等跨國性組織紛紛成立，致力於輔導各國各地區的食物銀行如何有策略地募集多餘糧食，交付給最需要的人，並邀請社會各界包括政府、企業和民眾共同參與。

方興未艾的食物銀行，同時是個具綠色使命的行動，不僅支持永續糧食系統，並且履踐了環境保護。

當碳排放陸升導致溫室效應，氣候變遷的衝擊，使得糧食生產環境日益嚴峻，富人有足夠的金錢可採購糧食，但窮國與窮人卻首當其衝。例如，二〇二〇年二月，原本乾燥的東非因驟雨成為蝗蟲繁殖的溫床，導致蝗災遍及東非、印度、巴基斯坦等地，印度拉賈斯坦邦財政部長即表示：「四千億隻蝗蟲襲擊了該邦，大量農作物被毀，印度學者預測蝗災將造成印度糧食減產三十%至五十%。」

這種因氣候異變所產生的天災，勢將導致飢荒，而食物銀行平台則可適時發揮作用，建立永續的食物儲藏與分配系統，於發揮社會公正和公平起關鍵作用。這也是近年全球食物銀行網絡積極扶持東亞與非洲地區成立食物銀行網絡的理由。

實現安全且快捷的食品捐贈分配

在台灣，環保意識逐漸抬頭的今日，有各種具備分配食物的地區型社福和公益組織，也有幾家網絡型的食物銀行平台，將募集的大批食物透過平台重新分配，包括了：台灣全民食物銀行協會、食物銀行聯合會、1919食物銀行與安德烈食物銀行等。

而唯一由國際組織全球食物銀行網絡認證的，則屬台灣全民食物銀行。該組織特別之處，是以組織對組織的方式，將勸募得來的食物資源，無償轉贈給全台逾兩百家合作的中小型社福團體夥伴，設置平台機制，由服務第一線個案的社福組織依需求登記，以實現安全且快捷的食品捐贈分配。

在資源募集與分配的過程中，台灣全民食物銀行秉持兩大原則。第一，透過宣導的方式，呼籲大眾共同有效地減少資源的浪費；第二，依照不同的服務族群提供所需的資源，如有長輩的家庭，除了基本食物及日常需求的配給之外，還多了銀髮族奶粉及尿布等。台灣全民食物銀行深信，透過深入了解合作機構的服務內容及對象，可以更明確了解受贈者的需求，如此才能將有限的資源做最理想的分配，達到減少浪費、終止飢餓之目標。

二〇二一年，台灣全民食物銀行共搶救將近三百一十九噸食物，轉發給有需要的機構逾一千一百九十四次，募集物資約值市價八千七百二十八萬台幣。

穩健推進階段性目標與食農教育

未來，台灣全民食物銀行期待能持續與台灣各地公益團體、校園合作結盟，提升資源募集與配送之效率。中期目標，希望能透過立法促進食品與餐飲業者減少浪費，並協助各地社區建立食物銀行分行，以利物資更順暢地運送。長期而言，則希望與物流產業攜手，發展物資管理支持及宅配系統。此外，預計建立愛心廚房，期許能提供更多弱勢學童及獨居老人營養均衡的餐點。

最終目標，則是發展完備物資及農漁產品整合系統，並與政府攜手建構全台物資與救災服務網路，進而建立與世界各國共享資源的機制。

同時，自詡為「食物銀行的倡議者」，台灣全民食物銀行在加強學童營養上著力甚深，透過偏鄉教室營養補充包，為較缺乏營養資源地區的學童們募集鈣質、Omega-3、膳食纖維等成長所需的營養素食物，不僅讓孩子們要吃得飽，更要吃得好。這一計畫符合全球食物銀行網絡的步調，更應邀於二〇一九年的全球食物銀行年會報告。

除了宣導不要浪費食物之外，台灣全民食物銀行認為更應該從食農教育著手，從源頭帶領孩子耕作，認識自己飲食的傳統作物，使他們對食物和土地更有感覺，並將永續的概念置入其中。不再只是「亡羊補牢」地呼籲食物不浪費，而是引導下一代更有意識地了解食物的可貴與愈來愈取得不易。

作為一個逐步成長的食物銀行，台灣全民食物銀行每個轉身與前進，都期待為取自天地間的食物與人們的需要盡更多心力，未來，將於現行業務和創舉間穩健前行。

永續行動小檔案

組織：台灣全民食物銀行

網站：https://www.foodbank-taiwan.org.tw

問題與使命：將有限的資源做最理想的分配，達到減少浪費、終止飢餓之目標。

可持續模式：

- 募集有效期限1個月以上、包裝完整附有成分標示、可常溫保存之物資。
- 為全台慈善組織將捐贈的食物收集、分類、儲存及分配到社區中；整合各單位（工廠、中盤商、零售商、消費者等）即將要被浪費掉的食物，無償轉贈給中小型社福團體夥伴，由服務第一線個案的社福組織依需求登記，提供相應的資源到最需要的人們手中。

具體影響力：2021年，搶救將近319噸食物，轉發逾1194次給有需要的機構，募集物資約值市價8728萬台幣。

#SDG 2 #SDG 12 #SDG 13

綠藤生機

純淨保養，倡議照顧肌膚也友善環境

五度蟬聯B型企業「對世界最好」環境大獎

綠藤生機是台灣的純淨保養品牌，也是亞洲唯一、連續五度獲得「對世界最好」環境大獎的B型企業。產品內容物皆優先選擇天然來源，外包裝也盡可能循環再利用，還推動「綠色生活21天」等計畫，呼籲各界一同友善環境。

二〇一〇年，鄭涵睿、廖怡雯、許偉哲三名台灣青年共同創辦綠藤生機，將環保永續視為企業的DNA，為台灣保養品界開啟全新篇章。

綠藤的起心動念是，希望在加重環境負載的資本主義下，能找回消費行為的本質，並為環境永續找到解答。他們深信，總有更好的方式能善待自己，以及我們所生存的環境。

因此，他們提倡「多，即是少」（More is Less）的概念，堅信只要擁抱更多知識，擁有更多透明、表裡如一的選擇，便能有更少的衝動、浪費、非必要以及不確定性，為肌膚與環境帶來更好的選擇。一直以來的堅持與努力，讓綠藤成為亞洲唯一、連續五度獲得「對世界最好」環境大獎的B型企業。

從裡到外力求永續，照顧肌膚也照顧環境

截至二〇二二年八月，綠藤共推出二十二款產品，涵蓋洗髮、沐浴、保養、防曬等多種用途，不變的是，它們皆緊扣「純淨」的精神，捨棄保養過程中不必要的步

驟，以及不必要的成分。為此，綠藤的產品避免使用超過二千九百種非必要成分，優先使用天然萃取物，盼打造出友善肌膚與環境的產品。

在包材瓶器上，綠藤於二〇二一年底推出全新品牌識別「Nature's Code自然密碼」，一改過往清新風格的包裝，取而代之的是質感墨綠色的主視覺，象徵往永續更邁進一步。「美妝保養界的最大問題就是『過多』，其中包括過多難以回收的瓶瓶罐罐。」綠藤共同創辦人廖怡雯說。

因此，除了以易回收的再生材質、回收用紙或FSC認證用紙為優先選擇，他們還與全台最大回收玻璃企業春池玻璃合作，以五十%再生玻璃製造新品牌視覺的瓶器，讓用畢的玻璃瓶經過回收再製後，能有下一段生命旅程。

產品的內容物與包材，是綠藤實踐永續的行動之一，近幾年，他們也著力於環境教育與倡議，推動各式各樣的計畫，為環境永續打拚。包括邀請消費者將用畢的瓶器送回櫃位回收的「空瓶回收計畫」、呼籲各界於世界地球日當月共同落實永續生活的「綠色生活21天」等，期盼能鼓勵消費者、同業等利害關係人一同重視環境議題，並採取對世界更好的行動。

綠藤將全系列保養品以50%再生玻璃瓶器盛裝。
來源：綠藤生機官網

「有一次，我們碰到一位消費者拖著行李箱，裝滿上百支綠藤產品的空罐前來櫃位回收。」廖怡雯笑著分享。足見消費者已隨著綠藤重視環保、力行改變。

此外，綠藤也自發性地加入國際組織1% for the Planet，每年將企業營收的一%捐給環境組織，希望能提供資金讓他們得以持續維護環境的倡議和行動。

創立逾十年，以人為本應對挑戰

如今，綠藤已創立逾十年，從最初投入生鮮芽苗到研發不同系列保養品，銷售管道從最初的線上販售為主到現在進軍百貨零售店，回望這一路的歷程，廖怡雯坦言曾面臨不同面向的挑戰，「不管是商業模式的轉變、如何吸引志同道合的人才，以及該怎麼帶領綠藤成員在組織的不同階段有更進一步的成長等。」

尤其二〇二〇、二〇二一年新冠肺炎疫情嚴峻，除了人們減少外出，綠藤實體門市受到影響外，為了防疫，公司內勤成員也需在短時間內改為遠距工作。該如何照顧專櫃夥伴，同時凝聚組織文化與團隊向心力，都是不小的挑戰。

對綠藤來說，員工是最重要的「顧客」，因此在疫情

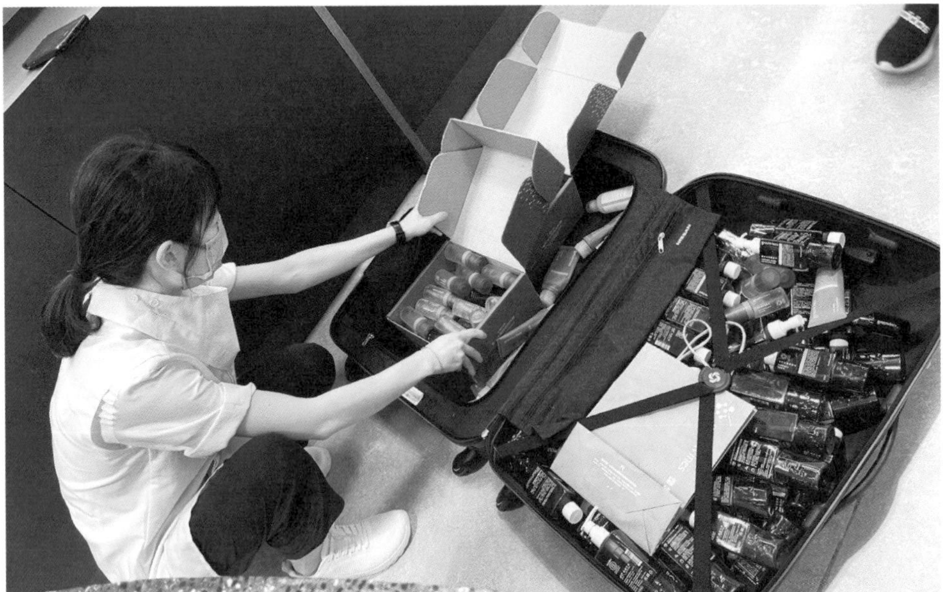

消費者用行李箱帶著上百支產品空罐到綠藤櫃位回收。
來源：綠藤生機FB

爆發的一週內便提出「保障獎金」及「不減班」的承諾，讓夥伴在工作及收入上無後顧之憂。除了寄出「零食箱」和主管們的手寫卡片，將關心與溫度傳遞到第一線之外，也透過視訊會議與線上課程的安排，讓夥伴們了解公司狀況並持續學習。

而面對遠距工作的調整，綠藤則透過各式線上、視訊軟體，如Slack、Google Meet、Gather Town等，安排全綠藤的線上文化活動，包含跨部門的午餐時間，讓夥伴即使在家工作，仍能透過螢幕面對面交流。「這個過程中，我發現綠藤在面對變化下，除了快速就位、順利完成工作之外，也仍能維持團隊凝聚力。」廖怡雯語帶驕傲地分享。

純淨保養擴散改變，超過九千人採取綠行動

綠藤推動純淨保養、環保永續的理念，也一點一滴地改變消費者的觀念與行動。

二〇二〇年，他們發起「純淨保養調查」，在超過一萬八千份問卷中，發現有超過一半的填答者每天的保養步驟不超過三個，九成的填答者認同保養品不只該為肌膚好也該與環境共好。這讓廖怡雯看見，綠藤的規模雖然不大，但卻真的能發揮影響力，改變消費者的認知。

二〇二二年，綠藤攜手台灣環境資訊協會、B型企業協會等組織第六度舉辦「綠色生活21天」，邀請民眾透過二十一個綠行動開啟永續生活，另外還有二十一個品牌與組織接力倡議。活動最後共吸引超過九千位網友完成二八八九二個綠行動，六年下來共為台灣累積了超過二十二萬個綠色行動。響應者與參與者可說是逐年增加中。而後綠藤也捐出超過三十萬給台灣環境資訊協會。

綠藤在人才培力上也不遺餘力。他們從二〇一三年、尚未有豐沛資源的時候，就開辦「綠藤實習生計畫」，盼讓學生透過實習機會站上不同的職場舞台發揮，累積至今，有三分之一的歷屆實習生正式加入綠藤轉為正職員工。而今，綠藤也成為台灣首個培育社會使命型人才的組織School 28的夥伴組織，其共同創辦人鄭涵睿更擔任學員的職涯導師，希望讓更多青年人才進入社會創新組織工作、開啟影響力職涯，為更好的世界盡一己之力。

首重減少溫室氣體，承諾達成可信淨零

綠藤不將自己侷限於保養品牌，他們從未停止思考如何能更進一步減少對環境的傷害，並祭出相關行動。最新目標是挑戰在二〇二五年前達成「可信淨零」（Credible

Net Zero），意謂優先以溫室氣體減量（Reduction）為首要任務、碳抵銷（Offset）為次，以逐步達成淨零。

為此，綠藤訂定三個回應目標的路徑，包括「In the Bottle：將產品內容物的天然來源成分佔比提升至九十九・六％」、「On the Bottle：全數產品包裝挑戰達成零廢棄」，以及「Around the Bottle：組織碳排放減少六十％」，希望能透過研發更天然的產品配方、設計更減碳的商品包裝、運用綠電等方式，對抗氣候變遷問題。

「綠藤雖然規模還不大，但從空瓶回收計畫，到製作五十％再生玻璃瓶器等，都可以看見他們非常願意主動改變市場的認知，是保養品界很大的突破。」綠藤的合作夥伴之一、春池玻璃副總經理吳庭安談起綠藤時，給予極高的回饋。

邁向永續，永遠都要做得更多更好

二〇二二年下半年，綠藤將推出兩個全新品牌，一是他們深耕已久的生鮮芽苗，將以新的面貌與大眾相見。

「這幾年綠藤被認知的可能是B型企業、純淨保養，但鮮少人知道最早的綠藤，其實是以種植芽苗起家，為的是讓更多真實營養回到餐桌。因此今年為了回應這份初心，我

綠藤參與發起的「綠色生活21天」計畫，2022年吸引超過9千名網友採取綠行動。來源：綠藤生機FB

們將推出全新高營養蔬菜新品牌。」廖怡雯解釋，他們希望芽苗品牌能深入推動食農教育，讓人們更加了解芽苗的長效營養價值。

另一個則是香氛產品系列，綠藤觀察到市面上有許多香氛中的元素並不透明，甚至找不到不添加人工香料的香氛選擇，因此希望能提供消費者最真實氣味的香氛產品。

「我們做得還不夠，還可以更好。」採訪的過程中，廖怡雯不時提到這句話。在綠藤心中，只要與環境相關的事，永遠還有更多、更好的行動，只要問題仍存在，他們便會一直探索能帶領大眾邁向永續的方式，不會停歇。

永續行動小檔案

組織：綠藤生機

網站：https://www.greenvines.com.tw

問題與使命：「讓更多永續選擇在生活中發芽」是綠藤的使命，因為相信生活永遠有更好的選擇，綠藤以減法的純淨保養，挑戰保養慣例，透過減去非必要的保養程序、減去超過2900種非必要成分、加上必要的透明，讓每天的保養成就肌膚與環境永續的可能。

可持續模式：

- 優先選用天然原料，建制且持續更新超過2900個非必要成分清單，並將其排除於配方之外。
- 產品的玻璃瓶器使用50%再生玻璃製造。
- 推動「空瓶回收計畫」，將廢棄玻璃交給春池玻璃回收再利用，塑膠則送至大愛感恩科技回收再使用。
- 每年發起「綠色生活21天」，呼籲大眾一同響應永續生活。

具體影響力：

- 支持迦納小農種植辣木樹，協助7千名小農提升收入4至10倍。
- 自2017年開始，每年舉辦「綠色生活21天」，為台灣累積超過22萬個綠色行動。
- 2020年發起的「純淨保養調查」發現，有9成的填答者認同保養品不只該為肌膚好，也該與環境共好。
- 亞洲唯一連續5度蟬聯「對世界最好」環境大獎的B型企業。

#SDG 3 #SDG 12 #SDG 13

配客嘉PackAge+

設計循環包裝袋，打造永續網購生態系

減少大量一次性包材的產生

致力將台灣打造成永續網購生態系的配客嘉，回收大量廢棄寶特瓶，製成堅固耐用的循環包裝袋，每個至少可重複使用八十次，減少大量一次性包材的產生，並陸續與不同通路合作，設立歸還點，方便消費者歸還包裝袋。

每當收到網購的商品時，你是否也為眾多的一次性包材煩惱不已？除了紙箱外，從快遞包裝袋、膠帶紙、到硬紙板及塑膠製的防撞填充物，不僅製造浪費，也成為居家回收的負擔。許多包材最後甚至面臨被當成一般垃圾、直接遭丟棄的命運。

台灣的網購市場相當龐大，製造了十分可觀的垃圾浪費。根據KPMG《二〇一六亞太電商概覽》報告，台灣的網購人口佔比高達八十六・一%，高居亞洲之冠，排全球第十七名。此外，網購商品總金額逐年上漲，包材消耗量的成長幅度也可想而知。

電商賣家成立循環包裝公司，決戰一次性包材

自己曾是網購賣家的葉德偉，過去從越南、中國進貨3C配件，賣給Yahoo!或PChome的買家，每天經手貨量大約三百到一千件。長期與大量的網購包裝垃圾共處，讓他意識到電商產業所製造的一次性包裝，對環境危害甚大，因此心想：如果有一種包裝可以重複循環利用，不必製造一次性垃圾，對環境和消費者豈不都是更好的選擇嗎？

因緣際會之下，葉德偉參加了社企流iLab育成計畫，在聽了簡報之後，認同成立「公司型社會企業」的模式，是解決網購包裝浪費問題很好的方式，於是萌生了創業的想法，他找了一群志同道合的創業夥伴，希望可以打造一個無塑的網購世界，讓包裝成為友善環境的載體。

為了實現這樣的使命與願景，葉德偉等人參與了ATCC全國大專院校商業個案大賽，希望借重大企業的資源取得更多挹注力量。他們以「減廢消費」為主軸的創業提案，很快獲得台積電的青睞，不僅在競賽中一路過關斬將，榮獲大賽亞軍，最終也有幸獲台積電蔡能賢副總經理的天使投資。

這段旅程讓葉德偉團隊獲得關鍵助力，得以創立環保包裝公司配客嘉（PackAge+），把減法思維帶入廣大的電商市場，傳遞「少即是多」的環保理念。

永續行動小檔案

組織：配客嘉PackAge+

網站：https://www.packageplus-tw.com

問題與使命：打造永續網購生態系，讓台灣成為世界第一的零浪費網購國度。

可持續模式：

- 將回收的廢棄寶特瓶，製成堅固耐用的循環包裝袋，讓網路店家可以以此包裝商品。
- 與多個實體通路合作，並推出官方LINE地圖，讓取完貨的消費者，可以查看附近有哪些可以歸還包裝袋的歸還點。
- 推出「ReTissue在乎衛生紙」，減少66%資源消耗。

具體影響力：

- 一個循環包裝袋，可以重複使用至少80次，減少一次性包材的浪費。
- 與國際種樹組織Trees for the Future合作，在全球種下近2萬5千棵樹。

#SDG 11 #SDG 12 #SDG 13 #SDG 15

配客嘉團隊把「少即是多」的環保包裝理念帶進電商市場。來源：配客嘉官網

廢棄寶特瓶製成包裝袋，廣設回收點方便歸還

根據統計，每個一次性塑膠包裝袋，會造成〇．八公斤的碳排放量；而一個紙箱由製造到燃燒，則會產生一．三公斤的碳排。配客嘉回收大量廢棄寶特瓶，製成堅固的環保包裝袋，不僅為既存的塑膠廢棄物找到生命第二春，更為網購市場一次性包材的減量工作打開契機，有望能減低網購過程製造的碳排放。

根據配客嘉設計的循環袋使用流程，消費者拿到網購商品取出物品後，再將包裝空袋歸還到便利商店等地所設的「回收站」，每個網購循環袋初估最少能使用達八十次。如果是在便利商店取貨，則可以立即拿出、隨即交還店員。為了確保商品在運送過程中不被拆封，循環袋上貼有一張小小的「安全貼紙」，是經專利認證的設計，只要被撕毀，就會變色、留下標誌。

葉德偉表示，歸還與回收循環袋的便利度，是網購循環包裝模式能否成功的關鍵。截至二〇二二年中，配客嘉的循環包裝合作歸還點涵蓋多家連鎖通路與獨立店家，其中包括全台約三千八百間全家便利商店、約四十間7-ELEVEN、超過八十間家樂福等，讓消費者歸還包裝更

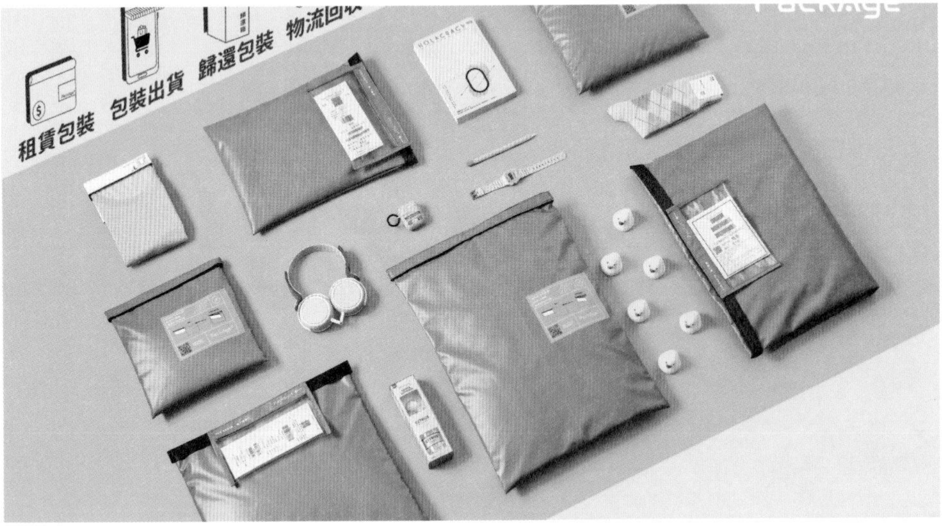

循環包裝袋有各種尺寸，可容納不同體積的商品。來源：配客嘉官網

為便利。

為了讓消費者能隨時隨地掌握鄰近的歸還點，配客嘉還設計了歸還點地圖。消費者只要加入配客嘉的LINE官方帳號，點選表單中查看地圖、填寫手機號碼完成註冊，就可以透過輸入縣市及行政區，立即查看自己附近的歸還點。不少使用者也紛紛回饋，使用環保包裝袋網購、歸還比想像中簡單，讓他們有持續使用的動力。

搭上政策順風車，對外擴大同業串聯

二〇一九年十月，搭配環保署「網購包裝減量指引」政策，配客嘉受邀參與由政府主導邀集的「網購包裝減量聯盟」，與來自不同部門的單位合作，一同為網購包裝減量集思對策。透過該計畫串聯，配客嘉結識了PChome、UNIQLO等主流電商，並於二〇二二年正式展開合作，消費者若在購物時點選願意使用環保循環包裝，就能透過配客嘉的包裝出貨。

除了環保循環袋外，配客嘉也開拓其他環保相關產品，來增加收入來源。他們打造友善弱勢族群的紙箱產品，向大紙廠訂製百分百再生紙漿所製的紙箱，並與其他關懷就業的公司型社企、非營利組織合作，在紙箱上印製

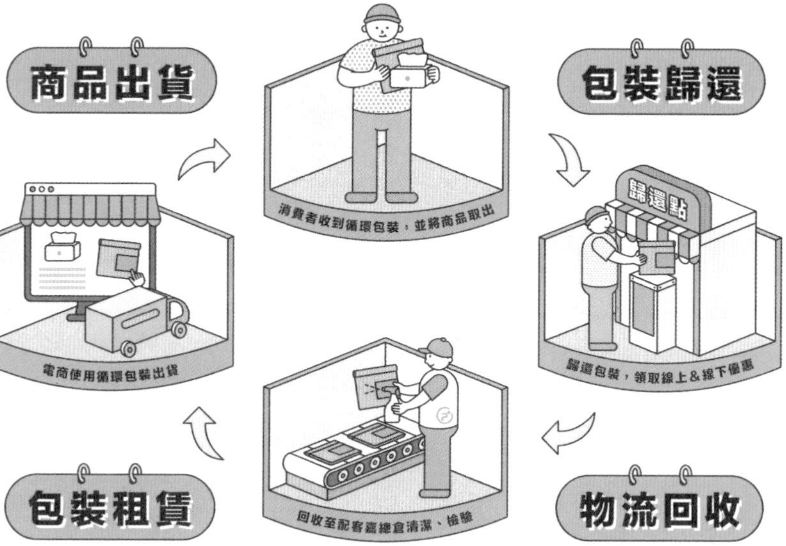

配客嘉的循環包裝系統。
來源：配客嘉官網

文宣為其宣傳，同時將價差以及經營所得利潤回饋弱勢族群、幫助拾荒者就業。

配客嘉還推出「ReTissue在乎衛生紙」，使用百分百再生紙漿製成，可以協助減少六十六%的資源消耗。此外，更與國際種樹組織Trees for the Future合作，已在全球種下超過兩萬棵樹。

積極克服挑戰，盼擴大關鍵支持者

葉德偉表示，配客嘉創立以來面臨較大的挑戰，是現今主流電商大多採用自動化出貨流程，而使用環保循環袋包裝則需要較多人力來完成。另外，由於主流電商的出貨量相當大，所需包裝數量相對也較大，對於像配客嘉這樣規模較小的公司來說，要生產大量的環保循環袋是較沉重的成本負擔，需要開拓更大的資金來源，才能夠生產充足數量。

為了找到更多支持他們的目標族群，也為了累積充足的規模化資金，配客嘉在二〇二二年啟動群眾募資專案，期待能有更多重視環保議題的消費者一起來參與，並能藉此生產更多的環保循環袋供應市場需求。他們與眾多環保型社企合作，借重社群力量，推出吸引關心環保者買單的群眾募資回饋品，希望能從關注環保的消費者出發，讓網購循環模式逐漸普及化。

然而，受疫情影響，募資計畫暫時擱置，而配客嘉也特別強調將加強「包裝清潔」流程，讓每個收到循環包裝的消費者，都能獲得最安心的服務。

改變一個既存的巨大體系並不容易，但葉德偉表示，數位發展部長唐鳳在擔任政務委員時曾說過一句話，讓他至今銘記在心：「如果我們在十年內，沒有做任何針對氣候變遷的改變的話，十年後我們連選擇的機會都沒有。」他深信，只要能夠打造永續網購生態系，努力號召人們加入，便能讓這份愛護地球的行動持續轉動，讓我們身處的環境更加永續。

馳綠國際

咖啡渣、矽晶圓、寶特瓶，均成製鞋好物

馳綠22製夢所實踐永續夢

誕生於二〇一二年的馳綠（Ccilu）國際，創辦人許佳鳴是傳統製鞋業第二代，他以社群和募資為主的馳綠22製夢所，將二十二歲時期待的理想生活願景為起點，讓一雙雙鞋子進入循環經濟體系，更改善拾荒者的生活。

在創辦馳綠國際之前，許佳鳴是台灣花旗銀行助理副總裁。二〇〇七年他回到故鄉台中接手家族製鞋事業，從勤跑中國、越南工廠的基層開始學起，看見台灣製鞋產業的光明與黑暗猶如一體兩面，「過去鞋子的設計美感都是歐美主導，台灣只能接設計圖埋頭製作，世界認為台灣人不懂設計、不懂流行，所以我想一點點向世界證明，一步步走出去。」

許佳鳴的第一步從創立品牌開始，馳綠國際是獨立於家族工廠之外的鞋款品牌，最初採取和海外代理商簽約的

馳綠合作非營利組織人生百味、五角拌等打造回收廠，以3倍市價向拾荒者收購寶特瓶。來源：馳綠22製夢所官網

方式合作，初嚐受到國際市場認可、銷售業績扶搖直上的成功滋味，沒想到在二〇一七年品牌成立五年之際，馳綠國際因為一整批商品的失利，面臨幾乎倒閉的重大危機，然而，當時的危機卻也成為馳綠的轉機。

彼時，眼見自己多年來關注的永續議題成為當代顯學，許佳鳴提及，製鞋生產端剛好走到技術純熟的階段，尤其鞋子是每人每天的必要物件，帶領人們前往想去的地方、認識新朋友，是創造人與人連結的樞紐，「這是我們品牌的本質，所以我和團隊說，每次發想新產品，都要盡最大可能去和社會有所連結、共鳴、互動。」

於是，馳綠國際轉而經營社群，以「馳綠22製夢所」之名，將二十二歲應當勇敢做夢、造夢的精神作為品牌核心，鎖定那些被認為是垃圾的原料，創造潮流鞋款，向世界證明台灣有能力推出質感和美感兼優的一線永續商品，不會永遠退居二線。

廢料不是廢料，循環還可再循環

「我的意志很單純，想要創造取之於社會、還之於社會的各種可能性。」許佳鳴表示。

為了貫徹這股意志，馳綠22製夢所和各行各業公司收

以咖啡渣製成的鞋款，獲2019德國紅點設計大獎肯定。來源：馳綠22製夢所官網

取廢料，「這件事是生產鞋子的第一步，因此我們有機會和各種團體互動，奠定了馳綠和其他公司不一樣的基礎。」一開始，由馳綠團隊主動出擊，尋找適合的咖啡渣回收資源，促成首個以咖啡渣製防水鞋的募資專案圓滿成功。

接著許佳鳴注意到回收寶特瓶也能做成防水機能鞋靴，因而攜手關注貧窮者議題的人生百味、五角拌等非營利組織合作，「我們在萬華出資蓋『拾驗室』，以三倍市價購入回收寶特瓶，每個月也付給現場維運的團體人員薪水。」許佳鳴以前金融業角度看待品牌與非營利組織並肩合作的優點，「NPO如果只有理念，經營起來很辛苦，我相信合作力量大，馳綠能把他們的努力轉化成可以獲利的商品，創造穩定的循環，雙方都達到服務的初衷。」

接下來幾年，雖然世界遭逢疫情來襲，馳綠22製夢所仍沒有停下大膽作夢、勇於行動的步伐，陸續推出以海廢做成的「新國民藍白拖」、採用農漁廢料製作的「BackToMarket三菜一湯復古防水鞋」。對製鞋同行和合作對象來說，馳綠22製夢所能一次次化腐朽為神奇，確實令人大開眼界。

然而許佳鳴並非只懂製鞋科技，他也花費大量時間與

永續行動小檔案

組織：馳綠國際／馳綠22製夢所

網站：https://www.lab-22.com.tw，http://www.wild-taiwan.com

問題與使命：專注於循環經濟及分享經濟的理念倡議以及科技研發，解放22歲時的良善與初心。

可持續模式：回收咖啡渣、台灣矽晶圓、農漁廢棄物、寶特瓶等廢棄物，製成各式鞋款。

具體影響力：

- 2021年共計回收35萬杯咖啡渣、37萬個寶特瓶、3公噸矽晶圓廢料、2公噸漁農業廢棄物。
- 獲東京國際禮品設計大獎、德國紅點設計大獎、德國iF設計大獎、義大利A'Design大獎等22項國際級桂冠。

#SDG 8 #SDG 13

精力研究全球最新永續趨勢，「永續領域包含的面向太廣，需要跨界學習和持續關注進展。」原本對數字相當敏感的他，也善用金融分析方式，規劃碳排放在生產過程的分配比例，以求達到最高減碳效率。但許佳鳴還不夠滿意，「我們產品已經是低碳製作，但鞋子越賣越多，我會開始反思：穿完的鞋該怎麼辦？這才是負責任的做法。」

近期馳綠22製夢所正推動將舊鞋以「熱裂解」科技轉化成電力的創舉。每雙舊鞋經過高溫裂解後，把氧氣抽掉，約可產生三百毫升燃油，倒入發電機後約可生成兩度電，「以一個家庭每日用電量來算，大約三、四雙舊鞋就能供給一天的電量。」能把「鞋的一生」做到這般境地，馳綠可說是台灣循環經濟的典範之一。

保持開放性思考，每條路都能走成活路

馳綠22製夢所如今像一台最強終端處理機，面對任何廢料垃圾都可以提出最佳解方，然而許佳鳴認為，相對容易掌握的是製鞋技術，最大的挑戰永遠都是「人」。「有時候我的想法走太前面，團隊成員不會突然就了解，我必須以身作則，慢慢影響夥伴，不然難以推進任務執行。」許佳鳴苦笑道。

當員工都認同並理解組織理念後，下個階段是極為複雜的上下游整合作業，「我們每個企畫案都牽涉很多團體，當細節和順序都對了，才能把產品呈現在消費者眼前。」當一雙以最新科技製成的鞋款放上網站後，光只強調這雙鞋環保永續、機能強大，消費者還不一定會買單，「大家期待看見有趣的商品。」許佳鳴有感而發地說，坊間許多社會企業都很努力處理廢料議題，但終歸要讓消費者看見做環保的價值，否則一切都會是白做工。

許佳鳴以來自半導體產業的矽晶圓廢料舉例，「對方看我們做得不錯，主動拿廢料來問我們可不可用，老實說，一開始我感覺它很難和鞋子結合。」但他把這個念頭放在心中醞釀兩年後，某日靈光一閃，想到公司有一條專門強調鞋子韌性與支撐性的產品線，如果把矽晶圓廢料轉化成砂子般的二氧化矽加入原料或許可行，實際試做後也真的成功了，「但對消費者來說，回收咖啡渣或寶特瓶和日常生活比較近，即便媒體報導半導體大廠每年製造五千多噸廢料的事實，對消費者來說還是太遠了，很難做出有趣、有共感的溝通。」

即使面對消費市場沒有回應，許佳鳴還是不放棄，「因為我覺得這是一個好東西！」他轉念一想，既然難以

面向消費者，不如試試對企業銷售，「我把這雙矽廢料鞋賣回給半導體大廠給員工穿，對方覺得這個做法很有趣。這很重要，因為他們是對『矽』最有感的一群人。」許佳鳴證實，沒有不對的商品，只怕找不到有共鳴的人，保持開放性的思考方式是永續創業者重要的性格條件之一。

永續路上不孤單，和夥伴發揮更大社會影響力

在新冠肺炎疫情嚴峻的二〇二一年，馳綠22製夢所藉網路無遠弗屆的力量，共計賣出三十萬雙鞋。

這些鞋子的背後，代表著三十五萬杯咖啡渣、三十七萬個寶特瓶、三公噸矽晶圓廢料、二公噸漁農業廢棄物被循環再利用。由上述廢料產製的鞋款，在生產過程中比使用全新素材製鞋少了三百零二萬公斤碳排放量。

不僅在環境層面創造影響力，馳綠亦著重每項商品的社會影響力。以「BackToMarket三菜一湯復古防水鞋」專案為例，馳綠團隊和農漁業者收取廢料製鞋後，提撥每雙鞋的部分收入購買該農漁民的產品，再把收購的蔬果漁獲捐給偏鄉育幼院加菜。

許佳鳴分享，二〇二二年最新登場的「小啡鞋」專案，將會和台灣B型企業成真咖啡共同推出回收咖啡渣製成的休閒鞋，消費者只要穿小啡鞋到全台成真咖啡門市購買咖啡即享有優惠。此外，馳綠22製夢所也有心把回收舊鞋議題和幫助萬華無家者的工作權串聯起來，「我們預計把部分收入捐給『舊鞋救命』組織，使他們有資源僱用無家者整理倉庫，挑出適合的鞋捐到非洲幫助小朋友，淘汰的鞋則拿去熱裂解發電。」

永續創「藝」起步，引大眾親見循環經濟奧妙

「接下來我們預計打造一台熱裂解卡車，預計將進行為期五十天的環島旅行，沿路和民眾收舊鞋發電。」許佳鳴表示，「優人神鼓也會加入環島行列，他們會沿途停靠舉辦野台戲，演出需要的油和電都來自回收的舊鞋。」許佳鳴預見此番「循環經濟創舉」將會是世界級活動，讓各國媒體看見台灣這一代人不僅掌握鞋子的製造和設計精髓，更有辦法創作零碳排行動藝術。

在人類備受病毒打擊，彷彿喪失做夢能力的時代，馳綠22製夢所為台灣人形塑了值得期待的集體夢境——祈願世界因為各界共同的努力、變得共榮共好的夢。

陽光伏特家

透過群眾募資及公益方案，把綠電種在閒置屋頂

為台灣能源轉型開創新解方

陽光伏特家打造全台第一個太陽能全民電廠平台，透過「小額出資」、「愛心捐款」以及「提供屋頂」等方式，讓民眾可以更積極參與綠電生產；多元客製的公益方案以及為企業導入綠電力的服務，也譜出電力產業的新可能。

根據行政院的資料顯示，台灣的能源有九十八%依賴進口，加上地球環境持續惡化，因此行政院宣示，台灣需提升能源的自主性和多元性，二〇二五年再生能源發電量佔比，也需要達到整體的二十%。

公民電廠，是國內外近年出現的能源自主良方。其基本概念為，由群眾一同出資建設再生能源電廠，產生電力後的收益分配予廠長們，亦或回饋投資在該社區的公益項目上。國際上已有不少案例，例如，在歐洲多為合作社形式，目前約有三千五百間能源合作社。在台灣，最早先由主婦聯盟環境保護基金會發起合作社形式公民電廠，接著便是首個公民電廠集資平台的誕生——陽光伏特家。

降低公民用電門檻，透過募資建置人民的電廠

陽光伏特家於二〇一六年由馮嘯儒、陳惠萍和鄧維崙所正式創立，是台灣第一個綠能募資平台，串聯三大要素：建置者（太陽能廠商）、建置資金、建置場域（遍及全台的閒置屋頂），打造全民太陽能電廠。

「太陽能在台灣是成熟的產業，但過去民眾參與的資

金與技術門檻太高。」馮嘯儒說明，建置一個六十坪的太陽能屋頂，就需花上一百至一百五十萬元，還未含維運成本。近年興起的群眾募資，正好解決了高資金門檻的問題，透過網路平台更能媒合閒置屋頂的供給，與小額投資者之間的需求。「在台灣許多光禿禿的屋頂種下綠電，不僅參與的每個人都可以得到好處，也為環境帶來效益。」馮嘯儒表示。

在陽光伏特家的平台上，民眾可依照手中握有的資源，選擇參與方式。民眾可以選擇出資建置電廠（購買電板），並賺取收益。若家中有閒置的屋頂，亦可出租屋頂建置電廠，不只能讓頂樓溫度下降三至四度，更能延長屋頂的防水壽命；如果環境許可，還能把太陽能板架高，變成涼亭空間；最棒的是屋主除了提供屋頂之外，不需支付任何成本，便能獲得每一期的部分電費收入。

順利媒合出資者與屋頂出租者後，陽光伏特家便會前往施工，鋪設太陽能板，運轉供電。而產生之電力將優先賣給民眾，剩餘之電力則由台電收購。在後續的維護上，陽光伏特家為了降低災害威脅，會定期維修巡檢，以確保結構安全，嚴防颱風可能帶來的損害，保障屋主的安全。同時也開發了完善的監控系統，讓民眾可以一目了然地掌

陽光伏特家推出全台第一個太陽能全民電廠平台，讓更多民眾共享綠能。來源：陽光伏特家FB

握電廠情況與發電獲利現況。

即便理想崇高，規劃良善，一開始為了尋找第一位願意提供屋頂的屋主，竟吃了半年的閉門羹，總是得到這樣的回應：「其中必有詐。」

直到有一位台南的屋主主動提供自家屋頂，於二〇一六年促成了第一個集資專案「擔仔一號」，於五天內獲得四十四位小額投資人的支持，募得八十萬元的建置資金。至今陽光伏特家已在全台建置超過三百座全民太陽能電廠以及十六座公益電廠。

多元收益方案，創造個人收益與公益價值

除了面向大眾，陽光伏特家也推出「綠能公益」方案，串連企業資源、扶助社會弱勢。例如邁向第五屆的「種福電計畫」，由陽光伏特家攜手台灣大哥大與台灣綠能公益發展協會，透過富邦人壽將自有屋頂出租，搭配企業、供應商與大眾捐款，將綠電收益回饋於羅慧夫顱顏基金會。

又如於二〇二〇年開始發電的宜蘭聖嘉民啟智中心，透過於中心屋頂裝設太陽能板，減輕組織電費負擔，更因

陽光伏特家由（左起）陳惠萍、馮嘯儒和鄧維崙於2016年共同創辦。來源：陽光伏特家FB

持續產出的憑證收益，穩定支持該中心長期照護計畫。此舉讓社福機構不只是提供照護的單位，更成為擴散綠能的重要節點。

二〇二一年，陽光伏特家進一步擴大發起「GW綠能公益100+」，串連多方利害關係人，許下二〇三〇年完成一百個綠能美好行動的目標。

回應二〇二一年的用電大戶條款，以及ESG的趨勢，陽光伏特家也嘗試更多元型態的服務，協助企業盤點電力使用現況、提供配電建議、協助導入綠電，希望成為企業的永續夥伴，一同致力將綠能影響力發揮到極致。

永續行動小檔案

組織：陽光伏特家

網站：https://www.sunnyfounder.com/homepage

問題與使命：陽光伏特家致力「為台灣提供永續不竭的能源，並且不遺落任何人」，透過更多綠電生產、更多綠電使用、更穩定的電網3大策略，達成更好的能源未來願景。

可持續模式：推出全台第1個太陽能全民電廠平台，透過「小額出資」、「愛心捐款」以及「提供屋頂」等方式，讓更多民眾參與綠電的生產、共享綠能，以促成能源轉型。

具體影響力：

- 公民電廠：截至2021年，已帶動超過2萬6千人次出資參與公民電廠，完成362座公民陽光電廠。
- 公益電廠：2016至2019年，完成10座綠能公益電廠建置；2020至2021年，結合8家企業增加6個綠能公益專案，新增儲能系統、綠電轉供等應用模式，讓綠能公益行動更加多元。
- 綠電交易：2019年成為台灣第1家再生能源售電業者，開啟綠電自由交易市場。

#SDG 1 #SDG 3 #SDG 4 #SDG 7
#SDG 10 #SDG 11 #SDG 12 #SDG 17

陽光伏特家串聯企業夥伴成立「GW綠能公益100+」行動倡議。來源：陽光伏特家FB

為台灣提供永續不竭的能源，並且不遺落任何人

二〇一九年，陽光伏特家正式取得台灣首張再生能源售電業執照，成為除了台電以外的民間售電公司，寫下能源轉型史上的重要里程碑。其全民電廠共享平台模式，讓綠電不再只是少數人的事，而是可以成為多數人的行動。

對於綠能公益捐款者而言，可參與創新的示範案例，讓綠能散播到更多地方，同時為受贈機構帶來穩定收益。對公民電廠出資者而言，成為這項有經濟效益的環境行動的一分子，可創造長期且穩定的收益，帶來更多元的資產配置。對屋頂提供者而言，出租屋頂可調節室內溫度，減緩雨水侵蝕建築物。而對綠電使用者，更是直接成為一個有意識的消費者兼負責任的用電者。這樣的多元夥伴串聯，使得公民電廠真正成為人民的電廠，人人都有可參與的角色。

集結群眾的力量，陽光伏特家打造了具有韌性的分散式電力系統。因太陽能具有高度彈性，較不受地形的限制，可在台灣各地鋪設。這項特點，減緩了集中式電網的負載風險，讓使用者的斷電風險較低，陽光伏特家未來也

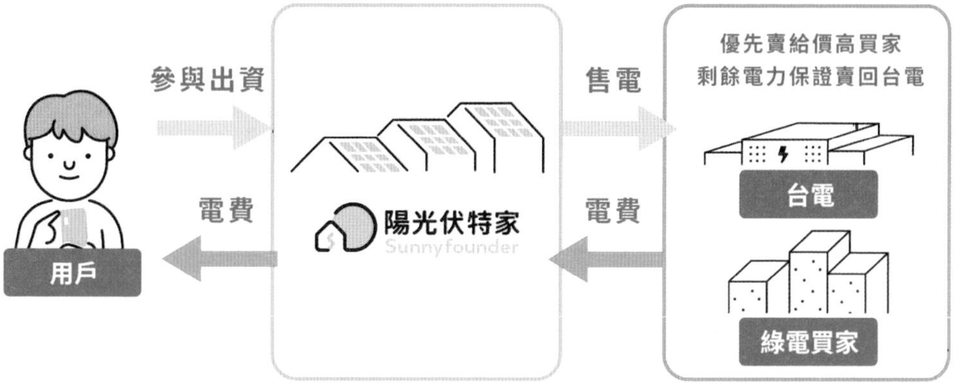

陽光伏特家售電模式示意圖。
來源：陽光伏特家官網

將持續關注如何提高電網的穩定度。二〇一九年，陽光伏特家就曾與比亞外部落合作，建置防災型微電網搭配儲能設備，使太陽能成為部落的後援，便是一行動案例。

站在推動綠能的第一線，陽光伏特家也看到許多政策上可改進之處，因此積極參與政府的政策會議。二〇二〇至二〇二一年間，共參與了三十八場政策會議，以及約五十一場演講，期望政府能扶植售電業，讓綠電市場早日茁壯。

「為台灣提供永續不竭的能源，並且不遺落任何人。」以此為目標，陽光伏特家在看見用電缺口與商機之餘，更看見社會的缺口，願以新創方案成為能源轉型的先鋒，同時不遺落任何被用電安全網遺落的使用者。

若水國際

社企尖兵進軍雲端科技產業，打造身障者全新職種

開創身障者居家就業新契機

在全台一百萬的身障人口中有八十萬人有工作需求，其中有十四萬人口屬於無法出門就業。若水國際看準了科技業的需求缺口，培訓身障者BIM建築資訊建模以及AI數據標註專業成為數位工作者，陪伴他們找到就業新藍海。

十多年前，若水開啟了台灣社企的新航海時代，以創投育成之姿，在這片土地上尋找可獲利（Profitable）、可規模化（Scalable）、可複製（Repeatable）的好點子。

而今，若水終於找到了那樣的點子，只是這次不是以創投之姿，而是親自「下海」，在親身經歷所有創業者的必經之痛後，用雲端科技為身障就業者開啟嶄新的紀元。

二〇〇五年，趨勢科技董事長張明正離開公司，就像許多剛從職場上退下來的人一樣，開始了「意義」的探尋之旅。二〇〇八年他成立若水國際（以下簡稱若水），希望能扶植台灣社企自給自足，就如同上善若水中「善」字的拆解（手、口、羊）一般，「讓每個人用自己的手，餵自己的口，吃羊肉。」

他口中的社企藍海經濟，指的並非給魚吃或是給釣竿，而是開創一個新漁場，「要在新的領域，用新的方法，創造新的價值。」

這些年的探索之中，張明正將重心轉至身障就業，期盼若水能融合他自身與團隊成員過往在科技產業累積的核心能力，找到一個可獲利、可規模化、可複製的商業模

式，讓新一代也能繼續撐起若水翻轉身障就業的願景。

「創新要有意義，一定要先定義需要解決什麼問題。」張明正在探索身障領域的過程中，看見台灣身障就業的M型化問題，許多身障者在一般企業與庇護中心（M型兩端）之間擺盪，整體就業生態缺乏結構性的解方。

於是他拋給管理團隊一個大命題：「我們要在雲端產業裡，找到身障者的就業機會！」

若水執行長陳潔如接下了這個大挑戰，多年來跟著顧問張英樹在身障領域蹲點、訪查，努力尋找那個看似不存在的機會。

當框架被裂解就有無限可能性

「我聽到（這個命題）的第一個反應是：怎麼可能！」陳潔如笑著表示，接著說出第二個反應：「要去哪裡找高科技的身障人才？」事實上，這個思維模式正反映了大多數人賦予身障者職涯想像的框架。

「當我開始裂解框架，不再想著身障者能不能做，而是單純從科技業勞力密集的角度來思考時，就看見了很多可能性。」

在經歷了二十九次的嘗試與失敗後，她正式帶領若水

2016年，若水夥伴們討論新事業體的市場定位。
來源：若水國際官網

若水秉持「Tech for Good」初心，為身障就業開創新職種。來源：若水國際官網

踏入雲端產業，成立BIM（Building Information Modeling，建築資訊建模）技術服務團隊，透過精細的分工與模組化的流程設計，讓身障者躍身為台灣建築產業的幕後英雄，成軍短短五年便成為台灣第三大廠商。

在AI應用看見居家就業契機

在二〇一八年年底，若水又成功擴建了「AI數據處理策略諮詢團隊」，培力超過一百位身障者成為團隊夥伴。

陳潔如表示，現代生活中已經有許多AI的生活運用，如智慧農業、智慧零售、精準醫療、工業4.0、安防監控、智慧交通等等。許多人認為AI服務的效能來自於演算法，其實數據處理更是關鍵之一。

以無人車為例，AI技術使機器能夠認得交通號誌、判別路況，因此才能更安全地於道路中行駛。機器如何能習得這些功能，背後則依賴大量數據輸入，才能形塑出精準的AI模型。

陳潔如指出：「高品質的數據之於AI應用的重要性，好比一份好的教材對老師的重要性，編審教材的專家可以協助老師有效地把知識傳遞給學生。如同高品質的數據處理，可以加速模型的學習，在AI應用上更為精準有效。」

永續行動小檔案

組織：若水國際

網站：https://www.flow.tw

問題與使命：秉持「Tech for Good」的理念，致力透過創新商業模式活化身障人力資產，讓身障者可以進入BIM（建築資訊建模）和AI人工智慧等雲端科技產業，成為數位經濟工作者。

可持續模式：創新商業模式有別於一般企業社會責任(CSR)，也不同於非營利組織。若水國際在雲端科技產業打造適合身障者的全新職種，透過管理創新來應對「市場需求」及「身障限制」，進而兼顧公益價值和商業競爭力。

具體影響力：

- 職訓班共有7924位學員參與，共有87%通過職前訓練。
- 共創造462個身障就業機會。
- 獲2021資誠永續影響力「金獎」。
- 獲2021 HR Asia「亞洲最佳企業雇主」、「We Care最佳關懷員工」獎。

#SDG 4 #SDG 8 #SDG 10

由於過往資料較少，企業內部能夠自行標註數據及訓練AI模型，而今隨著產業快速變遷，多數企業已無法獨自應付巨量的資料處理。「我們在做田調研究時，發現工程師平均一天需花五小時處理數據。」陳潔如說道。

培力身障者加入AI數據處理服務

看見巨量數據處理的需求，更心繫全台十四萬名難以出門獲取工作的居家身障者，若水便透過職務流程再設計，打造「數據標註師」職位，負責處理電腦視覺數據，讓居家身障者可在家接案，踏入就業市場。

陳潔如表示，若水AI數據處理團隊已協助多家指標性客戶處理破百萬張影像資料，讓其AI模型有效學習。如一間日本的果園欲以AI技術搭配機器手臂進行番茄採收，數據標註師的角色，便是在數張果園照片中，用不同顏色標記出番茄、枝幹、樹葉等資訊，以供機器學習。「做影像處理，不是標註番茄就好，因為機器要剪的是番茄的蒂，那就要讓機器知道何謂番茄、蒂、葉子等，才不會剪錯部位。」若水AI數據處理團隊組長吳南輝說明。

時任台灣人工智慧學校執行長的陳昇瑋則以辨識香蕉作為比喻：「要讓人工智慧知道什麼是香蕉，必須透過數百張各式各樣的照片，如剝皮的、未剝皮的、切塊等等，它才能真正辨識出何謂香蕉。」

數據標註師的工作，便是為AI機器學習打造最基礎、最重要的教材，提升AI應用的效能。

營造「高度心理安全感」的企業文化

不過，在一個身障者佔六成，混合了脊損、亞斯伯格、腦性麻痺、軟骨發育不全等八種以上身心障礙別，且其中三分之二為中、重度和極重度障礙者的團隊中，大家要如何協作？

「身障者雖然只上班八小時，但其餘生活中的十六小時也會深深影響他們的工作。」陳潔如坦言，帶領這樣一個團隊並不容易，「關鍵是同理與尊重。」面對衝突管理，她除了親身理解問題的根源，更努力把衝突雙方，甚至是「旁觀者」都一同納入溝通的圈子裡，整個團隊就在這個過程中相互理解，並建立對彼此的信任。

二〇二一年HR Asia Awards一共二百九十二家台灣企業參賽，二萬二千五百名員工響應評分問卷調查。若水是獲獎企業中唯一的社會企業，首次參賽就同時拿到「亞洲最佳企業雇主」，以及只有十家獲獎的「We Care最佳關懷員工」雙料獎，肯定了若水在企業運營的成果。

在開發客戶時，陳潔如也強調自己並不主動向雇主表明團隊成員的特殊性，既不博取同情，也避免合作機會被傳統框架所侷限，此舉為團隊贏得了第一個、也是如今最忠實的客戶。

「身障就業是我們的靈魂，但我們絕不販售靈魂，而是用優秀的產品服務來彰顯靈魂。」陳潔如表示。

助更多人踏上自己的英雄之旅

若水從商業模式、組織團隊、工作再設計、教育訓練、科技運用、員工輔助到辦公空間，從零到一建構出自己的做事方法和文化，而若水人也在這個過程中，踏上自己的英雄之旅。

陳潔如分享了一位夥伴若秦的經歷。團隊第一次去若秦家見面，她是一個把自己的存在感縮得很小、怕生的輪椅女孩。

「我可不可以維持這個距離，和你們講話就好了？」若秦坐在自己房間裡，朝著門外三公尺遠的客廳喊話，不願意移動到房門外，也不希望有人靠近。

工作為她帶來巨大的改變。團隊看著她從在家待業，到成為若水第一批身障工作夥伴；從視訊會議不想打開鏡頭，到晉升為若水內部的專業QC檢核員。當她克服心裡的障礙走出家門，第一次現身公司開會時，夥伴們給了她大大的鼓掌和擁抱，她眼眶紅了。

在社企流舉辦的活動現場，若秦拿起麥克風，對著台下四百位聽眾侃侃而談自己的人生蛻變。從自己房間移動到社企流舞台上，不到一小時車程的距離，花了她五年。若秦踏上了她的英雄之旅，從受益者變成工作者，最後成為能夠激勵他人的改變者。

創業以來，若水國際的職訓班共有七千九百二十四位學員參與，有八十七%通過職前訓練，創造了四百六十二個身障就業機會。未來若水將持續透過創新商業模式活化身障人力資產，讓那十四萬身障者可以進入BIM和AI人工智慧等雲端科技產業，成為數位經濟工作者，找到自給自足的能力與自信。

若水常聚集員工舉辦工作坊以促進彼此的溝通與理解。來源：若水國際官網

One-Forty

創立台灣第一所移工人生學校，策劃多元倡議行動

讓每個跨國旅程都精彩值得

在台灣，來自東南亞的移工人數約佔總人口四十分之一，絕大多數因語言、文化不適應而與雇主產生摩擦，或承受社會異樣眼光。非營利組織One-Forty致力於移工教育與大眾倡議，要讓每一位移工的跨國旅程，都精彩值得。

走在台灣街頭，你或許對於戴著頭巾陪伴老人家散步的異國面孔不會感到陌生。來自東南亞的移工們，多在台灣擔任家庭看護、工廠勞工、漁船漁工等角色，成為長輩身旁的重要依靠，或企業營運的關鍵人力。

據統計，來自東南亞的移工人數已超過六十萬，約佔台灣人口四十分之一，且數量持續增加中。然而，多數移工卻因語言隔閡、文化不適應、受社會歧視等因素，難以獲得良好的生活品質。

看見在台灣這約四十分之一人口的困境，非營利組織One-Forty（台灣四十分之一移工教育文化協會）以此為名，於二〇一五年誕生，以「Make Every Migrant's Journey Worthy and Inspiring」為使命，致力於移工教育與大眾倡議，要讓每一位移工的跨國旅程，都精彩值得。

為移工量身設計課程，創造不間斷的學習旅程

每年約有三萬名東南亞移工，肩負支持家庭生計的重擔而來到台灣。其中，只有不到十%的移工具備基礎的生活中文能力，在台工作並不順利。而多數人在台工作長達

十幾年，卻沒有機會累積有用的知識技能，回到家鄉後，又再次面臨經濟困難、陷入貧窮的惡性循環。

為此，One-Forty率先打造全台第一所「移工人生學校」，為東南亞移工量身設計學習社群，開設中文、理財、創業等課程，亦有攝影、藝術創作等工作坊。

對於擔任家庭照護、要長時間與台灣家庭相處的移工來說，中文基礎班能培養聽與說的基本能力，能加速適應在台灣的生活。而進階班則更進一步協助移工精進閱讀與寫作能力，考取中文語言能力認證，未來回到母國便有機會將中文作為第二外語，找到翻譯等專業能力工作。

除了語言課程，One-Forty還設計了創業課。談及開課初衷，One-Forty創辦人陳凱翔分享，在多年前一堂中文課上，問及學員的夢想，讓他獲得意料之外的答案，「原本我以為會聽到他們說，加班加少一點、薪水多一點、老闆對我們好一點等願望，可是我那一班十幾個學生，有超過一半站上台來分享時都說：『我想要在台灣努力存錢，回家鄉開一家店。』」

透過移工回饋，加上扎實的田野調查，深刻理解移工需求後，於是有了為移工培養開店正確心態以及商業知識的創業課程；還有養成正確儲蓄觀念、妥善管理財務的理

One-Forty打造全台第1所「移工人生學校」，為東南亞移工量身設計學習社群。來源：One-Forty官網

財課程，作為移工存錢與開店的夢想背後堅實的助力。

一名自移工人生學校畢業的學生Warti，在回到家鄉半年後便開始經營服飾店，當二〇一九年One-Forty到印尼拜訪時，Warti的服飾店從三台機器擴展成九台，還多請了兩位員工，店鋪穩定營運中。

「我們期待，打造出一座讓全台灣移工都能利用閒暇時間學習知識技能、充實自我的移工學校。讓台灣協助他們實踐當初飄洋過海所帶來的夢想。」

開辦實體課程之外，為打破時間及地點的限制，One-Forty也於YouTube上推出免費的學習頻道「Sekolah One-Forty」，還有可寄送到府的「好書伴學習包」。內容包含於台灣生活常用的搭公車、看醫生等中文單字與會話教學，以及節慶與文化習俗介紹、假日旅遊景點推薦等資訊。盼讓更多移工，都可依自身工作需求，踏上便利、不間斷的學習旅程。

用料理、音樂、攝影，拉近台灣民眾與移工的距離

在關注移工處境的同時，One-Forty也發現，在台灣，對於移工的偏見與刻板印象之形成，源自於大眾對於移工不夠理解，因此透過不同方式，讓民眾看見移工更立體的樣貌，便成為One-Forty的另一項重點任務。

如何拉近台灣民眾與移工的距離？One-Forty的答案是，不斷創造雙方的交流與接觸點。

要認識一個原本陌生的文化，飲食或許是最佳的下手處。以One-Forty最受歡迎的活動之一「東南亞廚房派對」為例，在活動中，One-Forty邀請台灣人與移工一起進到廚房裡，學做東南亞家鄉菜，透過美食作為媒介開啟對話，從料理方法、飲食習慣、到赴當地旅遊必吃清單等，話題一個接一個，自然而然打開雙方交流的大門。

除了每月舉辦的文化交流活動，One-Forty也在每年推出更大型的主題策展，以攝影展、藝術展、音樂節等多元形式，呈現移工除了「勞動者」身分外的生活樣貌。

或許多數人認識移工，是基於他們擔任家庭看護、工廠勞工等角色；而較少人知道的是，擔任這些角色的勞動者，也有人兼具攝影師、藝術家、樂團主唱等身分。

經由過去One-Forty所舉辦的數場主題活動，讓大眾得以窺見由移工掌鏡拍下的台灣風景、聽見以印尼語唱出的搖滾歌曲、參與菲律賓移工時尚藝術走秀。一同參與活動的移工紛紛回饋：「謝謝One-Forty，讓我們有機會可以讓

其他人知道，移工不只是會照顧老人和打掃房子，我們還有自己的才華。」

對One-Forty來說，促進大眾對移工的認識，是一場長期的社會行動，「我們深信，透過同理與感受，能在每個人心中產生漣漪，『All dreams are created equal』（所有的夢想都平等）終能在台灣社會上實現。」

發展工作方法論，翻轉對非營利組織的既定想像

「如今，我們建立了全台灣最大的東南亞移工學習社群，有超過七萬名移工參與，也持續做議題推廣與社會溝通，透過每年的活動和策展，有超過十萬名民眾實體參與，踏入支持議題的第一步。」

永續行動小檔案

組織：One-Forty

網站：https://one-forty.org/tw

問題與使命：「Make Every Migrant's Journey Worthy and Inspiring」One-Forty希望讓每一位移工的跨國旅程，都是精彩值得的——能夠快速的學習語言、認識台灣的文化、與台灣人有更多的互動和交流，並且在賺取薪水之外，能夠習得有用的知識技能，在返鄉後改善經濟生活，讓自己的家庭、下一代、甚至是所居住的社區，都擁有更好的未來。

可持續模式：資金來源為大眾捐款、政府補助或合作、企業或大型基金會贊助，投入移工教育與大眾倡議兩大行動主軸。移工教育包含線上與線下的移工學校運作，例如教材開發、師資團隊培訓、語言翻譯等；而大眾倡議則是針對台灣民眾舉辦各類型交流活動，希望讓更多台灣人了解移工背後的故事，減少對移工的偏見和刻板印象，促進更多元友善的台灣社會。

具體影響力：

- 創造全台灣最大的東南亞移工學習社群，至今有超過7萬名移工參與。
- 每年舉辦系列文化交流活動和年度策展，至今累積10萬名民眾參與。
- 獲得2020金點設計獎年度最佳社會設計特別獎。
- 獲得2021日本Good Design Award金獎。

#SDG 8 #SDG 10

（左上）One-Forty舉辦「東南亞廚房派對」，透過美食作為媒介開啟對話。（右上）時尚藝術走秀，讓懷抱藝術家夢想的菲律賓移工得以重新與藝術連結。（中）每年推出的大型主題策展，呈現移工在「勞動者」角色外的生活樣貌。（下）One-Forty團隊貫徹以人為本的精神，設計出符合移工需求的體驗與服務機制。來源：One-Forty官網

在組織成立七年之際，除了回顧One-Forty累積的具體成果，陳凱翔亦將組織從零到一的經驗累積，化作一系列關於非營利組織經營管理與社會實踐的工作心法。

貫徹「重新設計非營利組織」（Redesign NGO）的組織願景，One-Forty期待翻轉社會大眾對於非營利組織的既定想像。「我們認為NGO工作者具備屬於自己的專業能力，能夠以人為本的觀察與傾聽，設計符合使用者需求的體驗與服務機制，最終提出面對當代重要社會問題的創新解決方案。」

對One-Forty而言，促進對話，不僅是在移工議題中，也希望發生在不同的組織交流、合作之中。透過開放共享One-Forty發展出的專業工作方法論（Methodology），包含議題倡議、社會設計、培力系統、策展體驗、組織文化塑造、影響力評估等，盼能與全球各地深耕不同領域議題的社會創新組織交流，並共同創造更廣、更深遠的影響力。

分享議題教學包，促進更兼容的社會

秉持同樣的願景與使命，One-Forty持續以移工教育及大眾倡議兩大行動主軸，為促進一個更兼容的社會而努力。

談及未來規劃，陳凱翔分享，在移工教育面向，One-Forty逐步走入企業，透過辦理課程、內訓等方式與企業攜手為移工賦能；亦推出「友善雇主指南」，內容包含簡單的東南亞招呼語教學、移工宗教文化簡介、移工生活需求等，有助於讓移工與雇主間彼此熟悉、更加親近。

而在大眾倡議上，回應一〇八課綱以素養教育為主軸，欲培養學生尊重多元文化與族群差異，One-Forty設計可公開下載的議題教學包，以全民可用的教案，讓更多人加入推廣移工議題的行列，成為社會兼容的推手。

One-Forty相信，「一個社會的進步，來自於我們如何與不同種族、語言，文化的人們共處。」在人人相互理解與尊重的過程中，能讓台灣成為一個真正多元與友善包容的社會。

弘道老人福利基金會

人老心不老！帶長輩組電競團、騎車環島

開啟精彩第二人生

弘道老人福利基金會於一九九五年創立，透過全台近六百位的工作夥伴與超過二千八百位志工，常年提供獨居、弱勢、失能長輩們關懷訪視、居家服務陪伴就醫、居家修繕與健康促進等服務，攜手各界共創友善高齡環境。

談起創立契機，弘道老人福利基金會執行長李若綺表示，台灣在一九九三年邁入高齡化社會，為因應高齡浪潮下的服務需求，於是在一九九五年成立弘道老人福利基金會。除位於台中市的總會外，從宜蘭到屏東目前共有七個服務處、三十二個志工站、二十六個協力站、近六百位的工作夥伴與超過二千八百位志工，期望透過六大服務面向——「健康老化」、「優質照顧」、「自我實現」、「經濟安全」、「友善環境」、「人才培育」，讓每位長者擁有自主、尊嚴、安心與精彩的老後生活，也致力讓台灣成為人人樂於談老、伴老的友善高齡國家。

舉辦「不老」活動，翻轉大眾刻板印象

近三十年來，弘道為長者提供多元化的創新服務，除了透過日間照顧中心、社區據點，或是第一線的居家服務，照護長者們的生活日常，也協助長者自我實現，其中較廣為人知的包含不老騎士、不老電競與不老棒球聯盟等活動。

李若綺分享，不老電競讓大眾了解到，玩遊戲不受年

齡限制，還能成為世代間交流的工具。過去許多長者從沒玩過電競，只看過兒女、孫子打遊戲。經由培訓，不僅開發長輩的潛能，祖孫也因而有共同話題，有助於世代的互動。而原本就有電競經驗的長輩，也很開心找到一群年齡相仿的同好，一起組「戰隊」參加比賽，留下難忘的回憶。

除此之外，不老騎士亦顛覆社會大眾對年老的想像。該活動自二〇〇七年舉辦至今已有十五年之久，帶領長輩們騎機車環島，挑戰自我追夢。二〇二二年三月初，不老騎士花十天完成環島一千一百四十五公里，並為獨居弱勢長輩募集一千二百萬元的餐食經費。

「新一代長輩樂於對社會有貢獻，讓生命活得更有意義。」李若綺說道，早期的不老騎士活動，較著重為長輩帶來「自我實現」的滿足，但近年透過與長者互動發現，許多長輩也相當希望擴大自己的影響力、幫助更多人。於是基金會將不老騎士活動結合公益計畫，讓這群不老騎士成為「獨居弱勢長輩餐食計畫」公益大使，號召社會大眾共同關注獨居長者的用餐需求與健康。

在二〇二二年不老騎士活動中，最令李若綺印象深刻的，是一位八十歲的阿嬤在完成環島後表示，過去沒有疫

弘道號召長輩組成「不老電競」團隊，有助於世代之間的互動。來源：弘道老人福利基金會官網

情時，她會在每年三月出國旅行慶祝生日，這次透過摩托車公益環島，她覺得「這是個很棒、很有意義的生日禮物」。而一位歷年來最高齡的參與者，屆齡九十八歲的郭爺爺，今年是第三次參加不老騎士活動，更表示：「希望一百歲時再來參加！」

「生命咖啡館」，讓生死議題不再隱晦

弘道舉辦的創新活動還包含「生命咖啡館」。李若綺觀察，台灣社會往往避談生死議題，經過辦喪事的地方，會被長輩要求快速通過；若談起去世後的安葬方式，則被視為詛咒、觸霉頭。

因此弘道和「禮俗女王」郭慧娟老師合作，舉辦一系列生死議題的課程，包含預立遺囑、病人自主權、身後事等，帶領長輩以開放、正向的態度面對死亡。

李若綺分享，許多長輩在接觸死亡議題時會害羞、抗拒，也不知道如何分享。因此，老師會在過程中營造輕鬆自在氣氛，讓長輩主動分享自身想法，並透過玩桌遊增加互動感。這使長輩們逐漸產生好奇：「我怎麼想這件事？」「其他長輩如何想？」志工與社工則會在一旁協助，記錄長輩的想法。

「生命咖啡館」的課程融入「道謝」、「道歉」、「道安」、「道愛」人生四道的概念，最後一堂課通常為「生命感恩會」，讓長輩們撥一通電話給重要的人。李若綺分享，有許多長輩在電話接通的那刻，哽咽到說不出話來；有的則將過去不好意思說的話，滔滔不絕地向對方傾吐，整個過程充滿歡笑與淚水。

弘道也舉辦單堂課程，邀請長輩的家屬一同參加。許多長輩在參與後，開始期待與家人討論醫療決定，並表示：「這對自己跟家人在思考未來身後事、未來規劃，都很有幫助。」

疫情影響捐款、人力調度，靈活應對挑戰

弘道老人福利基金會成立至今已二十七年，談起這些年歷經的挑戰，李若綺表示，基金會在不同階段，遇到的挑戰也有所不同。在第一個十年，挑戰是如何拓展更多的服務據點、服務更多的長者。

第二個十年，隨著團隊想完成的事項變多，以及員工人數增加，如何做好組織管理、人才培育，跟上組織擴展的速度，是當時一大挑戰。

第三個十年面對的考驗則是新冠疫情。疫情造成基金

會捐款下降、防疫物資缺乏、人力資源不足、工作量增加，還有長輩困居家中產生的心理健康問題。目前，弘道有約三百位長照服務人員在一線服務，平均一人一天要服務約三至六位失能的長輩。若同仁或服務的對象確診，則需儘速聯絡相關人員（包含個案、家屬、共同提供服務的工作人員）隔離，並通知其他人員代班，造成照顧人力安排變得吃緊。

此外，過去長者每日會到日照中心或社區據點，在社工與志工的協助下，安排好生活。然而，疫情使長輩被迫待在家，生活頓失秩序感，沒有目標與節奏；又因為缺乏與人的互動，感到孤獨寂寞。為了解決這個問題，基金會快速推出「居家百寶箱」，作為高齡服務工作人員的教案。

例如，藉由線上課程，帶領長輩們一起做運動，或是將材料包、居家作業本寄到家中，讓長輩可在家裡完成簡單的任務。長輩紛紛給予回饋：「還好有基金會的服務，不然就一覺睡到中午，每天作息亂掉。」

好服務影響政策，進而影響更多人

談及弘道老人福利基金會的社會影響力，李若綺認為

弘道常年提供長輩多元服務，盼讓每位長者有自主、尊嚴、安心與精彩的老後生活。來源：弘道老人福利基金會官網

較難用數字說明，但可以從「服務是否影響政策」來看。

二〇〇八年，基金會舉辦「阿公阿嬤健康活力Show」，讓長輩在社區據點學習跳舞、健康操，並自主組隊報名參賽。此計畫在二〇一一年後成為衛福部國民健康署的政策，由國民健康署編列預算，讓各縣市政府都來辦「阿公阿嬤健康活力Show」。

李若綺說，過去由基金會舉辦時有諸多考量，需視資源與人力多寡慢慢累積在全台辦理的能力，但變成政策時，影響的人數就能擴增。舉例而言，前三年由弘道自行舉辦時，每年平均約三千到五千人參與，而與政府擴大舉辦時，則馬上達到一萬五千人左右的參與。

此外，自二〇一五年起，弘道舉辦「社區金點獎」表揚典禮，表揚在全台灣四千三百多個社區據點中默默服務的英雄。此計畫自二〇一九年起，由衛福部社會及家庭署編列預算，尋找單位承辦，足以見得基金會的影響力。

除了上述的政策影響，弘道自二〇〇七年舉辦至今的不老騎士活動，記錄環島過程的紀錄片《不老騎士：歐兜邁環台日記》在二〇一二年上映，更為廣泛地翻轉社會對年老的刻板印象；同時讓騎士們到美國交流，讓國際看見台灣的高齡軟實力，亦是弘道累積的影響力之一。

「不老騎士」機車環島自2007年開始舉辦，帶領長輩們挑戰自我追夢。來源：弘道老人福利基金會官網

家屬與服務對象的感謝，帶來前進的動力

李若綺分享，基金會多年來耕耘高齡議題，最感動的莫過於收到長輩與家屬的回饋。作家蔡淇華曾分享，母親是帕金森氏症患者，在接受弘道的服務後，整體心智狀況比以往更好。亦有不少家屬透過持續捐款支持基金會，甚至也曾遇過長輩立遺囑時，表明財產要捐給基金會。「當我們創造的服務讓長輩及其家屬安心，他們表達出來的感謝，是我們最大的動力。」

展望未來目標，李若綺表示，希望改善台灣「年齡歧視」的問題。儘管相較於從前，社會對年老的刻板印象已改善許多，但仍有待加強之處。弘道將會為開創優質老後人生、創造中高齡良好就業模式等方向持續耕耘。

永續行動小檔案

組織：弘道老人福利基金會

網站：https://www.hondao.org.tw

問題與使命：攜手各界共創高齡友善社會，成為「一起道老，精彩美好」的好朋友，致力讓台灣成為人人樂於談老、伴老的高齡友善國家。

可持續模式：透過大眾捐款實踐「健康老化」、「優質照顧」、「自我實現」、「經濟安全」、「友善環境」、「人才培育」6大服務面向，讓每位長者都能有自主、尊嚴、安心與精彩的老後生活。

具體影響力：

- 從宜蘭到屏東共有7個服務處、32個志工站、26個協力站。
- 常年關懷服務1萬多名長輩。

#SDG 3 #SDG 10

星展銀行（台灣）

樂當社會企業後盾，將永續融入企業營運

助力社會創新共好成真

來自新加坡的星展銀行長期支持社會企業發展，他們深信，作為擁有資源的大企業，要擴大社會影響力，應運用企業核心能力支持並促進社會創新生態圈，以支援更多的社會企業成長，茁壯為能改變社會、促進永續的力量。

隨著經濟蓬勃發展，人類的生活中持續存在許多問題待解，舉凡食安事件、勞工剝削、高齡照護、弱勢權益未被重視等社會面問題；而氣候變遷、資源消耗等環境議題更是越演越烈。

在這樣的背景之下，以改善問題為組織創立使命、兼顧營運獲利能力的社會企業，成為與政府、非營利組織相輔相成、互相補強的重要存在。

台灣政府亦將促進社會創新發展視為實踐社會兼容、邁向永續發展的其中一項方針。在行政院國家永續發展委員會所制定的永續發展目標中，回應「SDG 10減少不平等」的其中一個細項目標，便是「建構社會企業友善生態圈，強化社會創新經營能量，以協助解決社會問題，消弭不平等」。

陪伴社會企業孕育改變的力量

自二〇一〇年起，星展銀行就以「陪伴社會企業成長」作為公益主軸，在台灣、香港、新加坡、中國、印度、印尼六大亞洲市場，透過倡議、培育、整合等實際行

動，支持上萬家社會企業解決社會或環境問題，總計投入新台幣上億元，以永續方式為社會創造長期價值。

「星展銀行一直都很提倡創新與企業家精神。」星展銀行（台灣）總經理林鑫川表示，星展銀行想做的，不僅單純的提供資金支持，而是以實際行動，提供資源，支持社會企業成長，進而孕育出能改變社會、促進永續的力量。

根據台灣《二〇二〇社會創新大調查》結果，台灣民眾對社會企業的認知度首度突破三分之一，意即每三個人就有一人認識社會企業。儘管認知度年年提升，但多數大眾對社會企業認知度仍普遍不足。同份調查也顯示，社會企業正面臨的經營挑戰與困境，前三大項為資金管道、行銷網絡與消費市場。

社會企業若欲提升認知度、開創新市場，與大型企業合作將有助於實現共贏。星展銀行（台灣）便透過倡議、培育、整合三大面向，運用企業資源全力協助社會企業發展。

從「倡議、培育、整合」三面向助社會企業發展

在倡議面向，為了提升社會企業的討論聲量，星展銀行（台灣）開發多元管道，更與不同領域的關鍵領袖合作，以突破同溫層，擴散社會企業理念。

舉例來說，為了進一步深耕社會企業生態圈，星展銀行（台灣）首創Facebook社團「星展社會企業伸展台」，盼用社群媒體的力量，讓聚光燈持續照亮社會企業。不到一年的時間，社團成員數已逾六千名，如今已有上萬名成員，其中不乏社會企業生態圈內的各路夥伴，成為匯集台灣社會創新知識與討論的交流平台。

此外，星展銀行（台灣）也與數位知名網紅合作，透過親民的內容推廣社會企業理念及服務，拉近民眾與社會創業家之間的距離。如二〇二〇年星展銀行（台灣）曾與網紅攜手打造「不思議雜貨鋪」，由HowHow發起，以五家有趣的社會企業產品概念吸引消費者的注意並購買，首波開箱由阿滴、滴妹與唐鳳一同揭曉產品的神祕面紗；而後由上班不要看接棒，透過此波活動成功推廣了鮮乳坊、格外農品、茶籽堂、好日子、禾乃川等五家社會企業的產品。活動上線短短二小時便售罄，成功引起大眾對社會企業的關注，也讓消費者更加認識社會企業產品的理念。

在培育面向，星展銀行（台灣）自二〇一四年起支持社企流iLab育成計畫，除了持續提供社會企業專屬帳戶、

星展銀行（台灣）自2014年起支持社企流iLab育成計畫。來源：社企流提供

高階經理人擔任社會企業導師等企業資源，也擴大影響圈，邀請集團員工與客戶共同支持社會企業。

截至二〇二一年底，iLab育成計畫已支持超過二百組團隊、創造超過四百個工作機會、服務上百萬受益者，合作團隊總募集資金超過一億台幣，持續為台灣社會企業生態系注入動能。

星展基金會致力培育亞洲地區的社會企業，每年舉辦「星展基金會獎勵金計畫」，開放台灣、香港、中國、印度、印尼、新加坡等地的社會企業創業家申請，提供最高二十五萬新幣（約五百三十萬新台幣）的獎勵金，協力社會企業加速擴大影響力。

在整合面向，對外，星展銀行（台灣）整合金融本業，首創「社會企業專屬帳戶」，讓社會企業享有手續費減免、較高的存款利率與較低的貸款利率。對內，星展銀行鼓勵員工參與志工服務，每年提供二天志工假及多元化、彈性的志工活動，例如「星展小學堂」由星展志工每週固定與偏鄉的弱勢孩童視訊三十分鐘，陪伴孩子閱讀。五年來已有超過四十位志工參與，陪伴逾三十位孩童，將溫暖送至偏鄉。

二〇二〇年，因疫情影響，新竹尖石鄉的水蜜桃滯

（上）星展銀行（台灣）採購社會企業產品捐贈弱勢讓影響力加乘。（下）星展同仁參與社會企業的志工活動已是企業內部共享的價值。來源：星展銀行（台灣）官網

銷，上萬公斤的水蜜桃只能賤價出售或丟棄。星展銀行（台灣）於是攜手「鄰鄉良食」和「格外農品」兩家社會企業，團購水果分送給親友與客戶，協助農友挺過疫情。

懷抱社會共好的信念，星展銀行（台灣）陪伴社會企業已超過十個年頭。總經理林鑫川深信：「要擴大社會影響力，除了給予資金，也要運用企業核心能力支持，促進社會企業生態圈，讓更多的社會企業去解決更多社會問題。」

落實三大永續方針，發揮長期影響力

回應永續趨勢，促進社會創新生態圈發展，為星展銀行（台灣）三項永續發展主軸的其中一環——「創造超越銀行業的影響力」。另外兩大主軸則為「負責任的銀行」，從主業體現永續，以及「負責任的企業營運」，從組織的日常運作實踐永續。

星展銀行執行總裁高博德說道：「我們推動永續發展的重要使命與願景在於，透過追求社會均衡發展、對自然環境及未來世代負責任的態度，來經營我們的銀行業務，並以此打造長久的社會價值與影響力。」

而星展銀行（台灣）依循此三大永續發展重心，已經

於不同議題中交出亮眼成果。

在社會共融上，星展銀行（台灣）以推廣社會企業為核心主軸，不僅連續五年參與亞太社創高峰會、與社企流iLab育成計畫合作孵育社會創業家，更在疫情嚴峻時號召員工與客戶共同捐款，採購社會企業商品，組裝成逾五萬個星展暖心食袋後，透過食物銀行捐贈給弱勢家庭，加倍放大影響力。

在綠色金融創新上，星展銀行（台灣）推出亞洲第一張利用可再生能源製造且可生物分解的環保材質eco永續信用卡，並首創綠色存款，為儲蓄客戶在北海岸種下千棵樹苗，守護台灣海岸線。在企業金融部分，星展銀行（台灣）承辦台灣首件永續指數連結貸款，以優惠利率鼓勵企業客戶實踐永續；同時，也首創藍色貸款，為水資源的永續及友善海洋盡一份力。

在人才發展上，星展銀行（台灣）洞察員工的不同需求，例如針對注重自我實現的年輕世代推動「充電留職停薪」，開放到職滿五年的員工可以申請三個月無薪假，以滿足人生尚未達成的夢想；針對盼望陪伴小孩的新手爸媽，則將全薪產假延長至四個月，使員工照顧小孩時無後顧之憂。

在環境永續上，星展銀行（台灣）積極管理營運所產生的碳足跡，致力在二〇二二年實現營運淨零碳排；同時，與供應鏈夥伴積極溝通，將永續經營採購原則納入採購合約，透過響應綠色採購，為社會盡一份心力。

邁向永續典範企業

身為永續典範企業，星展銀行（台灣）建議企業在推動永續時，從策略大方向開始制定，如該行的三大永續發展重心，使同仁對內部永續的策略有所依循。接著再從策略大方向下開展執行規劃並落實，以確保策略不流於形式與口號。

星展銀行（台灣）企業及機構銀行負責人暨永續委員會主席羅綸有表示，永續可以是一個很小的行動，也可以是一個文化，但它更是一個長久且持續性的議題，只要企業願意開始行動，無論從什麼樣的方式開始，永遠都不嫌晚。

未來，星展銀行（台灣）將持續關注永續議題，將永續融入日常的企業營運，並結合本業推出更多永續金融產品，盼滿足各方利害關係人對永續的需求，帶動更多人一起加入永續的行列。

永續行動小檔案

組織：星展銀行（台灣）

網站：https://www.dbs.com/livemore/tw-zh/index.html

問題與使命：長期以永續議題為策略發展的重要核心，除了對內致力落實永續，對外也積極邀請客戶共同力行永續。透過「負責任的銀行」、「負責任的企業營運」與「創造超越銀行業的影響力」3大永續發展主軸，將永續價值融入星展的組織DNA。

可持續模式：

- 透過3大永續發展重心，從內到外全面推動永續策略。第1項為負責任的銀行，從主業體現永續；第2項為負責任的企業營運，從組織的日常運作實踐永續；第3項則為創造超越銀行業的影響力，對外與社會企業合作，對內提倡志工參與。
- 以「倡議、培育、整合」3大面向協助社會企業發展。

具體影響力：

- 負責任的銀行
  - 229億元綠色能源貸款。
  - 293億元中小企業業務放款餘額（位居各大外商銀行之首，超過其他外商銀行中小企業放款總額約3成，為中小企業最佳後援）。
- 負責任的企業營運
  - 94%員工凝聚力。
  - HR Asia台灣最佳雇主獎。
- 創造超越銀行業的影響力
  - 618萬元購買社會企業商品與服務金額。
  - 11620總志工投入時數。
  - 13628志工活動受益人數。

#SDG 5 #SDG 7 #SDG 8 #SDG 9 #SDG 12 #SDG 13

甘樂文創

接住弱勢少年，發展地方文創與豆品事業

為三峽打造永續社區支持系統

甘樂文創起源於二〇〇五年創辦人林峻丞返鄉時，發現三峽的困境而著手發展出各種事業。逾十年來，甘樂文創從弱勢兒少教育、地方產業發展到促進環境永續，多管齊下在社區創造改變。

「十幾年前，從事地方工作時，身邊沒有其他在地青年做相同的事情，很多遊客來三峽，只是為了去三峽老街。十幾年後，開始有在地青年返鄉，投入地方的教育和文化工作，也開始有人因為甘樂文創而來三峽。」林峻丞憶起過往。

以打造永續社區支持系統為使命

二〇〇五年，阿公的肥皂工廠面臨倒閉，林峻丞回鄉接手家族事業，進而看見三峽的困境與潛力。

甘樂文創創辦人林峻丞深耕三峽打造永續社區。
來源：小草書屋官網

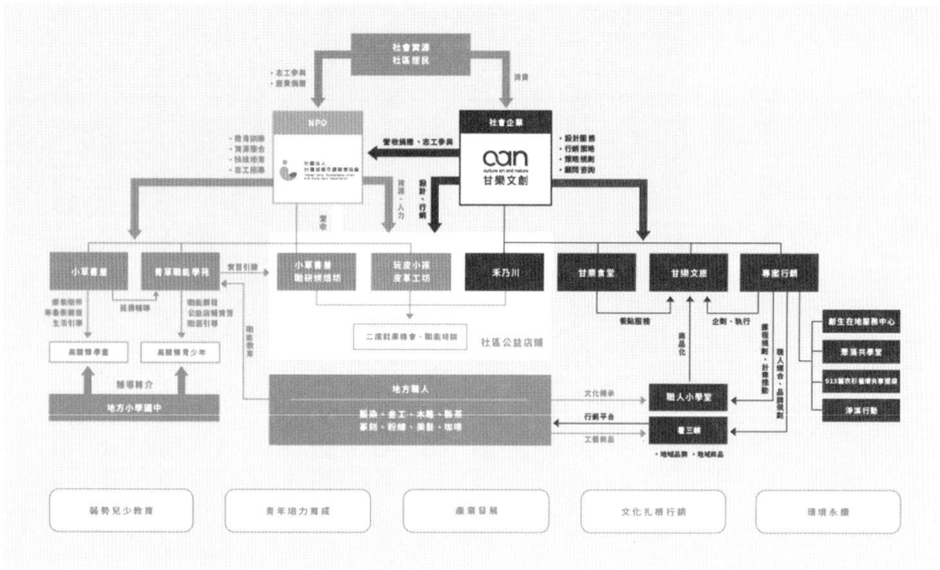

甘樂文創建置的社區支持系統串聯起多
方資源與人力。來源：甘樂文創官網

「當時在社區看到很多問題，可是還沒有一個好的解決辦法。」林峻丞表示，例如過去其實有許多機構在做兒少陪伴工作，但經營得很辛苦，經常有一餐沒一餐；又或者因為資源短缺，只做國小課輔，但孩子升上國中後就沒了下文。

因此，甘樂文創一路走來的使命為「打造永續社區支持系統」，透過甘樂文創與旗下品牌如禾乃川國產豆製所、甘樂食堂、甘樂旅宿等創造收入，再將部分盈餘投入甘樂文創夥伴與社區志工共同成立的非營利組織社團法人台灣城鄉永續關懷協會，讓社區服務得以持續滾動。

目前甘樂文創專注於五大核心主軸：弱勢兒少教育、青年培力育成、在地產業發展、文化扎根行銷、環境永續，將社區中的孩子、職人、居民等利害關係人串聯在一起，進而減少社區問題。

在弱勢兒少教育和青年培力育成上，甘樂文創將高關懷學童帶至小草書屋，從小學開始提供課後陪伴跟寒暑假課程，學童升上國中後銜接至青草職能學苑，可上技職培育課程，並至公益店鋪實習。

創立以來，甘樂文創陪伴了兩百多位孩子。林峻丞欣慰地說：「這幾年陪伴下來，從孩子個人到整個家庭，都有很大的改變。我們看到孩子即使成績還不是很好，可是變成有禮貌、懂事又願意投入學習的孩子。」

對甘樂文創來說，投入社區教育其實就是做預防，避免兒少走上不該走的路，造成更多延伸的社會問題。林峻丞笑說：「之前跟警察局分局長聊天，他說如果甘樂多做一點，他們以後工作就會少一點！」

從教育、產業、文化到環境全面關懷

在產業發展上，三峽有許多傳統產業，例如製茶、藍染、金工、木雕等。甘樂文創致力推動產業轉型，例如目標將台灣最主要的碧螺春綠茶產區，打造成台灣版的宇治抹茶茶鄉。

林峻丞觀察，近年有越來越多青農返鄉接手茶廠，甘樂文創也積極媒合在地農會和食品廠，延伸出更多的碧螺春產品。由於碧螺春綠茶除了可以拿來沖泡、變成茶湯飲用，其實還可以磨成茶粉，取代日本的抹茶。

在文化扎根上，林峻丞有感於傳統技藝正在快速消逝，於是開啟了「職人小學堂」計畫，串聯超過二十位在地職人設計教育課程，並將課程帶到十一所三峽的國中小學，盼望讓孩子在離鄉前，更認識三峽的產業與文化。

為了和學校展開更進階的合作，甘樂文創進一步成立合習聚落，讓職人直接進駐在聚落裡頭，提供孩子學技藝的場域。林峻丞欣慰地表示：「曾經有位快中輟的孩子，來這邊學了木雕後，現在已經成為全台灣最年輕的木雕工藝家！」

在環境永續上，甘樂文創多年來不間斷地展開淨溪行動，讓原本無人關心的三峽河，成為在地居民重視的土地。

「以前這條河很臭，垃圾又多，還受到工程破壞，但三峽人不關心這條河，於是我們就開始撿垃圾。」林峻丞表示：「做了十幾年後，有許多在地夥伴來，學校老師帶著孩子來，也有企業來參與，現在三峽人開始關心這條河川，甚至讓負責三峽河整治工程的水利署第十河川局，必須出來跟在地居民溝通對話。」

社區議題既廣且深，從教育、產業、文化到環境，每一項議題都需要長期灌溉。甘樂文創不求一步登天，而是用腳踏實地的精神，一點一滴地打造永續社區。

草創期摸索商業模式，尋求拳頭產品

為了讓社區支持系統長久運營，甘樂文創同時需要發展可持續的商業模式。林峻丞坦言，甘樂文創經歷長達六年的草創期，不斷地在摸索營利方式。

團隊曾嘗試舉辦展演活動，請樂團到三峽表演，卻因為在地藝文消費需求不高而停擺；也曾自己製作文創商品，將鞭炮紙回收製成紅包袋，然而產品叫好不叫座，市場銷售不穩定。

「我清楚知道甘樂必須找到一個拳頭產品。」林峻丞所說的拳頭產品，是在市場上具有競爭力、經濟效益高的產品。尋尋覓覓之下，甘樂文創發現豆製品是一個不錯的選項。

林峻丞因緣際會認識在種植國產大豆的青農，也認識在做手工豆腐豆漿的師傅，他想說如果能開間豆腐店，一代一代經營傳承下去，或許有更廣大的消費市場。「不像藝文活動，客人一年只會來一次，豆腐豆漿吃完就可以再買，是很常民化的商品。所以當下覺得這是一個可以投入、好好經營的生意。」

二〇一五年甘樂文創正式成立「禾乃川國產豆製所」，面對從未接觸過的食品領域，中間經歷了一連串產能不足、食品安全檢驗、工廠登記等挑戰。直到二〇一七年因外部投資人投資、組織擴編後，事業才逐漸上軌道，進入營收快速增加的成長期。

永續行動小檔案

組織：甘樂文創

網站：https://www.thecan.com.tw

問題與使命：建立永續社區支持系統，解決三峽地區產業與文化沒落、人口外移、兒少教育問題。

可持續模式：透過甘樂文創與旗下品牌，如禾乃川國產豆製所、甘樂食堂、甘樂旅宿等創造營收，再將部分盈餘投入甘樂文創夥伴與社區志工共同成立的非營利組織「社團法人台灣城鄉永續關懷協會」。

具體影響力：

- 建立16所職人小學堂。
- 2021年小草書屋與青草職能學苑共陪伴74位學生。
- 帶入1萬4千名遊客。
- 間接為三峽帶入3千3百萬觀光金額。

#SDG 2 #SDG 3 #SDG 4 #SDG 5 #SDG 8 #SDG 10 #SDG 11

逾十年累積的改變，讓社區居民主動推薦

創業逾十年，甘樂文創不忘初衷，持續投入兒少陪伴、土地關懷、工藝扶植等社區共好計畫。如今更將透過禾乃川國產豆製所、甘樂食堂、甘樂文旅等品牌持續吸引消費者支持，並期待與企業CSR部門攜手合作，包括通路、年節禮盒採購、企業團購、員工餐廳食材入菜等參與形式，盼邀請各界夥伴一同打造社區支持系統，將孩子從社會邊緣拉回來。

截至二〇二一年，甘樂文創已陪伴超過二百六十位孩子學習與成長，吸引超過一萬四千名遊客來到三峽遊玩，間接帶入三千三百萬的觀光金額。看見社區的改變，居民們的態度也從原本的漠視與質疑，變成鼓勵與支持，「他們甚至還主動成為甘樂的觀光大使，向其他遊客說我們的好話。」林峻丞笑說。

未來十年發展藍圖，目標成為地方創生典範

甘樂文創未來十年的目標，是讓台灣成為國際社會中的地方創生典範。在既有計畫上，甘樂文創將持續深耕與加值，例如，將小草書屋發展成體制外學校，讓家庭失能的孩子有更完整的學習歷程，以及擴大禾乃川國產豆製所的市場佔有率，打進主流通路。

在新增計畫上，甘樂文創積極串聯全台灣的創生團隊，目標成為台灣的地方創生平台，為團隊提供甘樂文創現有的媒體曝光、通路銷售等資源。

舉例來說，二〇二一年初甘樂文創嘗試經營「小村長」自媒體，用影音報導台灣創生案例，讓更多人認識優秀的地方團隊。未來甘樂文創期待發揮綜效，讓觀眾看了影片後，進而報名甘樂文旅提供的體驗遊程，或是在甘樂食堂吃到地方團隊的食材，抑或是直接在甘樂文創既有通路買到地方團隊的產品。

二〇二二年，甘樂文創還要在三峽老城區成立甘樂旅宿「秀川居」，在活化地方閒置老屋的同時，也能讓到訪的遊客在此駐留，與居民交流互動、跟著職人學習，緩慢且深度的體驗在地生活。

林峻丞表示：「從旅遊到物產、從物產到通路，創造這樣的三方連結，將成為一個線上線下的新體驗經濟模式。」

此外，甘樂文創也盼望將社區支持系統複製至全台各地的社區。目前小草書屋已在桃園大溪成立分部，陪伴因為家人要討生活，而從山區移居山腳的都市原住民孩子。

「我們想用大手牽小手的方式，將曾經歷過的經驗、現有的平台或通路，跟其他比較小的地方創生團隊分享，協助他們發展。」

（上）甘樂文創透過小草書屋和青草職能學苑，陪伴高關懷兒少成長。（中）合習聚落中的「以木雕刻工坊」邀請工藝職人教授木雕課程。（下）禾乃川國產豆製所開發一系列豆製品，成為甘樂的拳頭產品。來源：甘樂文創官網

逾十年時光，甘樂文創在新北市的一處小鄉鎮緩步扎根。未來十年，甘樂文創將邁出腳步，在台灣各地開枝散葉。

信義房屋

社區營造推手，綠色房仲領袖

支持全民打造永續家園

信義房屋自二〇〇四年起，以凝聚社區人心為目標，投入社區營造，發起計畫並投入經費，支持居民集結力量，為所處的地方創造改變。此舉為台灣進行社區營造歷程以來，規模最大、歷時最久的企業參與行動。

身為家喻戶曉的企業，信義房屋成立四十年來，穩坐業界龍頭寶座，更屢獲國內外表彰企業善盡社會責任的獎項肯定，其中一大亮點，莫過於對社區營造的投入與耕耘。

回歸投入社造議題的本心，與信義房屋的立業宗旨息息相關。創業之初，創辦人周俊吉寫下「以適當利潤維持企業之生存與發展」的立業宗旨，至今仍掛在總部二樓，是信義房屋對內與對外的行為準則，始終不會改變。

企業永續發展先驅者，重視所有利害關係人

何謂合適而正當的利潤？「若沒有站在顧客、同仁、股東的角度思考而獲利，就不是合適的利潤。再將思考範圍擴大，若因破壞環境而獲利，也不是正當的利潤。」周俊吉道出顧及各利害關係人之影響，而非以主流經濟學追求股東利益最大化的重要性。

彼時，是ESG（Environment環境、Social社會、Governance公司治理）、永續發展尚未被廣泛討論的年代，周俊吉的商業思維顯得相當具前瞻性，稱其為企業永

續發展的先驅者，他則謙虛地回道，只是將做生意的原則想清楚，如此而已。

雖不曾認為自己是先驅者，周俊吉實則創下許多業界創舉。

支持全民做社造，齊心建設永續家園

創舉之一，是長達十幾年的社區深耕。信義房屋自二〇〇四年投入社區營造，展開「社區一家」計畫（現名為「全民社造行動計畫」），支持民間團體改造社區、共創美好家園。此計畫發展至今投入超過四億元經費，累積近一萬四千件提案數，涵蓋範圍遍布全台三百六十八個鄉鎮市區，普及率百分百，是台灣進行社區營造歷程以來，規模最大、歷時最久的企業參與行動。此舉更於二〇一七年獲得第九屆總統文化獎「在地希望獎」的肯定，成為台灣第一個榮獲此獎的民間企業。

周俊吉於獲獎時表示：「許多社區願意投入社造，將對自家的愛心跨出家門，擴及所在的那一棟樓、那一條街道、那一個村里、甚至那一個鄉鎮；我們真的很希望藉由我們得獎，能夠鼓勵更多社區投入社造，齊心協力共同建設台灣！」

連年參與該計畫、擁有數次提案經驗的參與者表示：「很感謝信義房屋計畫的支持，在盤點資源時很有幫助，也能感受到，在推動社造時其實並不孤單。」

創台灣企業之先，設立倫理長一職

創舉之二，則是在二〇一二年，信義房屋創台灣企業之先，設立企業倫理辦公室及倫理長一職，確保企業經營方針依循公平正義的原則，保障各利害關係人的權益。二〇一八年，信義房屋獲美國道德村協會（Ethisphere）頒布之「全球最具道德企業獎」，是台灣唯一上榜的企業，更是該獎項設立十二年來第一次獲獎的台灣企業。

不僅於公司經營中落實企業倫理，信義房屋更致力於企業倫理教育推廣。於政治大學設立信義書院，讓企業倫理成為商學院的必修課；並與中華企業倫理教育協進會攜手，舉辦講座、教師營隊、培育師資；二〇二一年與社企流協力發起「創業在走，倫理要有——小微企業倫理長養成班」（簡稱倫理長計畫），將企業倫理擴及至員工數未滿五人的微型企業，或員工數五十人以下的小型企業中，協助具社會使命的小微創業者厚實經營力，強化組織營運體質。

為社造者串接資源，促進城鄉均勻發展

二〇二一年，正逢信義房屋成立四十週年，周俊吉觀察到，在全民社造行動計畫推行十七年間，許多社區行動因缺乏在地產業經濟支持，而逐漸走向凋零，相當可惜。為此，他與擁有「台灣地方創生教母」之稱的前國發會主委陳美伶共同成立財團法人台灣地方創生基金會，期盼能為推動社區營造的行動者更全面地整合、串聯地方產業與資源，讓社區得以打造永續發展的模式，為台灣城鄉發展帶來新氣象。

於台灣地方創生基金會官網上，周俊吉提及，企業協力的價值，在於「知識傳承」，不僅是給予資金，更能提供經營管理的經驗、交流媒合的機會。「讓每個地方都找到自己的特色，創造屬於自己的產業。」

懷抱著促進城鄉均衡適性發展的使命，信義房屋將持續貫徹以人為本、凝聚人心之精神，透過各項計畫擴大影響範圍，讓更多的議題、更多不同身分者都能參與其中；更盼能吸引更多跨界、跨領域間的連結，從個人、企業到公部門彼此合作，讓社區一家的精神擴及全台，共創幸福社會。

周俊吉至今仍貫徹創業之初寫下的立業宗旨。
來源：社企流提供

永續行動小檔案

組織：信義房屋

網站：https://csr.sinyi.com.tw/#vision/1

問題與使命：貫徹「以適當利潤維持企業之生存與發展」之立業宗旨，從公司治理到社會參與，朝向永續發展邁進。

可持續模式：創台灣企業之先，設立企業倫理辦公室及倫理長職務，確保公司決策未損及員工、顧客、股東、供應商等利害關係人的權益。

具體影響力：

- 2004年投入社區營造，展開「全民社造行動計畫」支持民間團體改造社區，至今投入超過4億元經費，累積近1萬4千件提案數，涵蓋範圍遍布全台368鄉鎮市區，普及率100%。
- 2017年獲得第9屆總統文化獎「在地希望獎」的肯定，為台灣第1個榮獲此獎的民間企業。
- 2018年獲美國道德村協會頒布之「全球最具道德企業獎」，是台灣唯一上榜的企業，更是該獎項設立12年來第1次獲獎的台灣企業。

#SDG 4 #SDG 8 #SDG 11 #SDG 13 #SDG 17

「全民社造行動計畫」支持民間團體改造社區，已累積近萬件的提案數。來源：信義房屋全民社造行動計畫提供

主持人吳姍儒

永續是一種生活方式，盼把美好社會留給下一代

作為公眾人物，吳姍儒將自己視為一個發聲的管道，讓議題更容易被聽見。她曾擔任非營利組織公益大使，也為罕病弱勢兒童發聲。下了舞台後，吳姍儒也將永續價值觀視為生活的一環，盡力做出對環境、社會更好的選擇。

身為星二代，一舉奪下金鐘獎最年輕主持人的吳姍儒，加入演藝圈像是條命中註定的路。然而，她並非從小立志站在螢光幕前，大學畢業後回台灣，反倒在公立國中當了兩年英文老師。

在教育現場的這段人生經歷，使吳姍儒對下一代特別關心。談及對永續發展的看法，吳姍儒表示：「所有你做過跟沒有做的事，都會反映在孩子身上。就像我聽過一位媽媽說，她生了小孩後決定對年輕人好一點，因為現在如何對待這些年輕人，日後他們就會如何對待自己的孩子。」

如今的青壯世代，將成為下一個十年、二十年的重要生力軍。在地球資源即將消耗殆盡、極端氣候頻傳、社會又處處充滿不平等的世界，如何將可以永續發展的社會留給下一代，是每個人的責任與課題。

「我認為永續就是一種生活方式！」身為公眾人物，吳姍儒致力作為擴音器，讓更多重要的社會議題被聽見。在日常生活中，她也融入永續精神，每天反覆實踐。

讀藝術的文組生，陰錯陽差在自然課學永續

「我第一次聽到永續，是在大一的課堂上。」當時在美國華盛頓大學攻讀藝術學位的吳姍儒，為了提早畢業，

吳姍儒與寶島淨鄉團合辦二手拍，從生活中減少資源浪費。來源：吳姍儒Sandy Wu FB

選修了許多自然課程，卻因此獲得意外的收穫。

「當時有個教授花了很大的力氣，告訴我們什麼是海洋危機。」吳姍儒回憶起學生時期的往事，在課堂中她認識到人類的捕魚行為對海洋生態所造成的危害。

全球有約四分之一的漁獲採用「底拖網捕魚」，漁船將巨大漁網丟到海底並大力往前拖，行經的海床皆被破壞殆盡；不僅如此，這種一網打盡的捕魚方法，使未成熟的魚苗也被大量捕撈上岸。生態破壞加上過度捕撈的雙重危害，將影響海洋永續發展，使下一代面臨無魚可吃的困境。

這場震撼教育，令吳姍儒不禁開始反思：「這就是人類正在做的事，那是不是在我們的生活中，也有很多事情是用同樣的邏輯發生，而我們不自知呢？」

認知到永續發展與生活息息相關，影響了吳姍儒看世界的角度。她坦言：「雖然我不是一個環保達人，但會有意識地吸收大量永續知識。當我做選擇的時候，可以讓視野更寬廣，並了解這個選擇背後的意義。」

參與永續，從最能激起熱情的議題開始

從環境保育到社會正義，在與永續發展相關的眾多議

題中，最能激起吳姍儒熱情的當屬教育議題。

吳姍儒感性地說：「因為以前當過老師，對孩子很有興趣，甚至也是對自己青春的投射，塑造出我對於年輕人、青少年很有感這件事。」

在擔任公立國中的英文老師時，吳姍儒班上有一名患有自閉症的特教生，經常於課堂中突然大聲喊叫。對於正在教課的老師而言，雖然心裡希望多照顧這位學生，但礙於現實層面，只能無奈地提醒其他學生把注意力放回課堂上。

「從那之後，我就更在意特教生或身心障礙孩子的需求。」成為公眾人物後，吳姍儒將自己視為一個發聲的管道，讓社會上更多重要的議題被聽見。例如擔任喜憨兒基金會的公益大使，以及代言全聯的福利點數愛心捐，將小額零錢捐給罕病弱勢兒童。

二〇二一年，吳姍儒擔任目目非營利的公益大使，為肢體受限的重症孩童募集眼動科技設備，讓孩子不需要動手、只要用眼睛看著電腦，就能打下文字訊息。她並擔任一日眼動老師，實際與重症孩童互動。

在目目非營利的倡議影片中，吳姍儒即使眼眶泛紅，也頂著笑容和孩子對話。她說道：「跟他們相處的過程

吳姍儒致力作為擴音器，為重要的永續議題發聲。來源：吳姍儒Sandy Wu FB

中，我都要花八百倍的力氣壓抑自己的眼淚，因為真的很心疼。」

「我鼓勵大家從真正有感情、可以讓你熱淚盈眶的事開始，那份使命感才能推動得更遠。」吳姍儒表示，在每個人時間跟心力有限的狀況下，不需要對每個議題都很有熱情，而是從一、兩項真正感興趣的議題著手，進一步去了解現況，在能力所及的範圍採取行動。

將永續視為選擇，重塑生活方式

除了在螢光幕前發揮影響力、為永續代言，下了舞台後，吳姍儒也將永續價值觀視為生活的一環，影響每一次的抉擇。

永續行動小檔案

人物：吳姍儒

永續行動：

- 在工作中，發揮公眾人物影響力，為重要的社會議題發聲。
- 在生活中，將永續視為品格，透過一次次實踐，讓日常中每一次的消費選擇，都更加兼顧環境與社會友善。

「以前我會覺得環保好遙不可及，要能達到真正友善地球的條件似乎很難。」不過，吳姍儒後來轉念一想，永續其實就是一種選擇，一種自己可以做到的生活方式。舉例來說，如果今天因為趕通告用了免洗筷也沒關係，明天購物時間比較寬裕時，就可以試著去無包裝商店購物。

吳姍儒分享，在邁向永續的路上，毋須因為達不到完美便輕言放棄。無論是出門外帶少拿一個塑膠袋，與朋友聚餐時點適當分量以減少剩食，或是多花一點時間了解身心障礙者、兒少教育等議題，都是可以在生活中日積月累、慢慢朝永續靠攏的具體行動。

「永續就像品格一樣，必須慢慢練習，用你舒服的方式去做就好。」吳姍儒以自身經驗提醒。

永續不是是非題，而是選擇題。每個人都能從找出有興趣耕耘的領域開始，增加對永續發展的了解，進而採取更多行動，讓永續成為新生活方式。

> **「永續就像品格一樣，必須慢慢練習，用你舒服的方式去做就好。」**——吳姍儒

萬秀洗衣店張瑞夫×零廢棄夫妻

永續不是犧牲，是生活品質的提升

家中經營萬秀洗衣店的張瑞夫，利用店內無人來取的舊衣，為祖父母進行時尚穿搭；過著「沒有垃圾的公寓生活」的夫妻尚潔與楊翰選，以零廢棄的精神經營生活日常。本文邀請雙方暢談實踐永續如何帶來高品質的生活。

步入如台北時裝週等大場合的張瑞夫，超越大眾流行的時尚穿搭總能攫獲眾人目光。他身上穿的並非由知名設計師訂製的衣服，而是保存多年的二手老衣。過著美感生活的尚潔與楊翰選夫婦，打造出的質感公寓也不是由昂貴藝術品、高級傢俱所堆砌，而是源自兩人一切從簡的信念，點滴經營而來。

張瑞夫家中經營萬秀洗衣店，二〇二〇年開始利用店內長期囤放無人來取的衣物，為自己的祖父母萬吉與秀娥進行穿搭。一張張獨特而時尚的照片，不久便在社群媒體上竄紅，吸引上萬人關注，一改大眾對於舊衣就是過時的印象。

永續行動小檔案

人物：「萬秀洗衣店」張瑞夫

永續行動：

- 利用洗衣店內長期囤放無人來取的衣物，為自己的祖父母萬吉與秀娥進行時尚穿搭，吸引上萬人關注，一改大眾對於舊衣就是過時的印象。
- 推廣衣物正確清潔、保存觀念，延長服飾壽命。
- 打造循環平台，助洗衣店業者上架顧客未取卻仍完好無缺、具清潔保障的衣物找到新歸屬，降低浪費。網站正式營運不到3個月，就已為超過50件舊衣找到新主人。

尚潔與楊翰選則是永續生活老手，從初入職場、步入婚禮到生產育兒，走過人生各個階段，兩人始終秉持零廢棄的精神，過著沒有垃圾的生活。

減法生活，加倍快樂

不常買新衣、不製造垃圾，聽起來感覺生活似乎犧牲了許多便利，甚至更增添了很多麻煩？

張瑞夫搖頭表示，「我從不認為這樣簡單地過生活，是一件委屈的事。」

從小，張瑞夫在家裡翻爸爸的衣櫃、與弟弟互穿彼此的衣服是常有的事，這樣鮮少追逐潮流、添購新衣的習慣，反而使張瑞夫穿出自己的獨特品味，更練就一身善於將不同風格元素搭配在一起的本領。

對尚潔與楊翰選夫妻而言，永續的實踐，是讓生活回歸簡單，將更多心力專注在人與人之間的相處中。例如兩人舉辦婚禮時，減去了繁複的流程、華麗的裝飾，留下的是新人與賓客充分交流的時間，成為夫妻倆至今深刻的回憶。

「因為對物質沒有過多追求，我們多數的時間與心思都能專心放在彼此身上。」兩人笑稱落實零廢棄五年多來，生活中的垃圾逐漸變少，夫妻間的關係更大幅提升了。尚潔指出，零廢棄的精神並非只是不製造垃圾，而是「享受簡化生活後所帶來的快樂」。

永續生活入門三招：珍惜所有物、拒絕非必要、創造新價值

在滿足既有需求、降低過度浪費的日常實踐中，提升生活中的火花與快樂，是三人對於永續生活的詮釋。如何加入高品質的永續生活家行列，他們提及珍惜所有物、拒絕非必要、創造新價值這三項心法。

珍惜所有物的第一步，是正確地使用與保存。張瑞夫分享，以衣物為例，透過正確方式進行清洗與保存，便能降低衣服泛黃、起毛球等情形，延長一件衣服的壽命與品質。然而，卻鮮少人留意服飾標籤上建議的洗滌方式。因此，張瑞夫開啟「洗衣小貼士」單元，在網路上推廣不同的衣褲該如何清潔、去味等小撇步，盼助大眾能更加善待

> **「我認為永續生活是，**
> **認真思考如何延續現有物品的生命，**
> **並為它們創造新的價值與用法。」**——張瑞夫

（上）張瑞夫以不同風格舊衣物為祖父母進行時尚穿搭，吸引上萬人關注。來源：萬秀洗衣店FB
（下）尚潔與楊翰選走過人生不同階段都始終秉持零廢棄的精神。來源：沒有垃圾的公寓生活部落格

身邊的衣物。

拒絕自己不需要的東西，則是尚潔與楊翰選初入永續生活時，最先進行的練習。「每個人在人生不同階段的需求有所不同，不需要強迫自己一定不能買，但可以在購物前多問自己『真的需要嗎』。」尚潔也分享，路邊發的傳單、試用包、面紙都是她會拒絕的物品，且為了杜絕賣場不時寄到家中的紙本DM，尚潔會主動致電給賣場取消訂閱，或請他們改以電子郵件的方式寄送。

三人不約而同指出，若是能學會妥善保存、謹慎評估自己的需求，便能發現自己需要的其實不多。

而在面對身邊的舊物時，比起直接丟進垃圾桶，三人思考的是，如何為它們創造新價值。

在張瑞夫的經驗中，萬秀洗衣店內囤積已久的舊衣，透過巧思搭配，就能穿出潮流時尚感，例如一件衣齡三十年以上、由紅藍黃等色線條拼接而成的長裙，配上一件五年的長版落肩T恤，穿在秀娥身上毫無過時之感。

這些舊衣品質完好，且經洗衣職人仔細地清潔消毒，應有機會找到新的主人，延續舊物的生命與價值。在這樣的思考下，張瑞夫於二〇二〇年發起募資，打造一個循環平台，助洗衣店業者可自主上架那些被遺忘、卻仍完好無缺、具清潔保障的衣物找到新歸屬，盼能開啟大眾對於舊衣的新想像。

「我認為永續生活是，認真思考如何延續現有物品的生命，並為它們創造新的價值與用法。」張瑞夫說道。

「我們若是有將要淘汰的東西，都會先思考它是否可以用來製作成別的產品。」尚潔表示，自己時常於在YouTube、Google或創作者社群平台Pinterest上搜尋各種DIY教學，參考他人的經驗，改造生活中的舊物。

在她的部落格中，可見夫妻倆的DIY作品，如電視櫃、自製法式網袋等。而尚潔近期作品之一，是做給女兒

永續行動小檔案

人物：「沒有垃圾的公寓生活」尚潔與楊翰選

永續行動：

- 在生活中各面向落實「零廢棄」精神，並將累積多年的永續生活經驗，記錄於部落格「沒有垃圾的公寓生活」中，2021年更發行了新書《沒有垃圾的公寓生活：小空間的零廢棄習作》，向大眾分享實踐永續的方法與心得。
- 半年來所製造的家庭垃圾，只需以1個玻璃罐盛裝。

的手縫皇冠，「這是拿我不會再穿的冬季厚襪子做的。」她一面說，一面展示手上那件獨一無二、為孩子手工製作的物品。這些變身後的作品，都源自於差點就要被丟棄的東西。

從自己到眾人，讓永續遍地開花

針對原本就有環保習慣的永續生活老手，尚潔鼓勵大家可以將自己的專長化為影響力，將永續的好處與收穫，推廣給更多人。

如張瑞夫透過經營社群平台，讓約六十五萬名Instagram追蹤者，正視衣物浪費問題，並向他們闡述老衣經由重新穿搭，也能很時尚。此外，為了讓二手衣物有更好的利用，並為大眾補足永續相關新知，張瑞夫也設立萬秀洗衣店的官網，販售閒置老衣，同時也撰寫穿搭、洗衣教學、永續人物專訪等相關文章。網站正式營運不到三個月，就已為超過五十件舊衣找到新主人，累積約二十篇新知文章。

尚潔與楊翰選則將多年的永續生活經驗，都記錄於部落格「沒有垃圾的公寓生活」中，二〇二一年更發行了新書《沒有垃圾的公寓生活：小空間的零廢棄習作》，向更多讀者分享實踐永續的方法與心得，推廣簡單所帶來的美好。

談及對永續未來的期待，尚潔如此說道：「那時人們都已具備惜物愛物的共識，沒有過度的物質需求，且願意將心力放在自然環境、生活體驗及技能與知識的學習上；補習班的授課內容將從學科，改為裁縫再製、剩食料理、堆肥技巧等實用技能，而我們的孩子能快樂且自在地追求喜好。」在那樣的未來，人們不必擁有太多，但內心總是富足。

「不需要強迫自己一定不能買，但可以在購物前多問自己『真的需要嗎』。」

——零廢棄夫妻尚潔

數位發展部長唐鳳×氣候少女王宣茹

公民力，就是你的永續超能力

高中生王宣茹，用時下年輕人最擅長的數位工具，成為台灣限塑政策的關鍵推手；而時任行政院政務委員（現任數位發展部長）、主張開放政府的唐鳳，戮力於讓公民參與政治，以促進社會進步。兩位以公民力實踐永續的代表，在此分享他們的觀點與行動。

十七歲的青年，正值認識自我、多元學習的階段，尚未成年，或許懵懂，如何改變社會？一名高中生王宣茹，用時下年輕人最擅長的數位工具，成了台灣限塑政策的關鍵推手，被媒體譽為台灣的氣候少女。

時值二〇一七年，王宣茹在老師鼓勵下，將公民課學習單的「全國應該漸進式禁用免洗餐具」構想，提案至公共政策網路參與平台（JOIN平台），獲超過五千人的連署，自此開啟了不一樣的人生。

這位沒有投票權的高中生，一腳踏入政策制定的現場，與政府官員、相關業者開會，進一步促成台灣的限塑禁令。如今，二十歲的王宣茹更成為第一屆「開放政府國家行動方案」的民間委員之一，透過公私協力合作，協助政策制定更完善。

不少人對於王宣茹年紀輕輕就以網路參與政治、涉入公共政策感到驚訝，於行政院政務委員任內一手打造JOIN平台的唐鳳也不例外，不過她更相信，「在開放政府精神越趨為顯學的情況下，這樣的例子，只會越來越普遍。」

作為開放政府的推手，唐鳳始終深信，讓公民參與政治、讓政府理解大眾需求，是促進社會進步、邁向永續發展的不二法門。透過科技的輔助，在網路上就能方便地對話、協作，縮短公民與政府之間的距離，這便是唐鳳創建JOIN平台的初心。

時常於政府的正式會議上碰面的唐鳳與王宣茹，在社企流邀請下，共同分享了對永續發展及公民實踐的看法。

Be a good enough ancestor，從關注自己到關注他人

唐鳳：對我來講，永續就是要成爲「a good enough ancestor」（足夠好的祖先），身為政府代表，需在當下的民主價值跟未來的福祉中間維持平衡。

若我們仍在追求短期一季度的GDP，從後代子孫那邊透支了資源，就是一種寅吃卯糧的展現，如此對人類的發展明顯無益。

如今，台灣的民眾對於永續的認知，展現在環保、公德心、社會責任等項目上。而若站在政府視角，將台灣作為一個政體，於回應聯合國永續發展目標（SDGs）上，在兩、三年間已慢慢步上軌道，更是政府接下來會持續努力前進的方向。

王宣茹：永續的重要性在於，我們不再只是關注自己，而是開始關心別人。當意識到每人現在的行為都會影響自己、周遭親友、甚至下一代的發展，如何做出「好的選擇」就非常關鍵。

17歲的王宣茹（右）於JOIN平台提案，並與時任政務委員的唐鳳（左）及相關業者於政策制定現場共同開會。來源：王宣茹提供

永續行動小檔案

人物：氣候少女王宣茹

永續行動：以「全國應該漸進式禁用免洗餐具」至公共政策網路參與平台提案，獲超過5千人的連署，進一步促成台灣的限塑禁令。

從公民的角度看，我認為台灣在永續相關的制度上已經有許多規畫，不管是減少碳排或是能源轉型的政策，我們都有目共睹。不過在大眾行動力的實踐上，我認為還有更多進步空間。像是我們知道環保很重要，但真的去夜市會自備餐具、降低一次性容器使用的人還是少數。

Dare to be different，實踐永續從現在開始

王宣茹：對於有心實踐永續生活的人，我會鼓勵他「Dare to be different」（勇於不同），也會告訴他要更加具備同理心，試著站在不同角度換位思考。就像三年前沒有人想到一個高中生能在JOIN平台提案，而提案過後，我是第一次面對免洗餐具業者，透過對話才知道對業者來說，免洗餐具是他們的維生工具，不能一味地說為了環保要禁用，而不去替他們設想配套措施。

在提案經驗中，我了解到每個政策推動都耗費了相當龐大的人力，不是一兩句話就能改變的。自此，當我面對不同議題時，我會試著用同理心，從不同利害關係人的立場思考，如此才能對自己說的話以及行動更加負責。

唐鳳：我會建議想實踐永續者，若不知道該從何下手，可以先參考SDGs，去理解各目標到底在做什麼，總是

唐鳳建議欲實踐永續者可以從認識SDGs開始。
來源：Sustainable Development Knowledge Platform

會有那麼一、兩項目標跟你的興趣相契合。我自己有一個記憶口訣是：「貧飢健教、性淨能良、工平城任、氣海陸和」，加上全球夥伴關係，理解並記住這十七項目標，找出最有感的議題，試著從認識開始做起，就是很好的第一步。

公民力，就是你實踐永續的超能力

欲建立一個人們豐衣足食，同時使資源生生不息、不損及下一代利益的居住環境，每一位公民的聲音、行動都舉足輕重，無論是透過消費選擇更友善環境的商品、將選票投給保障社會弱勢的政治人物，又或是如唐鳳打造平台鼓勵公民與政府對話，如王宣茹用鍵盤促進政策制定，在在顯示實踐永續之「公民力」不容小覷。

「對我來講，永續就是要成為『a good enough ancestor』。」——唐鳳

「永續的重要性在於，我們不再只是關注自己，而是開始關心別人。」——王宣茹

唐鳳致力於推動開放政府，鼓勵公民參與政治。來源：社企流提供

永續行動小檔案

人物：數位發展部長唐鳳

永續行動：主張開放政府，創建公共政策網路參與平台（JOIN平台），讓公民參與政治、讓政府理解大眾需求。

第三部——在工作中回應永續，發揮影響力

人才篇｜認識影響力職涯

企業篇｜給企業的永續行動指南

當永續發展漸成顯學，
人人都需在生活與職場中深化「永續素養」，
第三部更為個人與企業引路，
以「332立體人才觀」、「影響力職涯」
培育新世代工作者必備的關鍵能力、態度與跨域經驗，
一起攜手打造全方位的永續力！

利己也利他的時代來臨！

在工作中改變社會，開創職涯全新可能

面對全球層出不窮的問題，從國際到台灣，一股「利己也利他」的永續趨勢正興起，新一代求職者相較於過往，更重視企業是否為社會與環境負起責任，也更注重自己是否具備能改善社會問題的影響力。

回應環境與社會問題，聯合國於二〇一五年制定「聯合國永續發展目標」（SDGs），預計於二〇三〇年前努力達成減緩氣候變遷、促進人類健全生活與福祉等十七項目標，盼能攜手各國改善當今面臨的棘手課題。

而今，SDGs已然成為各國政府、社會、企業部門發展上的共同指引。因應國際趨勢，聚焦台灣發展，亦可發現越來越多具社會使命之社會創新組織蓬勃興起，帶動迫切的人才需求。未來的人才，需具備足夠的能力解決社會問題，並能為推動永續發展盡一份心力。

根據勤業眾信全球調查指出，四十七%的青年盼能對社會產生正向影響，且多數青年普遍青睞與其價值理念一致的企業。麥肯錫研究調查亦顯示，九成青年表示，他們更願意效力於能回應並解決環境、社會問題的雇主。

為了解台灣青年對未來職涯的想像與期待，同時深入探索青年在不同層面中的利他程度與對影響力職涯（Impact Career）的態度，並分析青年對未來職涯培力的需求，社企流攜手願景工程基金會製作《青年世代×未來職涯大調查》，以電話進行隨機採訪，蒐集到一千零六十八位二十二至四十歲青年的回饋。

青年職涯想像：不只要「利己」亦重視「利他」

每個人對於人生中「成功」的定義略有不同，根據調查顯示，在家庭美滿、財富自由、事業有成、改善社會問題或對社會有益等選項中，有二十五．七%的青年認為「改善社會問題或對社會有益」為成功的定義之一。

有些人也會將進入理想公司，視為評估成功的要素，而青年認為理想的公司通常需要具備什麼條件？在可複選兩項的情形下，「跟個人價值相契合」、「產業前景看好」和「可以讓社會變得更好」是青年最重視的理想公司要素。

而對於理想工作組織的職涯期待，在可複選的情形下，青年世代最重視「工作與生活平衡」以及「良好的薪資福利」，而有十八．五%的新世代青年認為「工作本身能對社會有貢獻」，亦是考量對工作滿意度的要件之一。

從上述數據可看出，新世代青年在挑選未來職涯方向與評估對未來工作的期待中，除了考量薪資、福利等「利己」條件外，能對社會有貢獻、發揮影響力的「利他」要素，同樣是他們對未來職涯的想像之一。

逾九成青年認為企業應對社會有正面影響

隨著青年世代對環境、社會問題等意識抬頭，調查亦指出，高達九十六．五％的青年認為，企業除了應以獲利為目標，也要創造對環境與社會的正面影響。在可複選的情形下，青年普遍認為「公司有責任讓社會變得更好」、「公司應該取之於社會、用之於社會」、「公司應該給社會帶來正能量及好的影響」。

過半數青年在生活、工作中力行讓社會更好

不僅期待企業能夠發揮社會影響力，青年更挽起袖子，支持、參與公益相關活動，盼能同樣為社會帶來正面影響。據調查顯示，在可複選的情形下，有達七十九％的青年會經捐款給有需求者，四十七．九％的青年會購買環保或公平貿易產品，四十三．九％的青年會有擔任志工的經驗。

除了在生活中發揮社會影響力，青年也希望能透過工作改變社會。在參與調查的民眾中，有十．六％的青年目前於非營利組織或社會企業工作，而其中有七十八．八％的青年表示滿意目前的工作。在可複選的情形下，他們普

青年職涯想像：不只要「利己」亦重視「利他」。
來源：Ady April on Pexels

遍對「薪酬福利」、「組織對社會的貢獻程度」和「工作氛圍」感到滿意，並有六十一．五%的青年表示，他們會繼續留在公益相關組織工作。

而未在非營利組織或社會企業工作的青年中，有三十二．三%的青年參與過公司舉辦的公益活動，更有七十四．三%的青年表示，希望可以透過工作去改變或回饋社會。青年普遍認為，每個人都有責任讓社會變得更好，希望能做好事幫助他人，為社會帶來正能量及好的影響。

綜上所述，投身於非營利組織、社會企業等社會創新領域者，對於自身工作的滿意度高，且有超過一半的青年願意持續在該領域工作。而尚未進入該領域的工作者，亦希望能透過工作發揮影響力。

新世代青年最注重「解決力」、較缺乏「領導力」

此外，為能了解新一代青年對未來職涯培力的需求，社企流觀察與統整未來人才應該具備的五種核心能力——解決力、利他力、創新力、領導力和數位力（參見下圖與P.316表2），並調查青年對於這五力的看法。

根據調查，青年普遍認為解決力是最重要的能力，其次為利他力與創新力。而問及青年是否有信心具備上述五大能力，結果顯示，他們最有信心具備的為解決力，而覺得較缺乏的則是領導力。

不可阻擋的世界潮流——利己也利他的時代來了！

從國際到台灣，我們察覺到這股「利己也利他」的趨勢銳不可當。新一代的求職者，囊括二十二至四十歲的青年，相較於過往，更重視企業是否為社會與環境負起責任，也更注重自己是否具備能改善社會問題的影響力。他們不僅重視利己的權益報酬，更是願意開啟「影響力職涯」、投身於社會創新組織改善社會問題、發揮影響力的「力世代」。

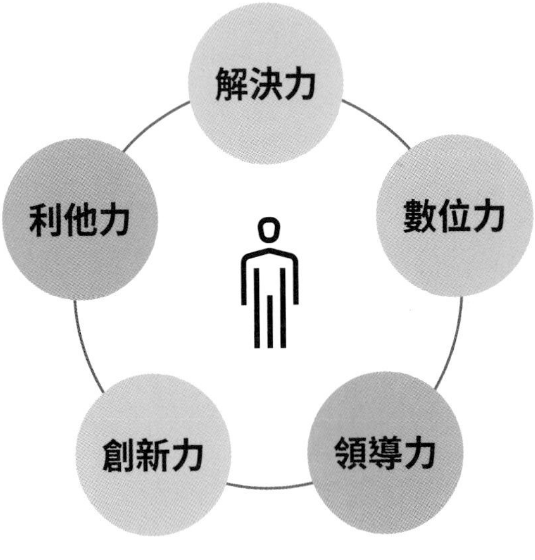

五大核心能力是未來人才培力方向。

成為「力世代」未來人才！

開啟影響力職涯，社會創新組織是天然的修練場

進入「社會創新組織」工作餵得飽自己嗎？怎樣才能開啟「影響力職涯」？長年耕耘社會創新領域的台大榮譽教授李吉仁與社企流執行長林以涵，在此解析社會創新組織的樣貌，並提出投入影響力職涯應具備的五大能力。

新世代青年，出生於一九八〇年代末，生在最好的時代——網路發達、科技便捷，生活條件相對優渥；同時，也身處全球問題最棘手的時代——氣候變遷日益嚴重、二〇二〇年起迎來一場世紀瘟疫，世界變動相當快速。

在社會問題不斷、永續發展當道的現代，新世代的求職者，對於未來職涯的想像，開始有了不一樣的期待。一方面他們滿懷抱負，重視企業是否兼顧環境與社會責任，並希望找尋與自己理念相符的企業；另一方面他們也重視自身權益，薪資福利、成長空間，都是求職時的考量。

剛步出大學、準備投身職場的青年們，若你期待能從事一個對社會有益、同時不犧牲薪資條件、且能有所學習成長的工作，那麼，進入「社會創新組織」、開啟「影響力職涯」，或許是個合適的選項。

長年耕耘社會創新領域的社企流執行長林以涵觀察到，青年世代越來越重視「giving back」的精神，在她所接觸到的青年中，多數人都熱衷公益，盼為社會做出改變。然而，現實是，當詢問這群青年是否願意從事相關工作，常常都是搖搖頭表示：「我怕無法餵飽自己。」對於薪資的刻板印象，是青年進入社會創新組織的第一個阻礙。

「除了薪資，在組織中的專業發展、經歷累積，亦是讓青年持有疑慮的原因。」曾任職台灣大學國際企業學系專任教職逾二十五年，現任台大EMBA兼任教授，與誠致教育基金會、Teach For Taiwan為台灣而教、均一教育平台等非營利組織董事的李吉仁教授說道。

根據李吉仁多年來於學界及業界的觀察，他表示，年輕人通常希望可以進入有專業成長的地方，若是進入非營利組織，不少人抱有「不需要專業」的迷思，因而擔心這樣的經歷會不會不利於接下來的職涯發展。

社會創新組織是能力養成的「天然修練場」

面對這些迷思，李吉仁指出，第一，關於學習成長，在社會創新組織反而擁有更多機會，能面對困難、複雜的情境，長出相應的能力，是一座「天然的修練場」。

李吉仁以知名的「七〇／二〇／一〇員工學習發展法則」說明，一個人在職場上的成長，七十%是透過多元的

工作經驗，二十%透過他人指導，十%是藉由企業中的教育訓練課程。以進入社會企業工作為例，社會企業在處理具挑戰性的社會問題，同時亦要發展商業模式，本身就是處在一個複雜的位置，面對這樣的情境，身在其中的工作者，常常得親上戰場、面對問題，靠自己打出一條生路來。換句話說，在社會企業有超過七十%的機會可以累積多元經驗，這就是天然的養分，得以讓人於職場中成長。

再來，針對薪資的部分，李吉仁則以心理學中的「雙因素理論」（Two-Factor Theory）解釋。工作內容方面，像是工作中的挑戰性、成長性等，被稱作「激勵因素」（Motivational Factors）；而有關工作環境，如薪資、福利等，則稱為「保健因素」（Hygiene Factors）。

簡單來說，對於初踏入職場的青年而言，真正驅使他們工作的動力，並非只是更高的薪資或福利等因素，更多的是來自於是否有工作挑戰與成長性的激勵因素。對於高成長期望的青年，若選擇能提供對標市場平均薪資，但工作具有高影響力與意義的社會企業或非營利事業機構服務，應該是很不錯的職場進入策略。

因此，只要能破除多數人針對上述「專業成長」與「薪資」的兩大迷思，便能發現，非營利組織或社會企業等場域，是相對有吸引力的。

社會創新組織所需人才群像

林以涵進一步提及，社會創新組織涵蓋各式產業、所需人才樣貌也略有不同，從社會創新組織光譜中（見總論P.17），可再依組織與人才特質分為五類（見表1）。

在「服務型非營利組織」的從業者，如「為台灣而教」中前往偏鄉教學的老師，是屬於要站上第一線接觸受益者、推動創新服務的角色；而在「贊助型非營利組織」的工作者，如家樂福文教基金會中的核心成員，則是屬於居於幕後，分配資金與資源支持第一線做服務者、有如神助攻一般的角色。

而同時要創造社會影響與財務價值的「社會企業」，目前多為二十人以下規模的組織，亦有二十人以上規模較大者。前者因組織規模小，身處其中的從業者便如三頭六臂般，能全面且高效地處理複雜的社會問題，並以創新思維提供有別於市場既有的產品或服務。而後者發展至一定的規模，組織相對地具有成熟度，其工作者應更懂得善用工具提升任務執行效率。

此外，還有一類是「落實永續發展之企業」。在越來越多企業重視企業社會責任（CSR）與永續發展的趨勢下，企業中CSR部門、永續長等角色隨之而生，負責相關工作者，要能突破企業既定框架，以宏觀思考提出創新方法，回應聯合國永續發展目標。

林以涵表示，這些組織業態不盡相同，青年可初步認識不同的組織樣貌，找到符合志趣的領域投入。

於社會創新領域工作應具五核心能力

綜合多年來於社會創新領域的觀察，以及近期國內外人才趨勢研究報告等資料，社企流歸納出欲進入該領域工作的五大必備能力：創新力、領導力、利他力、解決力與數位力（見表2）。

創新力，能突破既有思維，積極解決問題並帶來價值。包含具積極學習之「主動力」；可宏觀思考之「思考力」；以及用獨特方式理解資訊、連結資源並加以實踐之「原創力」。

領導力，具倡議精神，能夠引導、鼓舞眾人達成共同目標。包含可激勵並啟發他人之「影響力」；能清楚傳遞訊息且具說服力，並熟悉人際關係、擅長與團隊合作之「溝通力」；懂得自我覺察與反思，並能理解他人感受之「情商力」。

利他力，具無私精神與使命感，能察覺社會問題並勇於解決。包含擁有能發覺社會問題、理解社會創新之「覺察力」；由內心驅動自我達成大於自己的理想之「使命感」；以及懂得傾聽且能設身處地為他人著想之「同理心」。

解決力，面對複雜情境，積極採取行動，尋求解方並執行。包含具備遇到問題可梳理事件成因、找出合適解決方案之「分析力」；掌握並管理任務進度，並有效實踐行動方案之「執行力」；具備彈性，可處理複雜與混沌情況之「適應力」。

數位力，運用科技找到最佳解方，帶來更好的生活。

表1｜社會創新組織所需人才群像

目標	創造社會影響		社會與財務價值之混合		創造財務價值
抽象精神	服務型非營利組織	贊助型非營利組織	小規模社會企業	大規模社會企業	落實永續發展之企業
運作內涵	・Service-Dilivery NPO，不以營利爲主要目的，接受捐款或補助，除了提供服務，亦可銷售產品。 ・組織核心目標爲解決特定社會問題、服務受益者。	・Grant-Making NPO，擁有資金與資源，從事慈善、公益事業之非營利組織。 ・關注社會議題，通常透過撥款支持其他公益性單位，以共同實踐社會使命。	・兼顧社會使命與商業模式，組織規模20人以內之組織。	・兼顧社會使命與商業模式，組織規模21人以上之組織。	・以創造財務價值爲主要目標，同時具備社會責任，積極執行CSR，並落實永續發展策略之大企業。
人才群像	築夢者 ・具無私的精神與過人的行動力。 ・能察覺社會問題，並推動創新服務。 ・翻轉受益者僅能接受服務的思維或服務。 ・是具備使命感，並全心全意、腳踏實地，爲理想付出的「築夢者」。	神助攻 ・能回應組織願景、察覺社會問題。 ・串聯其他社會創新組織共同採取行動。 ・擅長團隊溝通、資源分配。 ・是能引領衆人一齊達成共同目標、人稱「神助攻」一般的角色。	開拓家 ・能全面且高效地處理複雜的社會問題。 ・以創新思維找出對應解方。 ・提供有別於市場既有的產品或服務。 ・是勇於創造改變、採取行動的「開拓家」。	掌舵手 ・清楚組織目標。 ・以高度執行力推進任務。 ・懂得善用數據分析，提升任務執行效率。 ・是懂得善用資源、能穩定地於航道上駛向目標的「掌舵手」。	破框者 ・突破框架，以宏觀思考提出創新方法。 ・善於連結資源。 ・能帶領企業邁向永續發展、回應SDGs。 ・是勇於突破，能引領公司邁向更好未來的「破框者」。

社企流版權所有

包含能使用網路獲取資訊、創造內容、分享訊息之「識讀力」；能夠解讀資料與數字，加以分析，並做出更好的決策之「數據力」；熟悉科技並能加以運用於生活中之「應用力」。

其中，李吉仁提及，領導力是青年較為缺乏的；而根據二〇二一年社企流與願景工程基金會發起的《青年世代×未來職涯大調查》結果顯示，多數青年亦表示自己缺乏領導力。

「領導力在學校沒有教，也很難教，需要以困難的環境去淬鍊。」李吉仁強調：「領導力的發展不單是教出來的，而是淬煉出來的，因此，需要有發展的情境脈絡，亦即需要具挑戰性的任務情境，畢竟，平庸安逸的地方是養不出優秀的領導者的。因此，我認為社會企業與非營利組織，都是非常適合發展領導力的場域。」

吸引人才三關鍵：薪資合理、目標清晰、可學習成長

對雇主端而言，面對這群重視理念亦追求報酬的青年，該如何吸引並留下人才？林以涵指出，第一是合理的薪資報酬，第二則是清楚溝通組織目標。「在日常的工作中不免要處理各種細瑣的事情，若創辦人未清楚溝通、落實組織使命，便會讓工作夥伴有見樹不見林之感，無法感受到他的工作項目與組織想改善的社會問題有何關聯。」

李吉仁回應，社會創新組織的內部治理相當重要，「以非營利組織為例，資訊的透明度要以高於市場的標準

表2｜社會創新人才5大必備能力

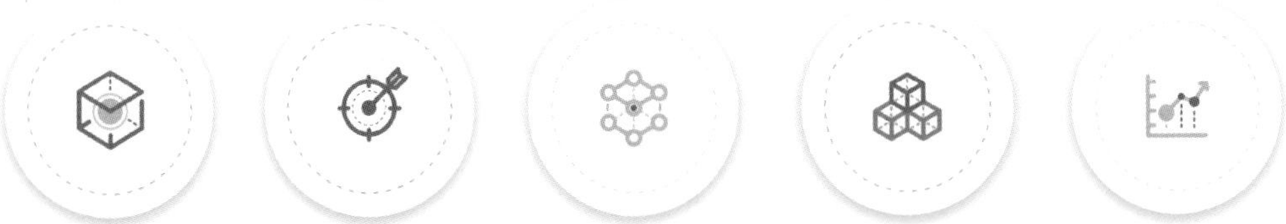

利他力	解決力	創新力	領導力	數位力
具無私精神與使命感，能察覺社會問題並勇於解決。	面對複雜情境，積極採取行動，尋求解方並執行。	能突破既有思維，積極解決問題並帶來價值。	具倡議精神，能引導、鼓舞眾人達成共同目標。	運用科技找到最佳解方，帶來更好的生活。
#覺察力 #使命感 #同理心	#分析力 #執行力 #適應力	#主動力 #思考力 #原創力	#影響力 #溝通力 #情商力	#識讀力 #數據力 #應用力

來檢視，讓夥伴清楚地知道組織目標與方向，才能彼此建立信任，降低溝通障礙。這與一般企業是相當不一樣的，在一般企業中，資訊不對等常是刻意為之，以維持上面層級的權威感。」

此外，營造可成長的空間、讓工作者有學習的對象也是關鍵。李吉仁提及，從事社會創新相關工作，不只是能「做好事」，更是能「好好做事」——做事的能力、方法都是專業所在。

綜上所述，社會創新組織吸引人才的關鍵有三項：合理的薪資報酬、清晰的組織目標，以及可學習成長的環境。

從認識到行動，開啟有別以往的影響力職涯

如今，隨著大眾對社會創新的認知度提高，李吉仁也觀察到，近幾年來，會主動找他詢問有關社會企業、非營利組織等問題的學生比例有逐年提升的趨勢，而這些大約一成五左右的學生當中，後續進入社會創新領域工作者大概有三分之一。

「社會使命（social mission）是可以被啟發、被發展的。」李吉仁觀察，這些後續投身於社會創新領域工作的學生，除了本身較具備人文關懷的特質，另外就是他們通常是透過書籍、課程或相關活動等機會，認識了社會創新領域，啟發了他們看待世界不同的角度。

「透過工作發揮影響力這件事情，不只是口號，其實已經是很多人在日常中的實踐。」林以涵期許，希望能讓更多青年認識社會創新組織，以及在其中的工作者，幫助更多目前還在觀望的人們了解到，發揮影響力可以即刻即行。

而林以涵也呼籲，希望能開發各組織之間「打群架的可能」，為不管是在非營利組織、企業的從業者們，建造更寬廣、多元的職業路徑（career path）。

展望未來，林以涵期待：「目前正要、或者剛投入職場的青年們，在二、三十年後，也就會成為社會的中流砥柱，是手中握有資源者，或許還會多了爸媽的身分。屆時，期待這些人們已經可以用不一樣的眼光看待社會創新組織，更能鼓勵、支持自己或是下一代投入影響力職涯。」

李吉仁則回應，對於社會創新組織人才發展的期許，是希望促進人才流動，讓工作者可順暢的流動於政府、企業與非營利組織三大部門，達到均衡發展。

綜觀青年對於職涯的期待與目前的限制，李吉仁邀請長期投注於社會創新事業發展的活水影響力投資總經理陳一強、前DDI美商宏智總經理暨董事顧問（現任企業高階領導教練）林妍希，以及在社會創新領域的力世代領導人，共同倡議發起全台第一個培育社會使命型人才（Impact Talent）的「School 28社會創新人才學校」（參見P.217-221），期望能夠透過人才培育、社群發展、協力共創的模式，培育新生代的社會創新領導人才，並協助發展影響力職涯，以整體提升台灣的社會創新動能。

成為人才而非匠才

三三二立體人才觀，從能力與態度淬礪職場內功

在求職路上，若說「能力」是人才不可或缺的利器，「態度」便是人才必須培養的內功。要如何修練內功，在職場中無往不利？本文專訪企業顧問暨新創董事林妍希[1]，談談力世代人才有哪些應該培養的態度。

林妍希將視野拉大至整體環境趨勢，來看人才需具備的條件。首先從教育政策談起，她以台灣一〇八課綱破題指出，該課綱所強調的三大理念是「自發、互動、共好」，也就是指要培養人才具備積極主動、與人合作以及社會參與的精神。

再看向國際，美國基礎教育K12（kindergarten through twelfth grade），則以推動STEAM素養——科學（Science）、科技（Technology）、工程（Engineering）、藝術（Art）、數學（Mathematics）——為主軸，旨在培養四C能力，也就是合作（Collaboration）、溝通（Communication）、批判性思維（Critical Thinking）以及創造與創新（Creativity and Innovation）。「由此來看，我們可以知道，跨領域的專業跟能力會是未來人才的主流。」林妍希說道。

聚焦來看其他的亞洲國家，林妍希以新加坡為例，近二十年來推行「思考型學校，學習型國家」，定調發展能力導向的教育，「他們強調『把知識用出來的能力』。」也就是在學習上不只是「輸入知識」（input），更要「將知識輸出」（output），運用在問題解決上。

綜覽台灣、美國、新加坡的教育政策，可以看出世界趨勢在於培養人才具備主動學習、溝通表達、團隊合作、解決問題等能力。

VUCA時代變化多端

接著看向商業領域，林妍希提及近年當紅的關鍵字VUCA。什麼是VUCA？林妍希說明，這個字源自美國軍方，意指一個充滿動盪、複雜多變、模糊不定、難以掌握的狀態。四個字母分別代表——易變（Volatile）、不確定（Uncertain）、複雜（Complex）及模糊（Ambiguous）。

「萬事萬物無時無刻不在變動當中，」林妍希提及：「但是我們要知道，現在的改變跟以前的改變有什麼不同？」過去較多是線性的改變，有時間一件一件處理，「改完這個再改下一個是過去的思維。」然而，現在的變

1林妍希，擅於人才潛力分析及組織領導，擁有超過二十年顧問專業經歷，曾任DDI美商顧問公司台灣分公司總經理暨亞太區首席顧問，現任為台灣而教教育基金會（TFT）以及新創企業董事。

化接踵而來，不等人反應，甚至是同時發生，因著科技的進步，其複雜度、強度、速度堪稱史無前有。

變化思維、群體智慧、高度學習成三關鍵能力

在這樣的背景之下，林妍希認為，因應變化的成長心態（growth mindset）、主動促進合作的群體智慧與高度的學習，是一家企業、一位人才都須具備的三大關鍵。

首先，因應變化的成長心態，是指具備開放的心胸、享受改變並能很快地做出回應。「要主動地去面對變化，從而去想有哪些地方是我可以改善或創新之處，而不是在想為什麼又要改變。」

正因世界變化多端，很難單靠一個人去面對越來越多的挑戰，因此主動促進合作的群體智慧——也就是高度的團隊合作，比起以往更加重要。「所謂團隊合作不是被動地等待別人採取行動，而是主動地去看見他人的專長、價值，互相截長補短，讓任務更有效率地推進。」

而身處快速變動的社會中，主動且持續地學習更是越發重要。林妍希特別強調，高度學習，並非指多元廣泛、漫無目標的學習，而是確切地知道學習目標，並深化學習項目，最終能靈活地應用出來。

「持續學習很重要，但能『應用出來』更是關鍵，也就是input／output（輸入與輸出），能跨領域學習與應用在工作上。」林妍希強調。在資訊爆炸的時代，獲取資訊並非難事，重點是如何將這些資訊經過自己的整合、歸納，形成觀點，並成為知識，作為解決問題的利器。

培養律己、待人、處事三面向態度

延伸上述回應VUCA時代的三大關鍵，林妍希指出，人才除了具備能力之外，亦需培養律己、待人、處事三方面的態度。「擁有能力而沒有正確的態度，只能說是匠才而不是人才。」

在律己面，第一個也是林妍希口中「must have」的態度便是「負責任」；第二個則是「逆境的回復力（resilience）」，這項特質指的是一個人面對挫敗的態度，它是決定一個人日後是否經得起挫折考驗的關鍵。回復力強的人，能快速在逆境中找到正面的意義與東山再起的動力。「遇到挫折在所難免，重點是如何面對，讓自己敗部復活。」林妍希說道。

在待人面，是指能主動與人合作、願意分享，並能以正向能量去鼓勵他人。處事面則是積極主動，勇於承擔。

「態度代表了一個人的信念。」林妍希表示：「在職場，與其看一個人的人格特質，我會更看重『態度』，因為要抱持什麼待人處事的態度，是你可以選擇的。」

領導力始於領導自己

除此之外，林妍希特別將「領導力」提出來討論。她指出，隨著踏入的領域不同，需具備的專業也會有所差異，如行銷、工程等。但領導力是一門每個人皆須具備的

專業，不是指地位或職稱，也不是需要帶人的主管才稱作領導者，而是「人人都是領導者」。

林妍希強調，領導力始於領導自己，從自我覺察開始，找到自己的使命與價值去領導自己的人生，進而產生影響力，領導他人，再擴大到帶領一個團隊、一個組織。

面對現今的青年世代，林妍希表示，比起嬰兒潮世代誕生於資源匱乏的時代，工作上的考量多以生存為主，如今的力世代青年相對來講更有條件去思考人生的使命與意義，越來越多青年選擇實踐自我理想，進入符合自我價值的組織工作。

對此，林妍希提醒，選擇踏入非營利組織或社會企業、從事影響力職涯，是因清楚地知道自己的使命是什麼。「別因為你捨棄優渥條件而有自己『犧牲了什麼的優越感』，若放棄高薪是一種犧牲，這是另一種思維上的優越感。」

林妍希說道：「就如蘇格拉底所說『認識你自己』，想要發揮影響力、創新社會，先認識自己，透過認識自我進而認識他人。」

三三二立體人才觀：
三能力×三態度×二專業＝十八般武藝

最後，談及能力、態度的培養，林妍希以三項建議勉勵青年。

第一個是自我反思整理，每天或每週要留一段屬於自己的安靜時間，靜下來好好記下這一天、這一週最值得記錄的事項——你的學習是什麼、成就是什麼。藉此培養自我察覺的能力，養成自己的觀點。

第二個是尋求「異」見，當你有一個想法，不是去找到認同你的人，而是要適時尋求多方的意見，聽聽不同的觀點，不要害怕衝突，以此養成開放的心胸（open minded），察覺自己沒有想到的問題。林妍希舉例：「面對與自己不同的政治主張，現代人常彼此批判、攻訐，然而，如果我們希望別人尊重自己的想法，自己是否先尊重別人的主張？且進一步去了解不同主張背後的觀點與緣由？而非只是『堅持我是對的』、不去理解不同之處。」

第三個則是珍惜挫敗，「別讓完美主義限制了你的可能性，勇於嘗試、珍惜挫敗。」所有事情的發生，不管是好是壞，都是淬鍊自己的養分，尤其是挫敗的時候，「難過」是刺激自我反思與重新學習的機會。

綜上所述，似乎要成為新世代人才得具備百百種能力、態度、專業。既要有好的態度，也要有批判性思考、解決問題、溝通表達、靈活學習、創新、EQ、領導等能力，還要具備跨領域技能專業等等。

若能具備三項關鍵能力、三個正向態度與一加一的專業（如跨領域的專業、跨文化或地域工作的經驗等），加乘起來便是一名具備「十八般武藝」的出色人才了。

ESG治理

掌握商業真實價值的硬實力，真正實踐企業社會責任

文一黃正忠（KPMG亞太區ESG負責人）
侯家楷（KPMG安侯永續發展顧問股份有限公司經理）

隨著世界環境、社會、經濟各層面的危機浮現，ESG治理成為企業為了永續運營不可或缺的硬實力。本文探討ESG治理為企業社會責任的真實實踐，帶你認識治理的關鍵點和企業案例，同步開箱ESG治理百寶箱，助企業徜徉永續藍海。

SDGs因新冠疫情呈負成長，世界不可持續訊號明確化

一九九〇年全球環境危機浮現；二〇〇〇年社會危機浮現；二〇一〇年金融海嘯引發的經濟危機席捲全球；結果，就在人類有限的變革下，二〇二〇年直接讓人們見證新冠肺炎癱瘓世界的威力。

環境、社會、經濟的警鐘都狂響過了，世界不可持續的關鍵訊號，人們應該要明確接收，物種滅絕、不可預期卻會大肆傳染的疾病、氣候變遷、甚或地緣政治與金融危機，都已經互相攪和扣連成無差別的風險，骨牌效應帶來更大的生存危機，人們不能不提高警戒。

世界銀行的分析數據顯示，全世界每日消費不起一・九美元的極度貧困人口，因為過去脫貧行動的努力，從二〇一五年的七・四億人一路逐漸減少，預估到二〇二〇年應可降至六・一億人。沒想到新冠疫災的衝擊，至二〇二〇年底全球極度貧困人口又回到七・三億人，比預期淨增加了一・二億人，永續發展的努力成果因為新冠疫災被打回原形。

聯合國經濟及社會理事會（UNDESA）在新冠疫災爆發後，以SDGs進行世界永續發展的系列衝擊檢視，【圖一】顯示因公共衛生議題所引發全球性經濟活動停滯，對各項SDG的衝擊非常明顯，隨之而來就是國際間與社會中「不平等」的事實加劇，差距持續快速擴大，且短時間內更難進行修復。

企業社會責任的確切意涵：ESG治理

面對眼前「社會患不均、生態患耗竭」的挑戰，再厲害的企業都必須回答一個問題：自己是世界永續發展的賦能者還是不永續的加害者？

而面對這樣子的質疑，企業界過去最常見的回應就是：「我們都有善盡企業社會責任（CSR）地回饋鄉里。」值得注意的是，若仍然將CSR視為慈善、公益代名詞的企業，是否會不自覺只是「表面做」呢？

【圖1】新冠肺炎大流行對SDGs造成之衝擊加劇不平等（資料來源：UNDESA）

試問：如果銀行在審核企業融資的過程中，因為疏於檢查，而將資金借給造成環境破壞的企業，銀行再從其利息的獲利中以CSR資源，捐給環保團體彰顯其社會責任決心，這豈不是「似善非善」？

傳統資本主義獲利極大化本質無助永續發展，而興起中的利害關係人資本義，要推進與追求的是經濟、環境與社會三重盈餘，這也是為什麼隨著疫情爆發近三年以來，ESG（環境、社會、公司治理）更加大爆發的原因，它要確立的是對於商業模式的檢查及約束。想想看，要是有一家公司是排碳大戶、低付員工薪資、勞動條件不良、不負責產品使用後棄置對環境造成的衝擊，即使每年有亮眼的EPS（每股盈餘），難道這樣的企業就是我們心目中的好公司嗎？

ESG治理關鍵點：聚焦本業重大性議題、完備非財務資訊管理

倘若要明確地判斷一間公司的ESG治理踏實與否，有兩個關鍵點值得熟記起來，也就是關注企業是否聚焦本業重大性議題，以及非財務資訊的管理與揭露。

相較於僅僅是宣稱其對於環境（E）、社會（S）、員工（G）等面向做出多少投入的企業，能掌握上述兩個關鍵點的企業必能在ESG治理上脫穎而出，因為ESG治理是一種風管、創新、轉型能力，而不是有做就好的Checklist（檢查清單）。

［關鍵點一］聚焦本業重大性議題：重大性原則旨在探討「足以對營運產生重大影響，且是利害關係人高度關注的議題」，白話而言就是「企業賺錢的本領是什麼？它的重大性通常就應該會出現在那邊」。例如，銀行本身既不耗能也不排放廢水，但是它的商業模式是將資金提供給各類型的組織（尤其是商業組織），因此如何避免借款人對於環境、社會造成破壞，這就是銀行的本業重大性議題。

［關鍵點二］完備非財務資訊管理：ESG治理的議題包山包海，但除了依據重大性原則鎖定管理的輕重緩急之外，如何建立一個非財務資訊管理的能力也同等重要，這包含了目標的設定、衡量指標、資料蒐集以及呈現的流程。發明PDCA法則（Plan-Do-Check-Act）的品質管理大師戴明（Deming）就有一句名言：「你無法管理你無法測量的事物。」（If you can't measure it, you can't manage it.）那麼，ESG治理的基石就在於完整的資訊蒐集與管理基礎。

企業永續硬實力：展現真實價值的ESG策略

企業從本業落實CSR／ESG，其實就是「君子愛財，取之有道」而已。然而，「覆巢之下無完卵」，將巢保護

聚焦於本業
重大性議題
探討「足以對營運產生重大影響，且是利害關係人高度關注的議題」。
完備非財務
資訊管理
建立非財務資訊管理能力，包含目標設定、衡量指標、資料蒐集以及呈現流程設計等。

【圖2】企業真實價值ESG治理關鍵點（資料來源：KPMG）

好，自然有可能完卵，如果各行各業都從本業找到與人和社區、環境和資源、能源、氣候變遷、倫理、信任以及透明度的連結，從本業的CSR／ESG做起，社會的發展肯定會有極為不同的面向。

以下提供幾個大膽的範例，解讀CSR／ESG實踐與本業的結合，來突顯台灣各領域企業更創新地倡議CSR／ESG的可能性。

【石化業】芬蘭國營石油公司納斯特（Neste）開發專利技術，將世界各地收購的動物與魚類脂肪（如棄置的內臟及殘肢）和非糧食型植物油轉化成高獲利的生質油產品，可減少溫室氣體排放九成以上，成功開拓新市場的利基，也讓納斯特的股價在世界石油股中大放異彩。

【金融業】赤道原則[1]協助銀行業者在辦理授信專案融資時，將借款戶在環境、社會、治理和社會責任等條件納入評估標準。國泰世華銀行自二〇一六年率先導入赤道原則，並在二〇一六年與安泰銀行、法國巴黎銀行共同組成聯貸統籌主辦銀行團，和上緯企業合作進行離岸風力發電（海洋風力發電）聯貸案，聯貸二十五億

1赤道原則（Equator Principles，簡稱EPs）為大型國際金融機構所採行的風險管理架構，用以決定、衡量及管理專案融資對環境與社會產生之風險，屬自願性簽署遵循之金融業準則。（來源：金管會銀行局官網）

元，成為台灣第一件遵循赤道原則規範辦理之融資案。

［零售業］剩食浪費對於零售業者來說是很大的隱藏成本，為降低生產者與零售商的成本，台灣家樂福與社企鄰鄉良食合作，開發出全台第一個反食物浪費品牌「O'Gaspi」，推出「醜果雪酪」，將水果配送篩檢過程中因不美觀及不合市場規格的食材，送到符合國家標準的截切廠，將果肉製作成冰棒，既能減少食物浪費亦能降低銷售成本。

常見的ESG治理百寶箱，協助組織分析與決策

在一九九〇年代初期，企業多數仍針對環境議題提出相對應的揭露報告，而一九九七年從利害關係人角度推動永續發展資訊揭露倡議的GRI（Global Reporting Initiative，全球永續性報告協會）於波士頓成立，之後成為一獨立國際組織，搬遷至荷蘭阿姆斯特丹，並於二〇〇〇年發布首版的GRI報告指南，將非財務（或稱永續性）資訊揭露的範圍逐漸擴大至涵蓋環境、社會與經濟三個面向。

除了前述從多元利害關係人角度出發的GRI準則，後續也有不少機構投入開發ESG揭露框架與指南，包括針對特定主題所設計的揭露框架，包括：

(1) 碳揭露專案（Carbon Disclosure Project，簡稱CDP）：二〇〇〇年由機構投資人成立於倫敦，主要推動從氣候治理、氣候風險與機會、氣候策略、減碳目標與績效等揭露框架，及企業碳揭露的評等，而後CDP在二〇〇七年推動成立了一個氣候揭露準則委員會（Climate Disclosure Standards Board，簡稱CDSB）。

(2) 氣候相關財務揭露（Task Force on Climate-related Financial Disclosures, TCFD），成立於二〇一五年，目的為發展一套有助金融機構決策更有效的氣候相關財務揭露框架，也能使利害關係人對於金融資產因氣候變遷的曝險程度更加了解。

(3) 自然風險財務揭露（Task Force on Nature-related Financial Disclosures, TNFD），成立於二〇二〇年並預計在二〇二三年推出揭露框架，這套框架為企業與金融機構鑑別自然生態影響的風險上建立標準，及早預估資金在極有可能產生負面影響時，進行轉移資金或導向正面影響力避免損失與破壞生物多樣性的活動。

除了上述特定主題所設計的框架外，亦有從投資人立場出發並提出相關資訊揭露框架的機構，包括：

(1) 永續會計準則委員會（Sustainability Accounting Standards Board, SASB），成立於二〇一一年，目的為制定並推廣永續會計標準，透過制定各產業受關注的重大性議題，協助企業於ESG揭露內容上，能針對投資人最關注、重大之議題進行揭露。SASB審視的ESG重大性係從五大

面向來看，包括E的環境保護，S的社會資本與人力資本，G的商業創新及領導與治理。

(2) 國際整合報告協會（International Integrated Reporting Council, IIRC），成立於二〇一〇年，目的為發展一套整合目前報告措施的框架，展現公司策略及財務績效與ESG的連結，幫助企業採取更多永續的決策，也有助投資人及其他利害關係人更了解企業的營運績效和長期投資價值。

(3) 國際永續準則理事會（International Sustainability Standard Board, ISSB），成立於二〇二一年，主要制定一套適用全球性的資訊揭露標準為目的，讓永續資訊揭露能全球統一對接現行的財務資訊的架構。在此架構下所產出兩份報告IFRS S1：一般揭露架構、IFRS S2：氣候資訊揭露，不僅能夠符合國際永續趨勢、企業現況，以及回應利害關係人期待，更是考驗企業永續轉型的深度。

前述的SASB及IIRC兩大委員會已於二〇二一年六月正式宣布合併成價值報導基金會（Value Reporting Foundation, 簡稱VRF），並於二〇二二年被整合進ISSB持續發展特定主題與產業的揭露標準，並有機會與IFRS會計準則相容成為未來金融監理單位的參考標準。

從SASB的揭露框架、IIRC的整合性報告（Integrated Report, 簡稱IR）架構到ISSB的成立，我們可以清楚看見資本市場已開始意識到ESG資訊揭露的重要性，及其可能對組織營運狀況所帶來的衝擊。因此，未來財務與非財務資訊的揭露與整合將是不可避免的新趨勢。

徜徉永續藍海，必鍛鍊ESG治理

從本業落實的CSR／ESG，是企業在面對環境與社會風險下，運用創新商業手法找出回應風險、解決問題的策略行動，若是能發揮永續硬實力，從本業出發展開永續議題盤點與創新轉型，才能解決公司運營面對的環境與社會棘手問題。而面對接踵而來的各種環境與社會風險，如何找出企業在市場上的永續藍海，將會是企業永續經營中無可避免需發展的硬實力。

SDGs創新

化全球危機為商機的軟實力，從四種策略途徑點亮新局

文─黃正忠（KPMG亞太區ESG負責人）
侯家楷（KPMG安侯永續發展顧問股份有限公司經理）

企業是世界運作的重要環節，但覆巢之下無完卵，如何將永續議題延伸其商業價值將是企業重要的軟實力。本文提出「永續商機照明燈：SELC架構」，幫助企業從本業重大永續議題出發，依循社會、環境、地方、文化四個面向布局創新策略！

危機也可以是轉機：SDGs延伸的商業價值

經濟能夠帶來發展，但是也會造成生態的破壞。過往的企業經營績效僅追求「經濟」上的進步，至於商業模式所牽涉到的環境與社會衝擊則被視為是外部性，財務報表上不顯示這些外部性的成本，當企業被要求將環境、社會的外部成本內部化時，便被視為是妨礙成長。

永續與經濟發展是不是永遠都這麼兩難？那倒不一定！早在二〇一六年由聯合國基金會、比爾及梅琳達．蓋茲基金會、洛克菲勒基金會、全球綠色成長論壇（3GF）以及瑞典、澳洲、荷蘭、挪威、英國等國的相關部會共同出資成立的商業永續發展委員會（Business & Sustainable Development Commission，BSDC）就曾在其《更好的商業，更好的世界》（Better Business Better World）報告中推估：SDGs延伸的商業價值高達十二兆美金，其中將會有五兆美金來自於亞洲。

數字怎麼推估的？準確性如何？若干年後是否如當初所推估的走勢成長？其實不是要強調的重點。要強調的是：當換了一個新的檢視角度，就能夠將世界不可持續的訊號，轉換成新興的投資與創業機會，只是要如何達成SDGs創新創業，仍容易讓人傷透腦筋。

共同前提：聚焦於本業重大性議題

無論是ESG治理亦或化全球風險為商機，其實共同的前提仍是聚焦在本業的重大性議題上。相較於傳統以市場、消費者作為導師，探索市場進入的策略前提，SDGs創新必須依循企業導入ESG治理時所盤點的本業重大性議題進行延伸。

這裡隱含著兩種意義，第一是永續議題包山包海，企業資源有限，無法一網打盡；第二個是從市場、消費者的觀點，不見得能有效尋得SDGs創新機會。

就如汽車的發明者亨利．福特（Henry Ford）的名言：「如果當初我去問顧客到底想要什麼，他們會回答說要跑得更快的馬。」為此，企業家必須從永續議題當中挖

掘跟本業有密切重大關聯性的議題，從中思考自己的創新機會。基本上，我們鼓勵企業從價值鏈當中會對永續發展產生阻礙的議題作為思考方向，例如：電子製造業者為減緩貴重金屬稀缺造成的壓力，開始布建逆物流的回收體系；量販業者為避免淘汰醜蔬果進而造成的食物浪費，遂打造醜蔬果的加工品等，這些行動即展現了SDGs創新的策略前提：「聚焦於本業的重大永續議題」。

四種策略途徑：「永續商機照明燈：SELC架構」

確立了本業重大性議題，接下來的重點就在於可以採取什麼樣的策略途徑擘劃創新行動。為此，KPMG安侯永續提出將SDGs拆解成社會（Social）、環境（Environmental）、地方（Local）、文化（Cultural）四種策略途徑——永續商機照明燈：SELC架構（如下圖），以協助企業快速布局SDGs創新。

社會（S）導向：主要關注與人群相關的議題，目標是透過挑戰、撼動體制，攜手社會上不同利害關係人打造多贏的共好價值。例如法國家樂福與一群消費者共同發起C'est qui le Patron?!（中譯「誰是老闆?!」，簡稱CQLP）的合作社進行跨界合作，由「真正的老闆們」投票決定兼顧社會與環境價值的理想產品。以第一款牛奶產品為例，共六千八百二十三位消費者參與產品與成本結構設計，最終末端售價〇・九九歐元的牛奶，其中酪農可以獲得〇・三九歐元的收益，高於市場均值的十八%。這樣的

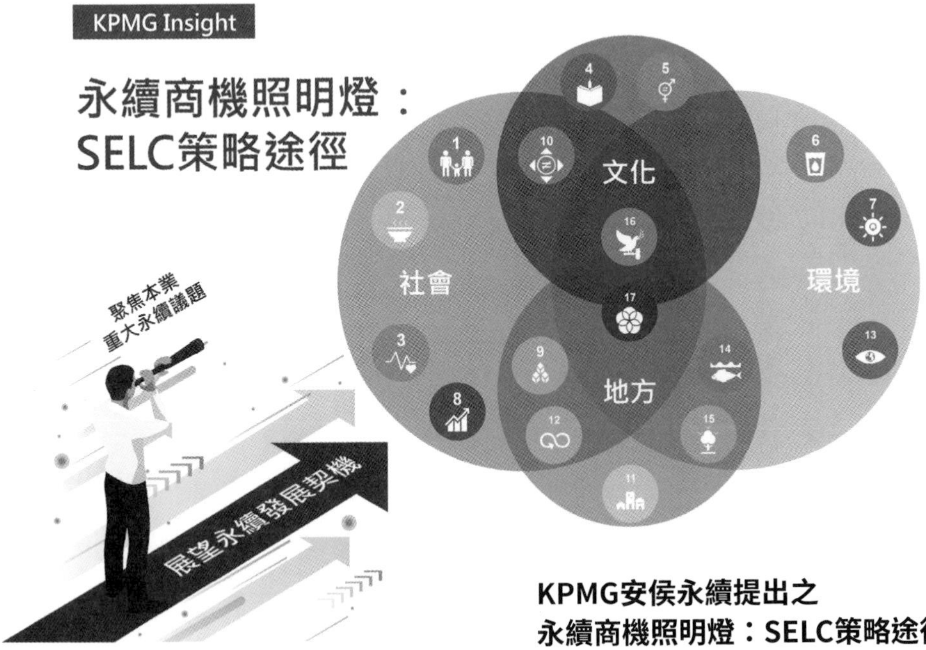

KPMG安侯永續提出之
永續商機照明燈：SELC策略途徑
（資料來源：KPMG安侯永續）

品牌不僅在兩年內一舉拿下法國半脫脂牛奶約三%的市率，目前更已透過相同模式推出三十二種永續產品，拓展至美國、英國、荷蘭、摩洛哥、義大利、希臘、西班牙、比利時、德國等九個國家。

環境（E）導向：以氣候變遷、環境破壞等為主要關注對象，期待以創新的方式串聯科技之力為地球找到解方。例如社會企業陽光伏特家推動「綠能公益GW 100+」計畫，聯合企業、員工與客戶捐贈太陽板，再由企業購買公益綠電，產生的收益將捐贈給社福團體，KPMG安侯建業、台灣大哥大等企業都響應參與，至二〇二一年已串連超過一萬位民眾、二十家企業，幫助超過三千名兒童、老人及身心障礙患者。

地方（L）導向：聚焦地方發展，依循當地獨有的產業、地景、人文脈絡，尋求增強地方韌性的創生契機。例如洗沐品牌茶籽堂因二〇一三、二〇一四年間頻傳的劣質油品事件，決心開啟台灣原生苦茶樹的復育之路，以提供消費者天然純粹的在地產品。如今，茶籽堂不僅在供應鏈上與農民契作三十公頃原生苦茶樹，產品百分百使用在地苦茶油，更深入產地宜蘭縣朝陽社區推展復興計畫，透過協助設計地方特色品牌、活化老舊建築、為在地農產小賣所與餐廳進行改造美化、授課帶動居民創新參與等，逐漸為這個曾經衰老的產業和農村注入嶄新的活水與動能。

文化（C）導向：目標是將有形或無形的文化資產進行保存、維護以及宣揚，使不同族群、世代之間可以在文化轉譯的過程中形成歸屬感以及商業價值。例如遠傳易付卡IF Card於二〇二〇年與長期深耕東南亞移工議題的非營利組織One-Forty（台灣四十分之一移工教育文化協會）合作，推出線上中文教學影片、中文學習課本以及線上專屬學習社團，讓在台移工能隨時與海外家人保持聯絡，也協助他們在保有自身文化的同時能對台灣文化產生認同感。

企業永續軟實力，尋求與利害關係人共好

覆巢之下無完卵，新冠疫災充分證明越來越小的世界無一可以倖免。源自人類經濟活動排放溫室氣體造成的氣候災難，也同樣是一項各國無差別的巨大風險。過去的商業模式下，企業大都只看到自己與股東權益，可是近期的國際性災難正讓人類經歷一場環境反撲帶來的風暴，而且讓我們見證得讓他人活自己才有可能活的道理。沒有健康的生態系與安全穩定的社會，不可能有繁榮富庶的經濟。

風險與災難如影隨形，不可預期卻會大肆衝擊，在此威脅下，建立「韌性」（resilience）的社會是必要的，有韌性大家才能共好。在這個前提下，企業也必須正視利害關係人，像是員工的信任與向心力、與消費者的長期關係、與供應商的互利互好、商品原料來源社區與環境生態的保護等，這些如何在商業模式中扮演更重要的角色，都是攸關企業發展前景的軟實力，讓企業能夠創造價值，並找到與世界兼容並蓄、長期發展的可能。

將永續思維付諸行動！

從不同產業，看企業如何實踐永續力

「永續」已是不分產業、不論規模的組織都需正視的議題；ESG——Environment環境、Social社會、Governance公司治理，亦逐步成為各組織經營的依循準則。本文介紹的十個組織案例，以各自的方式發揮永續力，在時代變動下站穩經營的腳步。

ESG源自聯合國二〇〇四年發布的《Who Cares Wins》報告，提及基於經營者、投資者的社會責任與風險管理，企業經營應重視環境、社會和治理面對長期財務表現的影響。

以下彙整科技、服務、旅遊等不同產業中的企業ESG作為，一探永續如何被企業實踐，成為持續行動的可能。

案例一

KPMG安侯建業：成為跨界領航的會計師事務所之一，讓永續與經濟發展不再兩難！

作為台灣第一間擁有永續發展、社會創新創業、碳資源管理等獨立服務團隊的會計師事務所，KPMG安侯建業不僅協助工商各界因應國際永續趨勢變化下的新興議題，同時用社會創新策略，陪伴創業家形塑以保護環境、促進社會團結為前提的商業模式，更協助投資人實踐影響力評估及投資。二〇二二年適逢在台灣成軍七十週年，KPMG召集三十個產、學、研、創、媒等組織，發起《臺灣永續風險大調查》，以二十四項橫跨環境、社會與經濟三大面向之永續風險進行調查與分析，並自一千二百三十七份有效樣本中，推出五個警訊、一個積極治理、二個超前部署、三個創新方向等風險十一見。

KPMG不僅為資本市場以及客戶擔任永續轉型的先鋒，更以身作則發起影響力報告《Our Impact Plan》，分享KPMG的ESG藍圖及成果，舉凡：為達成承諾於二〇三〇年前實現淨零排放，KPMG與台灣綠能公益協會、社會企業陽光伏特家，共同發起太陽能綠電公益專案，號召全所之力捐贈太陽能電廠給社福團體，使社福團體有綠電收益，並持續朝評估購買綠電方向前進；在多年積極推動多元、包容、平等職場文化下，在KPMG台灣所發布二〇二〇ESG績效報告書中，二〇一七至二〇一九年女性管理階層、女性同仁人數與育嬰假留任三項統計數據平均都逾五成；辦理愛市集、全所志工日，均顯示KPMG在永續議題上的耕耘不只是服務客戶，更深植於組織文化當中。

案例二

研華科技：善盡企業責任，讓科技成為永續地球的智能推手

二〇二〇年研華成立ESG企業永續發展委員會，從「永續地球的智能推手」願景出發，憑著「利他」的精神，深耕物聯網產業，透過AIoT核心能力回應聯合國永續發展目標，以實際行動面對永續議題。

藉由研華長期深耕物聯網核心技術、解決方案為基礎，以開放創新、與夥伴共創的企業文化價值，實踐能源效率改善、建築與製造節能、物流／零售低碳等目標；二〇二一年，研華加入科學基礎減碳目標（SBT），成為台灣第三家科技業通過審核的企業，並以此目標持續前進中。亦有十二．一%的營收來自銷售於永續用途的產品或解決方案；在地化採購達七十四%，並與在地夥伴建立緊密關係、創造就業機會，降低運輸成本及碳排放。此外，也透過產學合作，投入超過二千七百萬於研發與教育之中，接軌校園教育與業界實作，推動研發成果的市場化。

對研華來說，企業本身如同一棵「利他樹」，而社會則是提供樹木養分的大地，有了穩固的發展基礎後，企業須將豐厚的果實回饋予社會。於此，研華呼應SDG 4優質教育議題，二〇二一年投入永續創新兒少發展、推動傳統文化藝術教育、支持優質藝文團隊展演逾七十場；公益藝廊展出六檔次。總計投入超過二千二百一十萬元。這些社會投入可提升台灣學子永續創新學習，支持培養優秀藝文人才，普及全民美學素養。

案例三

美科實業：全台唯一專注頭皮養護的B型企業，照顧大眾髮質，更守護社會和環境永續

成立於二〇〇三年，台灣本土企業美科實業以「感動生活，淨美世界」為願景，長期專注深耕髮品市場與頭皮養護產品。旗下兩大品牌，分別是以「解決頭皮問題」為核心的艾瑪絲AROMASE，以及傳達「使每個人成為自己的經典」為內涵的沙龍品牌覺亞juliArt。二〇二〇年，美科實業成為台灣唯一專注頭皮養護的「B型企業」，持續努力成為「對世界最好的企業」。

美科實業積極落實環境友善的使命，從原料來源、永續包裝、綠色物流等三大面向著手——使用安心且能在自然環境中分解的原料；外包裝以再生塑膠製、以循環包材為主等，減少美妝產業的碳足跡，發揮企業社會責任影響力。

此外，美科實業將守護健康的企業精神延伸至環境與社會的永續行動上，透過公司治理、環境友善、員工照顧、社區照顧、客戶影響力等面向，積極創造正向的改變。永續理念也反映在產品設計上，透過獨特的缺角瓶身與盲人點字設計，期盼喚起人們對於頭皮養護的意識，也

傳遞品牌理念，藉著有意識的設計考量不同族群的需求，讓消費體驗更友善。

案例四

好丘Good Cho's：不只真材實料的美味，更將永續生活揉進貝果裡，友善精神走入生活場景

以「好的人事物聚集成丘」為核心精神的好丘，是台灣首個、也是唯一以推廣在地創作為使命的複合式餐飲品牌，長期關注在地與環境議題，以手作貝果為載體，結合台灣在地食材、選品、策展、音樂與藝術展演，讓良善的心意被更多人看見。

每顆來自好丘手工製作的貝果，吃得到台灣在地物產的好味道，如選用台南關山的黑糖、苗栗銅鑼的芋頭等入餡，也和「台灣猛禽研究會」合作研發東港老鷹紅豆貝果，或「臺灣藍鵲茶」合作的石虎米貝果，傳達友善耕作的理念；對於「人」的在乎，體現於大力支持社區創生團體，例如與三峽的「禾乃川國產豆製所」及坪林的「坪感覺農創團隊」合作出「焦糖豆奶」與「奶韻烏龍」貝果。

不只貝果美味，好丘在意各種細節。好丘每年出產超過八座一〇一高度的貝果量，兼顧食品包裝法規的同時，亦自主開始在品牌內進行完整的包裝袋循環活動，二〇二〇年起，好丘發起「沒塑，做好事」行動，將貝果袋材質升級為一〇〇%可回收塑料，號召回收後製成實用好用的民生用品，透過響應環保的機制再度回饋給消費者。並邀請民眾自備容器購買，減少垃圾生成，活動至今已累積超過萬人參與響應。顏色繽紛的貝果袋提繩更是使用成衣廠用不到的乾淨布邊，也鼓勵民眾將乾淨的二手紙袋拿回好丘供需要的消費者使用。未來，好丘朝著獲得「B型企業」認證為目標，讓好的人事物，持續聚集成丘。

案例五

統一超商好鄰居基金會：點亮年輕人的夢，成為社會永續前行的動力

坐落於各城市鄉鎮的7-ELEVEN門市，已成為人們日常生活的一部分，與在地人的生活有著緊密連結。近年來，越來越多返鄉青年，透過創新、創造與執行力，期望能重新落地在自己的故鄉，也為地方鄉鎮帶來新氣象。

統一超商好鄰居文教基金會觀察到，返鄉青年缺乏的不是創意與能力，而是能根植於在地、就近展示成品且與市場接軌的場域。因此自二〇一七年起，統一超商好鄰居文教基金會發起「青年深根計畫」，以7-ELEVEN門市作為平台，與青年團隊展開合作。除了投入經費與媒合資源外，更協助不同團隊進行專業顧問的媒合，陪伴、輔導青年創業；此外也推出「7-ELEVEN賣貨便」上架青年商品，並提供免上架費支持，提供在地青創品牌銷售與曝光管道，共創地方永續發展。

自青年深根計畫推動以來，合作陪伴的青年團隊陸續增加，遍布本土各地，包含在花蓮推動海洋環保議題的

「洄遊吧」、在三峽嚴選在地小農契作的「禾乃川」等團隊。統一超商好鄰居文教基金會期望陪伴更多返鄉青年創業，提升在地產業發展，一同為環境、社會永續發展努力前行。

案例六

印花樂：不只是設計品牌，更致力社會共好與環境保護

三位七年級女生在二〇〇八年一同創立印花樂，透過美學與設計，傳播社會共好與環境保護的理念，將台灣每道精彩風景變成一件件美麗的印花商品。每個印花圖案背後，有著啟發人們思考的故事，如同經典的台灣八哥圖案，藉由不斷複製台灣八哥符號，來向大家提醒特有物種所面臨到的生存困境。從最貼近人們生活的布料開始，愛惜每件布製品，取代一次性使用的塑膠用品。

在社會共好面向上，有感於車縫勞動力老化、產能斷層的現況，印花樂因而投入培育社區紡織工藝人才，讓偏鄉弱勢者成為具產能的車縫人力。二〇二〇年，印花樂社區生產的比例正式超過一般工廠，成為組織重要的生產力。

在環境保護面向上，則從產品原料著手，投入開發有機棉，或尋找可替代的新材料，逐步將商品的原料改成永續材質，並逐年調高使用比例。預計二〇二九年在環境友善材質採購預算上將達五十%。而在公司治理上，成立公司內部的「綠色生活委員會」，各類綠色生活的小行動，提升員工的綠色生活意識，從產品到員工，實踐印花樂的環保理念。

案例七

台達電：科技業減碳先驅，承諾二〇三〇年全球廠辦一〇〇%使用再生電力及達成碳中和

身為台灣高科技製造業中首家承諾於二〇三〇年達到RE100目標的企業，台達在實踐永續議題上，一直是科技業的先驅。台達以「環保、節能、愛地球」為經營使命，長期關注氣候變遷，積極參與國際倡議活動，創辦人鄭崇華與每位台達員工更將這項使命落實在日常工作和生活中，從方方面面實踐節能減碳。

台達以電源核心技術為基礎，致力提高產品能源轉換效率，並透過廠區節能與打造綠建築，目標朝向零碳排放邁進。廠區以能源管理為主，導入綠色電力為輔，持續研發高效電源產品。在綠建築方面，二〇〇六年至二〇二二年間，共打造／捐建三十一棟綠建築及二座認證綠色資料中心。台達旗下消費性電源品牌Innergie推出的One For All萬用充電器，具備高效率、一顆即可為多樣裝置充電等特色。Innergie充電器全程使用一〇〇%再生電力生產與製造，並皆在UL2799廢棄物零掩埋（白金級）認證廠區生產，一〇〇%將生產廢料轉化再利用。二〇二二年更推出全新「綠色環保包裝」，採用FSC MIX™認證材料打造無塑包裝，帶給消費性電子市場更友善環境的充電器選擇。

此外，台達長期推廣低碳、科學與能源教育，積極培育相關人才，期望透過跨國界、跨領域等合作，擴大發揮影響力，共創地球環境的永續未來。

案例八

里仁事業：為推動永續而生，促成良善供應鏈

為照顧土地恢復元氣、促成生命間的和平共好，里仁自一九九八年起決心做「該做但還沒有人做的事」，透過串連上下游，為台灣在地農友、廠商、消費者建構一個「誠信、互助、感恩」的產銷供應鏈，形成共存共榮的良善循環體系。多年來持續透過七大永續行動──支持有機農業、守護本土蔬果、推動少或無添加、鼓勵低碳蔬食、保育生態環境、實踐資源循環、落實社會關懷，帶動更多人加入共好的行列。

從友善土地出發，里仁於生產端陪伴農友轉作有機、度過災損，做農友的最佳後盾。在食品供應上，帶動少或無添加的「誠食」革命，鼓勵食品廠提供安心健康的食物。作為全台最大的有機蔬食通路，里仁致力推廣「吃在地、食當令」及低碳蔬食，引領大眾從飲食習慣開始實踐永續。此外，里仁很早便意識到塑膠對環境與生態的危害，率先發起「通路減塑微革命」，進行食品、織品、用品等各類產品的包材減塑，並採用「可堆肥生質袋」取代一般塑膠來包裝易失去水分與鮮度的蔬果，兼顧減塑與惜食的永續價值。

身為推動永續的社會企業，里仁也以每年超過千萬元的訂單支持庇護工場、公平貿易及花東部落，除了讓弱勢朋友能夠透過工作機會自力更生，也幫助第三世界的小農改善生活及部落經濟復甦。在里仁，每項產品都是實踐永續的行動。希望引導更多人體會每一個抉擇所帶來的影響力，進而以實質行動支持符合永續價值的人與事。里仁深信，守護土地與健康的使命沒有終點，一群人共同努力，就能翻轉世界。

案例九

默克：百年國際企業，以科學與科技推動人類生活進展

擁有超過三百五十年歷史的默克集團（Merck），事業版圖橫跨醫療保健、生命科學與電子科技三大領域，致力開發為人類生活帶來正面影響的高科技，從推進基因編輯技術發展，到醫治最難對抗的疾病，甚至是發展未來智慧裝置，帶來的影響無所不在。

抱持「以好奇心推動人類發展」的精神，默克立下三大永續策略，包含二〇二〇年透過永續科學與科技方案，推動人類進步；將永續整合到所有價值鏈中，貫徹永續精神，以及於二〇四〇年前減少生態足跡，以達氣候中和目標。

在台深耕逾三十年的台灣默克集團，致力於不同面向達到永續目標。在供應鏈端，以友善環境為優先；在製造端，減少能源消耗，降低碳足跡，並致力於研發更環保的

綠色替代產品，助力產業綠色轉型。在員工福祉上，推動友善家庭倡議，提供員工更彈性而友善的工作環境，讓同仁能取得家庭與工作的平衡。在社區照顧上，默克長期推廣科普教育活動，將科學的種子散播到台灣的每個角落。

案例十

島內散步：打造永續旅行遊程，創造商業與在地的最佳平衡

作為永續旅行品牌的島內散步，從與人最為相關的「文化資產、水資源、食物」三大議題出發，推廣旅遊服務，透過帶領大眾走入文化現場尋找當代價值，從水文理解人與水的關係，從食物認識家鄉、品味風土。從人的日常行為改變，邁向更永續的生活模式。

緊扣永續旅行的核心，島內散步在服務上，以呈現在地觀點、串連在地商家及產業、降低在地侵擾、創造「低碳、低消耗、低打擾遊程」為原則，致力讓觀光旅遊與在地及環境共好。而在團隊經營方面，島內散步以「人」為基礎，確保團隊及合作夥伴的營運能力，並透過「商業發展」為夥伴及客戶創造價值。

為擴大永續旅遊價值與影響力，島內散步攜手企業，透過員工旅遊傳遞在地歷史與文化，並整合在地資源，讓企業了解地方價值及永續性。同時亦與在地各場館協作，推出議題專案，例如高雄市立歷史博物館「國際人權日走讀」，推廣人權議題在地方發展的過程。二〇二二年成立滿十年的島內散步更宣示，未來將持續探討更多元的永續議題，推出文化體驗、室內Team Building等ESG服務，加深與企業的連結，並降低民眾參與門檻。

做一門持續長遠的生意

要做好一門持續長遠的生意，單一組織具備永續思維已不足夠，唯有越來越多企業加入永續行列，才能一同邁向共榮共好的未來。

為使台灣企業組織在響應永續議題時有所依循，社企流參考未來契合基金會的企業永續準則，以及台灣永續相關指標及資料，發展出符合台灣現況與政策、適合台灣企業參考的《甜甜圈星球——組織永續行動指南》。

從企業營運、產品開發銷售至員工管理，此指南共整理了十八項組織永續目標，而每一目標均回應到不同的聯合國永續發展目標，提供企業更多元的視角，深入了解企業各面向應如何回應永續發展。

瀏覽《甜甜圈星球——組織永續行動指南》內容

永續力
台灣第一本「永續發展」實戰聖經，一次掌握熱門永續新知＋關鍵字

作　　者　社企流、願景工程基金會
共同推動　星展銀行（台灣）
協力企劃　賴靜儀
執行編輯　吳佩芬
封面設計　郭彥宏
美術設計　呂德芬
行銷企劃　蕭浩仰、江紫涓
行銷統籌　駱漢琦
業務發行　邱紹溢
營運顧問　郭其彬
果力總編　蔣慧仙
漫遊者總編　李亞南

出　　版　果力文化／漫遊者文化事業股份有限公司
地　　址　台北市103大同區重慶北路二段88號2樓之6
電　　話　(02) 2715-2022
傳　　真　(02) 2715-2021
服務信箱　service@azothbooks.com
果力臉書　www.facebook.com/revealbooks
漫遊者臉書　www.facebook.com/azothbooks.read
營運統籌　大雁文化事業股份有限公司
地　　址　新北市231新店區北新路三段207-3號5樓
電　　話　(02) 8913-1005
訂單傳真　(02) 8913-1096
初版一刷　2022年11月
初版四刷 (1)　2024年3月
定　　價　台幣550元

ISBN　978-626-96380-3-1

國家圖書館出版品預行編目(CIP)資料

永續力：台灣第一本「永續發展」實戰聖經，
一次掌握熱門永續新知+關鍵字/社企流，
願景工程基金會著. -- 初版. -- 臺北市：
果力文化，漫遊者文化事業股份有限公司
出版：大雁文化事業股份有限公司發行，
2022.11
　面；　公分
ISBN 978-626-96380-3-1(平裝)
1.CST: 企業經營 2.CST: 永續發展
494.1　　111016288